2024
미래 과학 트렌드

미래과학 트렌드

한 권으로 따라잡는 오늘의 과학, 내일의 기술

2024

FUTURE SCIENCE TRENDS

국립과천과학관 지음

위즈덤하우스

지금 꼭 필요한 과학 정보를
선별해두었으니
마음껏 활용해 새로운 질문을
떠올리시기를 바랍니다.

차례

CHAPTER 1. 화학

CHAPTER 2. 생명과학

CHAPTER 3. 우주과학

CHAPTER 4. 수학

CHAPTER 5. 과학기술

CHAPTER 6. 지구과학

CHAPTER 7. 과학문화

부록_ 2023 노벨상 특강

추천의 말

"우리나라에 과학관이 몇 개나 있을까요?"

이렇게 물으면 성인들은 보통 5개부터 시작한다. 대충 우리나라를 크게 서울·경기, 충청, 호남, 경북, 부울경 정도로 나눠서 각각 하나씩 있을 거라는 계산에서 나온 답이다. 꼬마들은 1,000개라고 대답하기도 한다. "그렇다면 인구 5만 명당 하나씩 있어야 하고 너희 동네에도 하나는 있어야 해"라고 말하면 금방 깨닫는다. 몇 차례 질문과 답을 반복하다 보면 아이나 어른이나 답은 100~200개로 수렴한다. 맞다. 우리나라 과학관협회에 등록된 과학관은 2023년 현재 149개다.

나는 우리나라에 과학관이 250개쯤은 있어야 한다고 생각한다. 그래 봤자 인구 20만 명당 하나꼴이다. 왜 이렇게 과학관이 많이 필요할까? 지금은 21세기이기 때문이다. 과학의 시대에 문화인으로 살아남으려면 '과학문해력'을 갖춰야 한다. 과학관이 필요한 이유가 바로 이 과학문해력 때문이다. 과학관과 과학문해력은 어떤 관계일까?

과학문해력을 키우자는 게 엄청나게 많은 과학 지식을 쌓자는 말은 아니다. 그것은 불가능하다. 생각해보자. 학교 다닐 때 공부 좀 했던 사람도 아이들이 중학교쯤 가면 과학 시험공부를 도와주지 못한다. 배운 걸 잊어서가 아니다. 전혀 다른 걸 배우기 때문이다. 과학이 깊어지고 넓어지는 속도가 빨라서 지식을 쫓아가는 것은 불가능하다.

숫자와 크기로 가늠하면서 무엇이 옳은지 따지는 능력을 키우는 게 바로 과학문해력을 갖는 일이다. 여기에 필요한 과학 지식은 고등학교 1학년 때 배우는 '공통과학'을 결코 넘지 않는다. 이것만 있으면 사는 동안 세상에서 일어나는 일에 대해 판단할 수 있다. 안심하면서 안전하게 살 수 있으며 자신의 돈과 세금을 절약할 수 있다. 그게 바로 명랑 사회다.

과학문해력을 갖는다는 것은 21세기 문화인으로 사는 걸 말한다. 20세기에 고등학교를 마친 사람도 21세기에 과학문해력을 갖춘 문화인으로 살고 싶다면 지식이 아니라 뉴스로 자신의 정보를 확장시키면 된다. 세상이 어떻게 변하는지, 내게 어떤 의미가 있는지 생각해봐야 한다. 그런데 의외로 이게 쉽지 않다. 신문이나 TV에서 과학 뉴스는 건너뛰기 일쑤다. 이유가 있다. 흥미롭지 않고 어렵기 때문이다. 또 핵심을 잘 보여주지도 않는다.

과학의 새로운 흐름을 접하는 곳이 바로 과학관이다. 과학관은 이제 더 이상 아이들에게 꿈을 심어주는 곳으로 머물러서는 안 된다. 꿈을 꿀 아이도 이젠 별로 없지 않은가? 게다가 인간의 수명은 점점 길어져서 웬만하면 90세에서 100세까지 사는 세상이 되었고 잘만 버티면 100세 이상 사는 것도 꿈이 아닌 세상이 되었다. 그래서 과학관에 자주 가야 하는데 주변엔 과학관이 없다. 도서관을 매일 가는 사람도 과학관은 기껏해야 1년에 한두 번 방문한다. 이 책의 독자 가운데 자녀가 초등학교를 졸업한 후 단 한 번도 과학관에 가보지 않은 분이 아마 절대다수일 것이다. 당연하다. 과학관이 너무 멀리 있다. 그래서 최소한 100개는 더 지어야 한다. 특히 큰 도시에 많아야 한다.

새로 지으려면 오래 걸린다. 그때까지 과학관은 무엇을 해야 할까? 시민을 기다리지 않고 찾아가는 일을 하고 있다. 산간벽지까지 가서 전시와 교육 프로그램을 열고 구독 서비스를 통해 온라인으로 과학 체험 활동을 진행한다. 그리고 시민들이 와서 발견할 과학 사건을 찾아가 전달한다. 이게 바로 이 책《2024 미래 과학 트렌드》의 목적이다.

《2024 미래 과학 트렌드》는 적어도 아시아에서는 그 누구도 추종할 수 없는 최고의 과학관인 국립과천과학관 과학자와 과학행정 전문가가 과학의 최전선에서 일어나는 사건을 과학자의 눈으로 전달한다. 먼저 나온 두 권이 시민들에게 큰 호응을 얻었고 이번이 벌써 세 번째 책이다. 많은 시민이 이 책을 읽고 과학의 최전선에 함께 서기를 바란다. 과학자가 아니라 과학문화인으로서 말이다. 21세기를 즐겁고 명랑하게 살아가는 데 꼭 필요한 책이다.

이정모(펭귄각종과학관장)

책머리에

국립과천과학관이 과학기술 트렌드에 대해 집필하기 시작한 지 3년째가 되었습니다. 관람객을 직접 맞이할 수 없었던 코로나 기간에 유튜브 채널로 과학기술을 전달했던 내용을 도서로 엮었던 시도가 지속되고 있습니다. 외부 환경 변화에 대한 과학관의 자구책이었기에 일상이 회복됨에 따라 출간을 접을 수도 있었습니다. 그러나 과학관의 사이언스 커뮤니케이터들은 과학문화의 새로운 확산 방식으로서 활자도 계속 활용하고자 합니다.

모든 것이 막히고 멈추어 있던 시절, 과학기술은 오히려 더 활발하게 극적인 역할을 해내야 했고, 과학의 발견과 기술의 발전은 계속되었습니다. 이러한 흐름을 책으로 전하기 위해 과학관의 구성원들은 공부했습니다. 각자의 전문 분야별로 고민했습니다. 어떻게 하면 독자가 더 쉽게 과학을 이해할 수 있을까, 생소한 과학기술의 주제에 흥미를 가질 수 있을까, 빠르게 발전하는 과학기술을 나 몰라라 하고 포기하지 않을 수 있을까를 고민했습니다. 그 고민의 결과가 3년째 이어지고 있습니다.

서당 개 3년이면 풍월을 읊는다, 세 살 버릇 여든까지 간다 등의 속담으로도 짐작하듯이 3년의 기간 동안 어떤 일을 지속한다는 것은 매우 의미 있는 일입니다. 한 해, 두 해는 시도나 시범이라 할 수 있지만 3년째라면, 새로운 시도가 성공적으로 안착했음을 보여주는 것이 됩니다. 더구나 1년 내내 전시, 교육, 행사 등에서 관람객을 직접 맞이하는 과학관의 일상이 회복된 이후에는 집필 과정 자체가 매우 어려운 일이기도 합니다. 그러나 이러한 어려움이 무색할 정도로 더 다양한 필진, 더 확장된 주제로 미래 과학의 트렌드를 짚어주는 세 번째 과학 교양 도서가 출간되었습니다.

《2022 과학은 지금》은 5개 챕터, 25개 주제로 17명의 필자가 참여했습니다. 《2023 미래 과학 트렌드》는 6개 파트, 30개 주제를 23명이 저술하여 좀 더 다양한 논의와 필진으로 확대되었습니다. 올해 《2024 미래 과학 트렌드》는 수학 분야가 추가되어 7개 파트, 31개 주제의 이야기 보따리를 24명의 과학 커뮤니케이터가 풀어냅니다. 기존의 과학관 활동을 재개하는 상황에서 저자들에게 집필 과정은 부담이 될 수 있었습니다. 그러나 오히려 더 풍성한 내용으로 도서를 엮을 수 있었던 이유는 과학관의 전문가 집단도 성장의 유익이 있었기 때문입니다. 매년 참여했던 집필자들은 저술로서 과학 커뮤니케이션 역량을 축적해나가는 중이고, 새로운 참여자들은 과학문화 전문가로서의 활동 영역을 확장하고 있습니다.

사실, 혼자나 소수 인원이라면 하기 어려운 도서 발간을 과학관이 매년 할 수 있는 것은 다양한 분야의 전문가(과학자, 공학자, 과학문화와 과학기술정책 연구자)들이 있기에 가능했습니다. '미래 과학 트렌드' 집필 과정은 과학기술이 우리 삶에 영향을 미치는 과정과 닮아 있습니다. 깊고 좁은 전문화된 과학적 지식과 발견은 실생활에 응용되는 기술로 개발되고, 필요에 따라 융합되어 제품과 서비스로 만들어집니다. 광범위하되 전문적인 분야를 다루는 과학 교양 도서, '미래 과학 트렌드'도 과학관의 다양한 구성원이 연대하여 참여했기에 3년째 출간될 수 있었고 새로운 과학문화 확산의 주춧돌 역할을 하게 되었습니다. 책과 다양한 과학문화 활동의 접목을 통해 독자들의 호기심이 유발 또는 충족되고 과학을 즐기는 과학 애호가가 많아지기를 기대합니다.

과천과학관의 '미래 과학 트렌드'가 과학 애호가들에게 유익하게 활용되고 있다고 합니다. 독서 동아리 등에서 과학적 식견을 종합적으로 다룰 수 있는 자료가 많지 않은데, 이 책이 그 수요에 부합하는 것 같습니다. 교과서처럼 딱딱하거나 평이하지 않으면서도 전문 분야를 쉽게 풀어내 그렇지 않을까 합니다.

또한 진로 선택이나 경제적 이유로 과학기술 흐름의 이해를 원하는 독자들에게 시의성 있고 폭 넓은 과학 소식들이 유용하다는 이야기도 들려옵니다. 사실, 현대 산업사회에서 과학기술과 무관한 분야는 거의 없습니다. 그리고 그 변화의 속도가 너무 빨라 진학, 진로와 같은 개인적 성장을 위한 의사 결정이나 투자와 같은 경제활동의 결정에 있어서 어려움이 많습니다. 최근 다양한 매체에서 과학기술에 대한 교양 강좌, 프로그램을 다루는 이유도 모든 사람의 삶에 그만큼 과학기술의 영향이 크기 때문이겠지요. 매년 발간되는 '미래 과학 트렌드'가 독자들의 개별적 필요에 부응하는 자료가 되기를 기대합니다.

2008년에 개관한 국립과천과학관은 2023년 11월 14일에 개관 15주년이 됩니다. 사람으로 치면 한창 성장할 시기이고 새로운 가능성에 도전할 때입니다. 기존의 과학관 활동과는 다르게 도서 출간이라는 방식으로 과학문화 활동을 시도하고 지속한다는 것이 국립과천과학관이 계속 성장하고 있음을 방증한다고 봅니다. 앞으로도 과학관의 새로운 도전은 계속될 것입니다.

《2024 미래 과학 트렌드》는 'CHAPTER 1'은 그래핀, 전고체 전지, 초전도체를 다루는 화학 분야로 시작됩니다. 이어지는

'CHAPTER 2'에서 줄기세포, 백신, 유전자 편집 기술의 최신 연구와 마약, 비만 등과 관련된 생명과학을 다룹니다. 'CHAPTER 3'에서 제임스웹우주망원경부터 조선의 천문 기기 혼천의까지 우주과학 분야를 다룬 뒤에는 기초과학의 정수인 수학 분야를 'CHAPTER 4'로 새롭게 편제했습니다. 수학에 대한 관심이 높아지는 계기가 되기를 바랍니다. 이어서 반도체, 전지, 로봇, 인공지능 등 첨단 과학기술이 'CHAPTER 5'를 이루고, 인류의 터전인 지구에 대한 이야기와 과학문화 활동의 실제적 사례가 'CHAPTER 6과 7'로 각각 소개됩니다.

챗GPT(GPT-4) 출시 이후, 아무리 광대한 분야라고 하더라도 궁금한 것에 대해 질문만 잘하면 매우 빠른 속도로 정리된 답변을 받을 수 있게 되었습니다. 인공지능에 매해 미래 과학 트렌드에 대한 주제를 정하고 그 내용을 저술해달라고 하면 어떤 결과가 나올까요? 궁금합니다. 해보지 않아서 모르겠으나 이 책이 과학 커뮤니케이션 차원에서는 우위에 있을 것이라고 확신합니다. 왜냐하면 책으로 못 다한 이야기를 들을 저자 '직강'의 기회가 마련되어 있기 때문입니다. 강연 외에도 전시와 교육, 과학문화 행사로도 '미래 과학 트렌드'의 내용이 연출, 표현되기를 기대합니다.

2023년 11월

국립과천과학관장 한형주

화학

CHAPTER 1

탄소의 새로운 발견, 그래핀

리튬과 전고체 전지

보이지 않는 일꾼, 자석과 초전도체

future science trends

탄소의 새로운 발견, 그래핀

전성윤 화학공학

이그노벨상과의 인연

'다시 할 수도 없고 해서도 안 되는 업적'을 이룬 사람에게 이그노벨상을 수여한다. 1991년 마크 에이브러햄스Marc Abrahams는 이그노벨상을 만들며, 사람들에게 재미를 먼저 선사하고 그다음 생각하게 하는 연구가 수상 조건이라 밝혔다. 우리나라에도 수상자가 있다. 한지원 씨가 연구해 발표한 논문 〈커피를 들고 뒷걸음질할 때 일어나는 현상〉은 이그노벨 유체역학상을 받았다. 그는 시상식 소감을 마치고 커피가 담긴 컵 위를 잡고 뒷걸음치며 '가장 안전하게' 퇴장했다.

기발하기도 하고 어이없어 보이기도 하는 연구에 주는 이그노벨상은 노벨상과 함께 과학, 기술 분야에서 꽤 유명하다. 2000년 새로운 세기가 시작되기 직전, 영국 맨체스터대학의 안드레 가임Andre Geim 교수도 자기장을 이용해 개구리를 공중 부양시키는 연구로 이그노벨상을 받았다. 가임 교수가 몇몇 동료와 매주 금요일 저녁에 재미 삼아 하던 연구에서 나온 결과다. 순수하게 흥미를 가지고 한

이 실험은 연구자들이 주의를 환기하고자 시작했다고 한다. 머리를 식히기 위해 자신의 연구 분야와 '매우' 관련 없는 실험에 몰두한 시간이었다. 가임 교수는 누구보다도 흔쾌히 상을 수락했다. 사비를 들여 영국에서 미국 하버드대학에 있는 시상식장까지 한걸음에 달려갈 만큼 '기쁜 마음'으로 참석했다고 알려져 있다.

2010년 노벨물리학상은 안드레 가임과 동료인 콘스탄틴 노보셀로프Konstantin Novoselov에게 돌아갔다. 셀로판테이프로 노벨상을 받았다고 떠들썩했다. 과장된 표현이 아니다. 단순한 방식으로 문제를 해결하는 그들 특유의 장점인지는 모르겠으나 가임과 노보셀로프는 정말 테이프를 가지고 노벨상을 받을 만한 일을 하긴 했다. 테이프로 흑연을 한 겹 한 겹 뜯어내 기어코 단 한 장의 탄소 원자로만 이루어진 막을 얻었다.

얼마나 대단한 일인가 하면, 그 전까지 이런 상태는 본 적도 없을뿐더러 화학적으로 불안정한 상태라 제작이 어렵다 여겨진 것이었다. 서너 장 정도인 수 나노미터 두께의 흑연까지는 제작했지만 단 한 장은 없었다. 나노미터가 마이크로미터의 1,000분의 1이다. 그럼 그 10분의 1은 옹스트롬인데, 원자 하나의 두께라 할 수 있다. 탄소 원자 하나의 두께, 옹스트롬 단위로 측정되는 완전히 새로운 한 장의 2차원 물질을 어떤 특수한 환경이 아니라 대학 실험실 한편에서 만들어낸 놀라운 사건이다.

탄소는 생명의 근원이자 유기체를 형성하는 가장 중요한 원소다. 여러 원소와 화학결합이 가능하고 원자와 원자를 잇는 뼈대 역할을 도맡는다. 당장 흔하게 사용하는 플라스틱을 보더라도 탄소가 뼈대를 이루며 나란히 결합해 있는 거대한 분자 덩어리다. 탄소 곁에 수소나 질소, 플루오린 원소가 규칙적으로 결합하도록 만들면 여러 특성을 내는 인공 합성 물질이 된다. 생명을 구성하는 단백질과 DNA, 셀룰로스, 탄수화물, 이 밖에 수없이 많은 유기물질이 탄소와 함께한다. 우리 주변을 둘러보면 탄소와 따로인 물질을 찾는 일은 더 힘들 정도다.

이와 달리 탄소로만 결합한 물질은 그리 많지 않다. 대표적으로 연필 끝 불쑥 나온 흑연과 검은 잉크나 검은 플라스틱에 섞인 카본블랙, 가장 고가의 보석 다이아몬드가 있다. 다이아몬드와 흑연이 같은 원소로 구성된 물질이라는 사실은 18세기 라부아지에Antoine Laurent de Lavoisier가 거대한 볼록렌즈로 태워 알아냈다. 다이아몬드와 흑연은 반응 후 동일하게 이산화탄소를 남겼다. 두 물질은 탄소로 이루어져 있고 연소 과정에서 산소와 반응해 이산화탄소를 생성한다.

다이아몬드와 흑연, 카본블랙은 쌓여 있는 구조만 다를 뿐 모두 탄소로 이루어진 물질이다. 이에 더해서 1985년 탄소 원자 60개로 만든 나노미터 크기의 공과 1991년 지름이 겨우 수 나노미터에 지나지 않는 기다란 튜브가 합성돼 그 수가 늘었다. 각각을 풀러렌, 탄소나노튜브라 부른다. 풀러렌은 1996년 컬Robert Floyd Curl Jr., 크로토Harold Walter Kroto, 스몰리Richard E. Smalley에게 노벨상을 안겼다. 비록 탄소나노튜브를 발견한 이지마Sumio Iijima가 아직 노벨상을 받지 못했으나 나노미터 크기의 물질을 합성한 공로는 언젠가 상을 받더라도 이상하지 않을 만큼 과학사에 중요 사건으로 남아 있다.

테이프로 발견한 그래핀

그래핀Graphene은 가임과 노보셀로프가 발견했다. 2004년 투명한 셀로판테이프를 이용해 흑연으로부터 그래핀을 제작한 결과를 처음 발표했다. 연필심에서 떨어진 조각을 테이프에 올려놓고 새 테이프를 뜯어 그 위에 붙였다 떼기를 반복해 찾아낸 것이다. 흑연에서 한 층만 나눈 2차원 구조를 그래핀이라 한다. 흑연은 A4용지 묶음과 비교해 설명할 수 있다. 종이 한 장이 그래핀이고 면과 면이 맞닿은 묶음이 흑연이다. 풀러렌과 탄소나노튜브, 그래핀은 탄소가 육각형 고리를 이룬 구조다. 흔히 벌집 구조와 비교된다. 벌이 차곡차곡 쌓아 올린 집은 육각형 모양이다. 육각형은 가장 효율적인 건축 구조이며 재료를 최소한으로 하는 대신 넓은 공간을 안정적으로 차지하도록 하는 형태다.

20세기 건축가 풀러Richard Buckminster Fuller는 벌집과 유사한 건축물을 실제로 구현했다. 지오데식 돔으로 불리는 건축물은 정삼각형 판이 육각형과 오각형으로 조립되며, 커다란 축구공 모양의 구를 이룬다. 축구공에도 육각형과 오각형이 섞여 있듯 돔의 골조는 필수적으로 육각형 사이를 오각형이 차지한다. 그래야 구조가 꺾여 곡면을 이루고 돔이 만들어진다. 20세기 중반부터 유행처럼 지오데식 돔이 지어졌고 1967년 몬트리올 엑스포를 위해 건설한 거대하고 투명한 돔은 상징으로 남았다. 어릴 적 추억이 깃든 서울대공원과 국립과천과학관에도 지오데식 돔으로 건축한 건물이 있다.

그래핀은 풀러렌과 탄소나노튜브와 달리 둥글게 말아 올린 부분이 없기 때문에 오각형 탄소 결합은 없다. 이상적인 그래핀은 오직 육각형으로만 2차원 구조를 이룬다. 육각형 구조를 형성한 탄소 원자 위치를 보면 하나의 탄소 원자 주변에 3개의 탄소 원자가 연결되어 있다. 원자는 전자를 통해 결합하므로 그래핀의 탄소 원자 하나는 3개의 전자를 공유해 서로를 잇는다. 마주 보는 탄소 원자 간에는 전자를 하나씩 내놓아 강한 결합을 한다.

전자를 공유해 결합한 탄소 원자 사이에서는 전자의 이동이 제한받는다. 2인 3각 달리기에서 묶인 발이 자유롭지 않은 상황과 비슷하다. 대신 탄소가 그물처럼 얽혀 반복적인 육각형 패턴으로 연결된 상태로 인해 강도가 우수하다. 반면에 흑연 상태에서 위층과 아래층 사이 탄소 결합은 상대적으로 약해 분리하기 쉽다. 흑연을 종이에 그으면 검은색 가루가 새겨지는데 겹겹이 쌓여 있던 흑연층 일부가 미끄러지듯 떨어져 나가는 현상이다. 층상 구조의 흑연이 벗겨지면서 글을 쓰고 그림을 그릴 수 있다. 노벨상을 받은 가임과 노보셀로프는 이와 같은 박리 현상을 이용해 그래핀을 만들었다.

그래핀 탄소 원자에는 3개의 전자와 달리 결합에 동참하지 않고 남은 전자가 하나 더 있다. 탄소 원자에서 공유결합에 참여하지 않은 전자 하나는 자유롭게 이동할 수 있다. 자유전자들은 탄소로 연결된 2차원 평면에 무수히 떠돈다. 전자가 자유로우면 물질의 전기전도도가 우수하다. 전부는 아니지만 주기율표의 금속들도 자유전자가 많아 전도성이 좋다. 흔히 전기가 잘 통한다고 말하는 성질이다. 저항을 줄여 전류가 잘 흐르도록 만든 전선에는 자유전자가 많은 금과 구리를 주로 쓴다. 그래핀은 탄소나노튜브와 더불어 전기적 성질이 우수한 탄소 재료다. 탄소나노튜브도 유사한 구조에, 죽부인처럼 말린 형태라는 차이가 있을 뿐 탄소의 결합 방식으로 인한 전기적 특징은 그래핀과 유사하다.

이토록 얇은 탄소 물질은 단단하고 전기전도도가 우수한 장점에 더해 투명하다. 빛이 어떤 물체를 통과하는 정도를 나타내는 투과율은 인간이 볼 수 있는 영역의 빛인 가시광선을 기준으로 측정한다. 그래핀은 탄소 원자 하나의 두께에 지나지 않기 때문에 빛을 반사하거나 흡수하는 정도가 매우 희박하다. 실제로 가시광선 영역 중

노란색 빛에 해당하는 550나노미터 파장에서는 97퍼센트에 가까운 투과율을 지닌 것으로 보고되었다.

두 가지 방법

가시광선 영역의 빛을 투과하는 능력을 거꾸로 생각해보면 다른 영역의 빛을 흡수하는 능력이 좋다는 뜻으로 해석된다. 그래핀은 자외선과 적외선 그리고 그 너머 빛의 영역에서 흡수력이 우수하다. 기존 광센서 또는 광검출기에 비해 넓은 영역을 민감하게 감지할 수 있고 작은 소자로 개발이 가능하다. 빛의 신호를 전기신호로 변환하는 검출기는 실리콘이나 갈륨과 비소 합금을 주로 사용했으나 그래핀으로 대체 가능하다는 기대감이 있다. 그래핀의 응용 분야는 다채롭다. 새로운 재료의 탄생은 연구자의 관심을 집중시키는 결과를 낳는다. 2차원의 평면 금속 재료를 주로 사용하던 반도체 소자부터 투명하고 휘어지는 디스플레이, 온도와 빛, 열을 감지하는 센서, 특정 분자를 거르는 멤브레인까지 첨단 기술 분야에서 그래핀 응용 기술 개발을 활발히 진행하고 있다.

상용화를 위해선 값싸고 대량으로 생산 가능한 기술 또한 동반해야 한다. 아무리 셀로판테이프로 간편히 그래핀을 만들 수 있다고 하지만 어디까지나 실험실 수준의 방식이다. 그래핀을 생산하는 방법은 크게 흑연에서 뜯어내는 박리 공정과 특수한 진공 장치에서 탄소 원자를 결합해 그래핀을 합성하는 공정으로 분류할 수 있다. 두 공정이 접근하는 방식에는 큰 차이가 있다. 미시 세계의 재료를 다루는 기술에서 두 방식은 톱다운Top-Down과 보텀업Bottom-Up 으로 구분해 설명하곤 한다. 덩어리에서 크기를 줄여가는 방법을 톱다운이라 부르고 거꾸로 원자들의 결합을 유도해 합성해가는 방법을 보텀업이라 한다. 톱다운 기술은 앞선 박리 공정으로 소개한 셀로판테이프 방식도 해당한다. 흑연 덩어리에서 낱장의 그래핀을 떨어뜨리는 공정이기 때문이다.

그러나 테이프보다는 상업화에 가까운 톱다운 공정이 따로 있다. 흑연을 산화시킨 후 일명 폭발을 일으켜 흑연층을 분리하는 기술이다. 먼저 매우 강한 산성용액에 흑연을 담가 온도를 제어하면서 반응을 진행한다. 흑연은 마치 물에 젖은 책처럼 끝부분이 점점 너덜너덜해진다. 반응 과정에서 산소와 수소로 만들어진 작은 분자들이 흑연층 사이로 침투해 화학반응을 유도하고 층과 층 사이를 벌린다. 그리고 그 틈으로 강력한 산화제가 침투하며 폭발(?)해 층을 분리시킨다. 흑연층에서 떨어져 나온 그래핀마다 산소와 수소가 분자를 이뤄 탄소 표면에 덕지덕지 붙으며 반응이 끝난다. 산화 반응으로 만든 그래핀을 산화 그래핀이라 부른다.

산화 그래핀은 본래의 성질이 상당히 망가진 상태다. 탄소의 강한 결합이 손상되고 표면에 즐비했던 자유전자는 수소나 산소와 결합해 전기적 특성이 상실된다. 그렇다면 다시 원래 상태로 돌려놓아야 하는 공정이 필요하다. 화학반응을 일으키지 않는 불활성기체가 가득 찬 용기에 박리가 된 산화 그래핀을 넣어 고온에서 환원 반응을 이끈다. 환원은 탄소와 결합했던 수소와 산소 분자를 털어내 다시 탄소 원자로만 결합한 상태로 되돌린다. 표면에 난 상처가 치료되면서 온전한 그래핀을 얻는다.

무슨 일이든 환경을 갖춰야 원하는 목표를 달성할 수 있다. 보텀업 공정은 톱다운과 달리 탄소 원자들을 스스로 이웃이 되게 하기 위해 특별한 환경을 갖춰주어야 한다. 얇고 순도 높은 구리판은 탄소 원자가 만나 결합하는 데 촉매 역할을 한다. 섭씨 1,000도에 가까운 열로 유리관 분위기를 달궈야 하고 탄소가 풍부히 담긴 탄화수소 가스를 천천히 주입시킨다. 구리판은 원통형의 내열 유리관에 담긴 상태이며 진공펌프로 유리관의 불순물을 밖으로 빼낸다. 그래야 탄소 원소가 가득한 메테인과 에틸렌 가스가 구리 표면에서 탈수소화 반응이 일어나 탄소의 공유결합을 가능케 한다. 메테인과 에틸렌은 탄소와 수소가 일정비로 결합한 탄화수소 분자다. 탄화수소 분자에서 수소가 이탈하면 탄소 원자가 하나둘씩 모여 2차원 평면을 메워나가면서 그래핀이 합성된다. 화학기상증착법이라 불리는 보텀업 기술은 처음부터 원자를 조립하는 공정이므로 산화 그래핀 제조법에 비해서 순도 높은 그래핀을 만들 수 있다.

새로운 기술과 성질

1센티미터의 10분의 1이 밀리미터, 1밀리미터를 1,000번 나누면 1마이크로미터가 된다. 1마이크로미터를 또 1,000번 나누면 나노미터인데 원자는 이보다 작은 옹스트롬 단위다. 앞서 설명했듯 옹스트롬은 나노미터의 10분의 1이다. 한 장의 그래핀 두께는 수 옹스트롬에 지나지 않는다. 면적은 그보다 훨씬 큰 마이크로미터 단위에 가깝다. 이런 크기의 특징을 지닌 풀러렌, 탄소나노튜브, 그래핀 소재를 나노 소재로 분류한다. 나노 소재 정도의 크기가 되면 일상 세계와 다른 물리, 화학적 특징으로 인해 마음대로 조절하기 힘들다. 그중에서도 표면적의 증가가 두드러진다.

다시 A4용지를 소환해보자. 100장을 겹친 용지를 낱장으로 펼치면 그만큼 면적이 늘어난다. 이번엔 낱장을 균등한 면적으로 한

번 자르고, 자른 반쪽을 다시 나눈다. 그렇게 계속 나눠서 100번을 나눴다고 하자. 그럼 모서리가 어마어마하게 증가한다. 모서리라지만 두께가 있고 폭이 있으니 2차원적인 면적으로 봐야 한다. 결국 모서리가 늘어난 수만큼 면적이 늘어났다. 크기가 작아질수록 접촉면이 기하급수적으로 늘어난다. 즉 물리화학적 반응을 유도하는 접점의 증가를 의미한다. 불행히도 표면적이 늘어난 나노 소재는 자신들끼리 정전기적 인력이 작용해 서로 뭉치는 현상이 발생한다.

화학적 방법으로 생산한 그래핀에서 이러한 표면적의 증가로 뭉침 현상이 두드러지게 나타난다. 그래서 용액이나 거대 분자 덩어리인 플라스틱에 섞는 일이 쉽지 않다. 그래핀을 단독으로 사용하기보다 매질에 섞어 전기전도성이 좋은 잉크나 플라스틱을 제조할 수 있고 강도를 높인 복합체, 전자파 차폐 또는 정전기 방지 필름, 방열도료로 활용 가능하다. 그러므로 그래핀이 잘 섞이도록 분산하는 기술이 중요하다. 그래핀을 매질에 분산하기 위한 계면활성제와 각종 첨가제에 관한 연구도 수반되어야 하는 이유다.

화학기상증착법은 고순도의 그래핀을 대면적으로 만들기에 유리하다. 구리 기판의 넓이에 따라 그래핀의 크기가 결정되기 때문에 증착 기술의 안정화만 따라준다면 넓은 면적의 그래핀을 생산할 수 있다. 그래서 발열과 투과도, 전도성을 담은 다기능성 박막 필름, 디스플레이, 반도체 부품의 영역으로 활용도를 넓히는 중이다. 이를 위해서는 유리와 금속 기판, 얇은 플라스틱 필름에 대면적 그래핀을 옮겨 부착하는 전사 기술이 동시에 요구된다.

새로운 물질에는 새로운 기술이 필요하다. 아무리 그래핀이 좋다지만 구겨지고 뭉쳐 있고 옮길 수 없다면 아무짝에도 쓸모가 없다. 특히나 2차원의 그래핀은 앞선 나노 소재와는 또 다른 가공 기술이 필요하다. 둥근 구나 실처럼 긴 모양의 나노 소재와 다른 형태학적 특징을 고려한 분산과 전사 기술 등 가공 방법이 발전되어야 한다.

그래핀을 발견한 지 20년이 되어가는 요즘, 새로운 성질이 또 다시 발견되어 이목을 끌고 있다. 그래핀을 두 장 겹쳐 비틀면 초전도체 특성이 나타난다는 연구 결과다. 희한하게도 그래핀 한 장을 다른 한 장과 겹쳐 정확히 1.05도 비틀면 독특한 무늬와 함께 초전도 성질이 구현된다. 초전도체는 2023년의 가장 뜨거운 화두였다. 절대영도라 불리는 영하 273.15도에서 저항이 완전히 사라지는 현상을 보이는 물질인데 양자컴퓨터와 자기공명장치, 자기부상열차 등 첨단산업에서 중요하게 다루고 있다.

그래핀 두 장이 보여주는 오묘한 현상으로 연구자들은 새로운 시선으로 그래핀을 바라본다. 나노 세계에서 무슨 일이 일어나는지 아직 정확히 설명하지 못하지만 기술은 우당탕 난관을 이리저리 헤쳐 나간다. 그래핀 역시 대량생산과 가공법, 그 외에 알지 못했던 특성이 발견되면서 기술적 가능성을 계속해서 이어가고 있다. 가임 교수가 사람들이 생각하지 못했던 실험으로 새로운 발견을 하고 문제를 해결했듯 그래핀을 응용한 상업적 모델 역시 어딘가에서, 어느 누군가가 전과는 다른 방식으로 나아가도록 만들 것이다.

아참, 그러고 보니 그래핀이 '금요일 밤 실험'에서 발견되었다는 사실을 글에서 밝히지 않았다. 가임은 '금요일'에 실험한 결과로 세계에서 유일하게 이그노벨상과 노벨상을 함께 수상한 사람이 되었다. 기네스북에도 올랐다 한다. 참 재밌다. 스카치 테이프로 노벨상을 받다니….

리튬과 전고체 전지

전성윤 화학

양극성기분장애

조증은 겉으로 보기에 활달하고 에너지 넘치는 모습으로 비친다. 의사는 증상을 확연하게 구분할지 모르겠으나 모르는 사람에겐 그저 매사에 적극적이고 활기찬 사람으로 비칠 가능성이 높다. 증상이 계속해서 나타나지 않고 때로는 매우 즐겁다가도 때로는 지나치게 날카롭거나 흥분하는 행동을 보인다. 조증으로 인한 증상이 심각하게 나타날 땐 보다 감정 기복이 심해지고 과도한 행동과 망상에 가까운 생각을 서슴없이 표현하기도 한다.

양극성기분장애를 조울병이라 부르기도 하는데 앞서 말한 조증과 더불어 우울도 증상 중 하나다. 하루에 여러 번 기분이 왔다 갔다 변하는 증상으로 오해하기 쉬우나 양극성기분장애는 몇 달 내내 우울하다가도 다시 몇 달은 기분이 고조되는 현상이 반복되는 특징이 있다. 1894년 덴마크의 정신과 의사 프레드릭 랑게Frederik Lange가 이와 같은 증상으로 극심한 고통을 받는 35명의 환자를 치료하기 위해 리튬을 복용하도록 했다. 유럽의 일부 의사들 사이에서 리튬은 정신 질환 환자에게 효과적인 약물로 알려져 있었다.

리튬은 우리 주변에 흔하게 존재한다. 우물, 지하수 같은 민물에 소량 녹아 있어 사실상 우리는 리튬을 마시고 일부는 소변으로 배출한다. 그런데 일반적인 경우보다 리튬을 다량 함유한 특정 광천수가 정신 질환 환자에게 효과적이라는 사실을 유럽 의사들이 알고 있었다. 정확한 이유는 몰랐겠지만 분명 안정을 유도한다는 점은 분명해 보였다. 따라서 리튬을 함유한 광천수가 나오는 곳에 사는 사람들은 그렇지 않은 지역의 이들에 비해 정신 질환을 앓는 환자의 비율이 낮다는 오랜 기록이 남아 있다.

현대에도 리튬은 양극성기분장애 환자를 위한 치료약으로 사용된다. 1894년 덴마크에서 리튬을 약물로 사용한 이후 관심이 사그라들었으나 1949년 호주 멜버른의 작은 교외 병원에서 의사로 근무하던 존 케이드John Cade에 의해 다시 세상에 출연했다. 존 케이드는 자신의 환자에게 조심스럽게 리튬을 처방했고 놀랍게도 수년 간 양극성기분장애로 힘겨워하던 환자가 일상생활이 수월할 정도로 호전되었다. 존 케이드로 인해 정신 질환은 생물학적 치료 범위로 들어왔다. 그는 신경전달물질 체계의 균형을 잡아주면 양극성기분장애와 같은 정신적 증상이 완화될 수 있다는 사실을 유산으로 남겼다.

처음에는 적정량을 투입하지 않아 사망에 이르는 부작용을 낳기도 했다. 그러나 1960년대 이후 치료에 적합한 용량을 연구한 끝에 리튬은 약물로 인정받았다. 물론 현재까지 치료 약으로 폭넓게 사용한다. 최근 이따금 리튬을 뇌와 정신과 치료에 보다 적극적으로 반영하려는 의견이 있으나 아직까지 학술적 근거가 완전히 마련되지 않았다. 그럼에도 리튬은 우리 뇌 신경계와 밀접한 관련이 있어 늘 주의 깊게 연구되는 금속 중 하나다.

리튬으로 만든 전지

우주가 탄생하고 최초로 만들어진 금속은 리튬이다. 주기율표에 가장 먼저 나오는 금속 역시 리튬이다. 부엌칼로 자를 수 있을 정도로 무르고 은백색을 띠며 물만 닿으면 부글부글 반응을 일으킨다. 원자핵 주변에 전자를 하나 가지고 있는 단순한 구조의 원소다. 리튬 원자가 가진 하나뿐인 전자로 인해 다른 물질과 반응을 활발히 할 수 있다. 다른 원소들과 달리 전자 하나를 떼어 내는 데 그리 복잡한 과정이 없는 셈이다. 그렇다 보니 꽤 높은 에너지준위를 갖는다.

에너지준위는 에너지의 높낮이다. 산꼭대기 바위는 언제든 아래로 구를 수 있다. 그러면 데굴데굴 굴러 아래로 향하고 위치는 점점 낮아진다. 그렇게 위치에너지가 운동에너지로 변환한다. 바위는 높은 에너지 위치에서 낮은 상태로 향한다. 에너지준위가 높은 원소는 전자를 내주기 쉽다. 더 높은 곳에 있는 바위같이 전자를 떼어 내 전자가 부족한 원소에 줄 수 있다. 바위와 마찬가지로 전자는 높은 에너지준위에서 낮은 에너지준위로 흐른다. 볼타전지라 불리는 초창기 전기 발생 장치도 아연과 구리 두 금속의 에너지준위 차이를 이용했다. 아연이 구리보다 상대적으로 높은 에너지준위를 지닌 재료이므로 아연에서 구리로 전자의 이동을 유도했다.

리튬이 전자를 쉽게 내준다는 점은 전자의 흐름을 만들 수 있다는 사실과 부합한다. 그러니 전자를 받을 다른 금속을 설치하고 전자를 내줄 리튬 사이를 전선으로 연결하면 두 금속의 에너지준위 차이 때문에 전자가 이동한다. 단순해 보이나 어쨌든 전자가 흐르면 전류가 된다. 스탠리 휘팅엄Stanley Whittingham은 1975년 리튬 금속을 이용한 전지를 최초로 개발해 논문을 발표한다. 그의 아이디어는 리튬을 음극으로, 양극에는 층상 구조를 갖는 이황화티타늄을 놓고 그 사이에 전해질을 채워 넣은 형태이며 음극과 양극은 외부 전선으로 연결했다. 리튬에 있던 전자가 도선을 따라 양극으로 향하는 흐름과 함께 전자를 잃은 리튬 이온이 양극에 있는 이황화티타늄으로 이동한다. 전해질은 부도체의 액상 물질로 전자가 이동하기 어렵고 리튬 이온만이 지날 수 있는 바닷길이다. 반대로 말해 전해질이 있어야만 전자가 외부 도선을 따라 흐르므로 전류가 발생한다. 전해질은 전기화학적 반응을 전기에너지로 변환하도록 하는 핵심 물질 중 하나다.

양극에 있는 이황화티타늄은 전자를 수용하는 거대한 아파트라 할 수 있다. 아파트에 전자들이 입주하고 곧이어 양이온인 리튬 이온이 이사를 마친다. 이 과정이 전기를 발생시키는 전지의 역할이다. 그렇다면 다시 충전할 수 있는 '이차'전지의 역할을 하기 위해선 아파트 각 호실에 입주한 전자를 음극으로 이동하게 하는 외부 전력이 필요하다. 일차전지는 한 번 쓰고 버리지만 이차전지는 재사용이 가능하다. 휘팅엄의 전지가 리튬'이차'전지인 이유는 외부에서 전압을 가해 다시 충전할 수 있는 구조이기 때문이다. 전자와 이온이 방을 채우고 비우는 반복적인 상황은 방전과 충전이 번갈아 일어나는 현상이다. 건물이 한 층 한 층 쌓여 구조를 형성하듯 이와 닮은 이황화티타늄의 구조적 특징은 충방전 동안에 허물어지지 않고 버텨야 의미가 있다.

휘팅엄이 리튬이차전지 모델을 제시했다면 전지로서의 성능을 향상시킨 인물은 구디너프John B. Goodenough와 요시노Akira Yoshino 두 사람이다. 구디너프는 휘팅엄의 이차전지 구조에서 전위 차이를 더욱 크게 할 새로운 물질을 제시했다. 음극에는 여전히 리튬 금속을 사용했으나 양극 물질로 리튬 산화 물질을 적용했다. 리튬 산화 물질

또한 층상 구조이고 전자와 이온이 층 사이사이로 끼어 들어갔다 다시 벗어나는 원리를 따른다.

구디너프가 제안한 방식은 음극과 양극 간 에너지준위 차이가 더욱 크다. 전극 물질의 준위 차이가 클수록 전지의 전기에너지 용량도 커진다. 1980년 구디너프의 연구 결과는 휘팅엄 이차전지 성능을 개선했다. 초기 리튬코발트 산화 물질에서 시작해 철이나 니켈 등을 합금으로 하는 리튬 산화물이 양극 물질로 보편화되었다. 4가지 종류의 서로 다른 층상 구조로 이루어진 리튬 산화물이 주로 사용되는데 $LiCoO_2$, $LiMn_2O_4$, $LiFePO_4$, $LiFeNb(PO_4)_3$ 등이 있다. 각 재료는 바둑판 같은 격자거나 판상, 지그재그 단면을 보이는 층상 구조를 갖는다.

흑연으로 완성한 리튬 이온 이차전지

리튬 산화물 개발 이후 이차전지는 상업화를 위한 길로 들어섰다. 망가니즈전지나 알칼리전지라 불리는 일차전지는 전자 제품을 전선 없이 사용할 수 있도록 했다. 한편 이차전지는 전지를 교체하지 않고 충전해 오랜 시간 사용하거나 소형화가 가능하고 출력을 높일 수 있는 장점이 분명했다. 그러나 충방전을 거치는 동안 음극에서 구조적 결함이 일어나는 문제점이 불거졌다. 리튬 금속과 전해액 사이의 경계에서 리튬 결정이 성장하는 현상이다. 얼음 결정이 나뭇가지처럼 뻗어 자라는 모습과 비슷하다. 리튬 결정이 경계 면에 쌓이면서 리튬 이온이 원활히 이동하지 못하거나 내부저항이 발생해 성능을 떨어뜨리는 요인이 된다. 더 심각한 일은 리튬 결정이 불균일하게 성장하며 양극에 닿고 폭발하는 현상이다. 리튬은 반응성이 높은 불안정한 물질이므로 폭발성이 굉장히 강하다.

리튬이차전지의 폭발성은 어제오늘 일이 아니다. 휘팅엄과 구디너프의 연구 결과를 토대로 이차전지를 상업화하고자 했을 당시에도 결국 리튬의 폭발성은 문제가 되었다. 이를 해결한 인물이 요시노다. 요시노는 음극 재료를 흑연으로 바꿨다. 드디어 금속이 전극에서 빠지고 탄소로 이루어진 물질이 그 자리를 대체했다. 흑연은 양극 소재인 리튬 산화물이나 황화물과 유사한 층상 구조를 지닌다. 한 층 한 층 평면 2차원 탄소 구조체가 쌓여 있다.

무엇보다도 음극에 탄소계 물질이 자리 잡으면서 리튬 결정의 성장으로 인해 발생하는 문제는 크게 감소했다. 물론 완전하지 않더라도 과거와 비교도 되지 않을 만큼 안전해졌다. 지금 우리가 휴대폰이나 노트북에서 흔히 볼 수 있는 리튬 이온 이차전지는 요시노가 1987년 특허로 제시한 모델이다. 리튬 산화물에서 리튬 양이온이 전해질을 통해 음극으로 이동하고 전자는 전선을 거쳐 같은 목적지로 흐르는 메커니즘이다. 음극의 리튬 금속이 아니라 양극 리튬 산화물로부터 리튬 양이온이 음극과 양극을 오가기 때문에 리튬 이온 이차전지라 구분한다. 흑연으로 만든 음극 아파트에 리튬 양이온과 전자가 입주했다가 방전을 하면 다시 양극 산화물 아파트로 이주하는 꼴이다. 일본의 한 회사가 1990년대에 이르러 캠코더를 비롯해 각종 전자 기기에 리튬 이온 이차전지를 상업적으로 적용하기 시작했다. 그 이후 우리가 잘 알다시피 고용량의 전지를 충전기로 따로 가지고 다닐 만큼 저렴해졌고, 누구나 익숙하게 사용한다.

리튬 이온 이차전지의 활용이 폭발적으로 증가하게 된 계기로 휴대용 전자 제품과 전기차 시장의 성장을 들 수 있다. 반도체 분야에서 집적 기술이 중요한 흐름이듯 제품 크기가 점점 소형화되고 가볍게 변모하면서 전지의 기술적 가치도 함께 변화한다. 이에 따라 리튬 이온 이차전지는 더욱 높은 출력에 더 많은 전기에너지를 저장하면서도 얇고 가벼운 형태로 기술 발전이 이어지고 있다.

이차전지의 성능이 개선되면 스마트폰과 같은 소형 전자 제품의 외형 디자인부터 시작해 운영체제, 디스플레이, 사용자 인터페이스 등 여러 기능이 달라질 것이다. 단순한 접근으로 보더라도 이차전지가 얇아지면 스마트폰 두께도 따라서 줄어든다. 부피가 줄어드니 다른 기능이 추가되는 것도 추측할 수 있겠다. 더구나 단위 부피당 더 많은 에너지를 저장할 수 있다면 기기의 사용 시간을 늘리고 출력을 높인다. 전기차나 드론에 이보다 듣기 좋은 말이 또 있을까? 한 번 충전으로 오래 타고 멀리 갈 수 있다면 말이다. 여러모로 이차전지의 향방에 따라 앞으로 전자 제품의 형태나 성능, 휴대성 등이 좌지우지될 가능성이 매우 높다.

전고체 전지의 등장

반면 리튬 이온 이차전지의 안전 문제는 끊임없이 지적되고 있다. 반복적인 충방전 과정이나 외부 충격, 수분 등으로 일어나는 뜻하지 않은 화학반응이 주요 원인으로 지목된다. 전극 사이에 위치한 분리 막이 손상되면 과전류가 일어나 화재 위험 요소가 크다. 분리 막은 전자이동을 억제하고 리튬 이온만 드나들도록 촘촘한 그물로 전극 간 접촉을 막는 역할을 한다. 분리 막에 결함이 생겨 리튬 이온의 이동 통로인 액체 전해질이 새어 나오거나 할 경우 가연성의 전해질이 불길에 기름을 붓는 꼴이 된다. 리튬만이 위험한 재료가 아니다. 불씨가 전해질과 만나 위험성은 가중된다. 전기차에서 폭발이 일어나면 섭씨 1,000도에 이르는 열 폭주 현상이 나타난다. 불길은 걷잡을 수 없는 지경에 이르고 약 10만 리터의 물을 쏟아부어야 잡힌다. 이는 가솔린 차량 소화에 사용하는 물의 양보다 10배 많다고 한다.

게다가 전기차 하부에 이차전지를 보호하려 설치한 장치가 오히려 화재 진압을 방해한다. 흔히 배터리팩이라 불리는 보호 장치는 방수 처리가 되어 있어 내부에서 폭발이 일어나면 물을 뿌려도 소용이 없다. 그러니 소방 당국에서는 늘어나는 전기차 사고에 대비하기 위해 꾸준히 대책을 마련하고 있는 실정이다. 9시 뉴스에선 심심치 않게 전기차 소화 기술을 소개한다. 그중 차량을 커다란 송곳 같은 장비로 찌르고 물을 분사하는 장치나 차량 하부로 납작하게 만든 소화 장치를 밀어 넣는 방안이 눈에 띈다.

연구자들은 완벽한 안전을 위해 전해질을 액체에서 고체로 바꾸려 하고 있다. 액체 전해질로 인해 발생하는 문제를 원천적으로 해결하기 위해서다. 그래서 전해질을 액체에서 고체로 바꾼 전지 이름이 '전고체 전지'다. 영어로는 'All Solid State Battery'로, 전지에 사용하는 모든 재료를 고체로 한다. 액체 전해질을 사용하지 않으므로 일단 폭발 위험성은 없다. 고체 전해질이 가연성 물질이 아니기 때문이다. 고체이니, 온도에 민감한 액체의 성질과 비교하더라도 외부 온도 변화에 보다 안정적이다. 간혹 열팽창에 의해서 이차전지가 불룩하게 부풀어 오르는 현상은 전고체 전지에선 일어나지 않는다. 단단한 고체 전해질을 쓰면 외부 충격으로 물질이 새어 나가는 일이 없다. 액체 전해질이 쓰인 이차전지 전극 사이에는 분리 막이 필요하나 고체 전해질은 그 자체로 분리 막 역할을 한다. 이차전지 내부를 차지하던 전해질과 분리 막이 빠지면서 에너지밀도가 높아지는 장점도 있다.

에너지밀도는 무게당 소비하는 전력량을 말한다. 무게와 부피가 줄어든 만큼 전기차와 같은 이동 수단에 더 많은 이차전지를 사용할 수 있으니 전력량을 늘릴 수 있다는 계산이 나온다. 리튬 이온 이차전지 뒷면에 보면 'mAh'라는 단위가 보이는데 이차전지의 용량이다. 여기에 전압을 곱하면 전력량이다. 전압은 음극과 양극의 전위차와 관련 있으니 에너지준위 차이가 큰 서로 다른 재료를 전극에 사용해야 효과적이다. 그리고 전력량과 무게의 관계를 나타내는 단위가 이차전지의 에너지밀도다. 전고체 전지는 액체 전해질과 분리막을 사용하는 이차전지에 비해 상당히 두께를 줄일 수 있다. 고체 전해질의 최대 장점 중 하나다. 전고체 전지가 전기차에 사용될 경우 보다 많은 양의 전지를 탑재할 수 있으니 더 오랜 주행거리와 더 높은 출력이 기대된다.

전고체 전지가 완전한 이상향에 가깝더라도 아직까지 문제는 산적해 있다. 그중에서도 이온전도도가 높은 고체 전해질을 개발하는 연구가 우선한다. 이온전도도는 이온이 얼마나 자유롭게 다닐 수 있는지 측정한 결과다. 리튬 양이온이 잘 이동해야 충방전이 원활하다. 그런데 아직까진 액체 전해질보다 고체 전해질의 이온전도도가 상대적으로 낮아 전지 효율이 떨어진다. 액체 전해질은 바다 같아서 걸림돌 없이 양이온이 항해할 수 있었다. 이와 달리 고체 전해질은 산이나 바위, 계곡을 지나는 도로 위라 할 수 있다. 리튬 양이온이 지나다니기엔 험하다. 리튬 양이온이 험난한 길을 헤치고 나아가면서 화학적 손실이 발생한다. 여기에 고체 전해질과 전극 간 계면에서 발생하는 리튬 결정의 성장, 덴드라이트dendrite라 불리는 장애물은 심각한 골칫거리다.

이런 상황에서 고체 전해질로 황화물계, 산화물계, 인산계, 고분자나 나노 입자를 혼합한 물질이 후보에 오르고 있다. 마치 양극 재료로 여러 화합물이 앞다퉈 경쟁하는 모습과 닮았다. 여러 후보 중 황화물계 고체 전해질은 다른 물질에 비해 이온전도도가 높아 주목받는다. 수분에 취약하다는 단점이 있지만 전지 성능에 가장 중요하다는 이온전도도에서 높은 점수를 받았다. 우리나라를 대표하는 전지 회사들의 최신 논문을 살펴보면 황화물계 고체 전해질을 가장 활발히 적용하고 있다. 여러 연구에서 음극 소재와 구동 방식에 다소 차이가 있으나 황화물계 고체 전해질은 현재까지 전고체 전지를 가능하게 할 1순위 후보 물질이다.

놓칠 수 없는 리튬

1817년 아르프베드손Johan August Arfwedson이 광물에서 리튬을 발견하고 1년 후 험프리 데이비Humphrey Davy가 순수한 리튬 금속을 추출했다. 다루기도 어렵고 무른 이 금속은 200년이 지나 세계가 주목하는 주요 자원이 됐다. 한때 조울병 치료제로 관심을 끌다가 세상을 바꾸는 재료가 된 것이다. 기술 발전은 장애를 넘어서고 뚫고 나아가길 반복한다. 흥미롭게도 요시노에 의해서 퇴출됐던 리튬 금속이 근래에 다시 음극 재료로 돌아왔다. 휘팅엄과 구디너프가 제안했던 이차전지의 음극 소재가 리튬 금속이었는데 다시 원래 자리를 차지하려 한다. 고체 전해질을 연구하면서 쌓인 기술이 리튬 금속을 귀환시켰다.

에너지준위가 높은 리튬이야말로 이차전지에서 빠질 수 없는 소재다. 리튬 금속 이차전지는 리튬 이온 이차전지와 구분되는 차세대 전지다. 리튬으로 구성한 화합물이 아니라 리튬 금속만으로 전극을 구성하기에 이러한 이름이 붙었다. 많은 연구자가 향후 궁극의 전지는 리튬 금속 이차전지가 될 것으로 예측한다. 전고체 전지에 리튬 금속을 음극으로 사용한 연구도 적지 않다. 이차전지가 어느 방향으로 흐를지 단정할 수 없으나 리튬을 기반으로 한 이차전지는 끊임없이 시도될 것으로 보인다.

코로나19가 전 세계에 닥치기 직전, 2019년 10월 9일 스웨덴에서 노벨화학상 수상자를 확정했다. 노벨상 공식 홈페이지에는 휘팅엄과 구디너프, 요시노 세 사람의 사진이 걸렸다. 노벨위원회의 람스트룀Olof Ramström 교수는 노벨화학상 수상 발표 직후 "이 환상적인 전지가 우리 사회에 커다란 영향을 끼치고 있다"고 평가했다. 친환경 자동차의 시대가 열리고 리튬 이온 이차전지에 대한 관심이 어느 때보다 뜨거운 현재, 세 사람의 수상은 당연해 보이기까지 한다.

그리고 또다시 시간이 흘러 코로나19로부터 벗어난 2023년 6월 25일, 당시 최고령 수상자였던 구디너프 교수가 세상을 떠났다. 기사에 따르면 1922년에 태어난 그는 사망 직전까지도 학교 실험실로 출근해 연구에 매진했다고 한다. 몇몇 뉴스를 보니 98세에 우리나라 기업과 리튬 금속 이차전지를 공동 연구했다는 소식이 전해졌다. 미래를 바꾼 선구자는 또 무엇을 해결하려 그리 노력했을지 내심 궁금하다.

보이지 않는 일꾼, 자석과 초전도체

손석준 재료공학

아침에 자명종 소리와 함께 일어난다. 기지개를 켜고 나서 전동 칫솔로 이를 닦고, 젖은 머리카락을 드라이어로 말린다. 냉장고에서 주스를 꺼내 마신 뒤 핸드폰과 가방을 주섬주섬 챙긴다. 엘리베이터로 지하 주차장에 가서 차를 타고 내비게이션을 보며 회사로 향한다.

일반적인 직장인의 모습이다. 그런데 이 행동 하나하나에는 숨겨진 도구가 존재하는데, 바로 자석이다. 대부분 전기모터에는 자석이 들어 있으며 그것 말고도 장난감, 가방의 버클이나 단추, 나침반 등에 사용된다. 또한 냉장고 문에 달린 고무 패킹, 드라이버의 팁에도 자석이 있다. 자석이 나타내는 척력과 인력이 기구나 제품 설계에서 매우 값싸고 단순하며 간편한 해법을 제공하기 때문이다. 이렇듯 보이지 않게 우리 삶에 깊게 스며든 자석은 아주 오래전에 발견되었고 지금까지 쓰이는데도, 그에 대한 정확한 과학 원리는 양자역학의 발전과 더불어 최근에야 밝혀졌다.

자석의 발견과 자성 원인

우리가 지금 사용하는 자석 대부분은 공장에서 인공적으로 만든 것이지만 사실 인류 문명이 나타나기도 전부터 자석은 있었다. 고대에 우연히 발견된 천연자석을 마그네타이트magnetite 또는 자철석이라고도 하며 이는 철의 산화물이다. 자석은 고대 사람들에게 매우 신기하게 생각되었으므로 사용했던 기록이 많이 남아 있는데, 고대 그리스나 중국뿐 아니라 우리나라의 《삼국사기》《조선왕조실록》에도 보인다.

옛날 사람들은 자석의 성질을 매우 신비롭게 여겨 마법을 가진 물체 또는 신의 물건이라고 생각했다. 주로 방위 측량용 나침반으로 사용했지만 의료 도구나 약재•로도 활용했다. 특히 나침반은 중국에서 처음 만들어진 것으로 알려졌는데, 나침반의 한쪽이 항상 남쪽을 가리킨다고 하여 지남철指南鐵이라 불렸다. 중국에서 유럽으로 전파된 나침반은 중세 이후 항해술이 발전하는 데 가장 크게 이바지한 발명품이었다.

자석을 과학적으로 연구하기 시작한 것은 '왜 항상 나침반의 N극은 북쪽을 향할까'라는 고민에서 비롯되었다. 이 질문에 과학적 실험과 추론을 통해 대답한 사람은 영국의 물리학자 윌리엄 길버트William Gilbert다. 그는 1600년에 펴낸 《자석과 자성체에 대해 그리고 거대한 자석 지구에 대해De Magnete, Magneticisque Corporibus, et de Magno Magnete Tellure》에서 지구가 하나의 거대한 자석이기 때문에 나침반이 북극

• 현재도 자성을 이용한 많은 자기 치료기가 시장에 나와 있으며 자석을 이용하는 다양한 치료 방법이 알려졌다. 그러나 전문가들의 의견으로는 자기 치료가 인체에 크게 해를 입히진 않지만 특별한 효능도 검증되지 않았다는 것이 중론이다.

을 가리키는 것이고 지구 내부에 거대한 철로 된 핵이 있을 거라고 설명했다. 그전까지만 해도 사람들은 나침반이 북극성이나 북쪽 어디엔가 있는 거대한 자석 섬을 가리킨다고 생각했다.

한편, 길버트는 자기와 전기가 서로 독립된 특성이라고 결론 내렸다. 이는 220년이 지나 덴마크의 물리학자 한스 크리스티안 외르스테드Hans Christian Ørsted에 의해 뒤집혔다. 외르스테드의 자기유도와 뒤이은 마이클 패러데이Michael Faraday의 유도전류 발견은 전기가 자기가 될 수 있고, 반대로 자기로 전기를 만들 수 있다는 놀라운 사실을 사람들에게 알렸다. 즉, 전기를 이용하여 자석을 만드는 전자석과 자석을 코일 내에서 회전시켜 전기를 만드는 발전기 제작의 길을 연 것이다. 이후 스코틀랜드의 물리학자 제임스 클러크 맥스웰James Clerk Maxwell은 전기와 자기를 수학적으로 통합하여 유명한 맥스웰 방정식을 제안했는데, 이를 통해 결국 전기, 자기, 빛을 하나의 연속적인 개념으로 이해할 수 있게 되었다.

전기의 근원은 전자의 이동으로 설명하고 자성의 근원은 전자의 스핀으로 이해된다. 핵을 중심으로 도는 전자의 스핀을 작은 전류라고 생각하면, 거기서 자기장이 나오는 것을 상상하는 일은 어렵지 않다. 물론 스핀이라는 개념은 전자가 입자임을 가정하고 이야기하는 것이어서 양자역학에서 말하는 입자와 파동의 이중성을 고려하지 않은 설정이기도 하다. 그렇지만 자성의 원리를 쉽게 이해할 수 있도록 하는 게 장점이다.

즉 원자 속에 있는 전자가 핵을 돌면서 궤도운동을 하고 또 자기 자신도 회전하는데, 자석의 N극과 S극 방향은 두 운동의 축에 의해 결정된다고 파악할 수 있다. 그러므로 전기에서는 전자가 핵으로부터 따로 떨어져 이동할 수 있으니 양전하를 띠는 핵과 음전하를 띠는 전자로 나눌 수 있지만, 자기에서는 물질을 원자 크기로 쪼개도 여전히 N극과 S극이 존재하게 된다.

유도전류를 발견한 패러데이는 물질에 따라 다양한 자기적 특성이 나타나는 것도 찾아내 처음으로 자성을 구분했다. 현재 자성은 재료의 자기적 특성에 따라 크게 반자성diamagnetism, 상자성paramagnetism, 강자성ferromagmetism, 반강자성antiferromagnetism, 페리자성ferrimagnetism 5가지로 본다.

실용적으로 자석은 크게 경자석hard magnet과 연자석soft magnet으로 나뉜다. 경자석은 자화된 이후에는 외부의 자기장을 제거하더라도 남아 있는 자성이 많은, 즉 보자력保磁力이 좋은 자석으로 영구자석이라고도 하며 강자성과 페리자성 재료가 주된 소재다. 구체적으로는 크게 합금계 자석, 페라이트계 자석, 희토류계 자석 및 고무수지계 자석 등이 있다. 연자석은 전류에 의한 유도 자기에 의해 강한 자석이 되었다가 전원이 제거되면 남은 자성이 거의 없어져서 주로 전자석에 사용되며 연자석에는 규소강, 순철, 퍼멀로이Permalloy 등이 있다.

그런데 자석은 얼마나 강한 힘을 가질까? 영구자석의 경우, 처음 발견된 자연적인 자석이나 나침반을 만드는 데 사용하는 자석의 힘은 냉장고에 붙이는 기념품 자석 정도로 약하다. 그러나 지금은 지난 100여 년 동안 과학자들이 꾸준히 연구해온 결과로, 너무나 자력이 강해서 잘못하면 손을 다칠 수 있는 네오디뮴 자석(NdFeB)이 일상에서 많이 쓰인다.

전자석의 경우는 완전히 다르다. 영구자석처럼 어떤 전자석이 특정 세기의 자기력을 가지고 있다고 말할 수는 없다. 전기에 의한 유도 자기를 사용하므로 코일에 흐르는 전류의 크기나 전자석 코어의 소재, 또 코일을 얼마나 감느냐 등에 의해 자력의 세기는 달라지기 때문이다. 따라서 전자석은 작게는 회로 스위치부터 크게는 공장에서 큰 철물을 옮기는 기중기에 이르기까지 자력 세기의 폭이 매우 넓다.

일반적으로 사람들이 경험할 수 있는 최대 세기의 자석은 병원에서 MRI Magnetic Resonance Imaging(핵자기공명장치) 영상 촬영을 할 때다. 이때의 자석 강도는 MRI가 작동하는 방에서 모든 철계 금속을 제거하지 않으면 위험할 정도이며, 심지어 작은 동물의 경우는 MRI에서 사용하는 자력의 5~10배를 가하면 자기장 내에서 공중 부양하게도 만들 수 있다.

그럼 영화 〈아바타〉의 판도라 행성에서 보이는 할렐루야 산맥처럼 엄청나게 크고 무거운 것도 자석을 이용해 공중에 띄울 수 있을까? 전자석을 이용하는 게 이론적으로는 불가능하지 않지만 소요되는 에너지는 상상을 초월할 정도로 클 것임은 분명하다. 그래서 영화 속 인류는 상온 초전도체인 '언옵테늄'을 얻기 위한 전쟁을 불사하게 된다.

초전도체의 등장과 발전

흔히 전기가 잘 흐르는 물질을 도체라고 하고 거의 흐르지 않는 물질을 부도체 그리고 그 중간의 전기전도도를 나타내는 물질을 반도체라고 한다. 이를 다시 표현한다면, 전자의 흐름에 대한 저항이 상대적으로 작은 물질이 도체이고 저항이 매우 큰 경우가 부도체다. 한편 반도체는 저항값이 도체와 부도체의 중간 정도이기는 하지만 그보다는 전기전도도, 즉 전기저항값을 조절할 수 있는 물질이라고

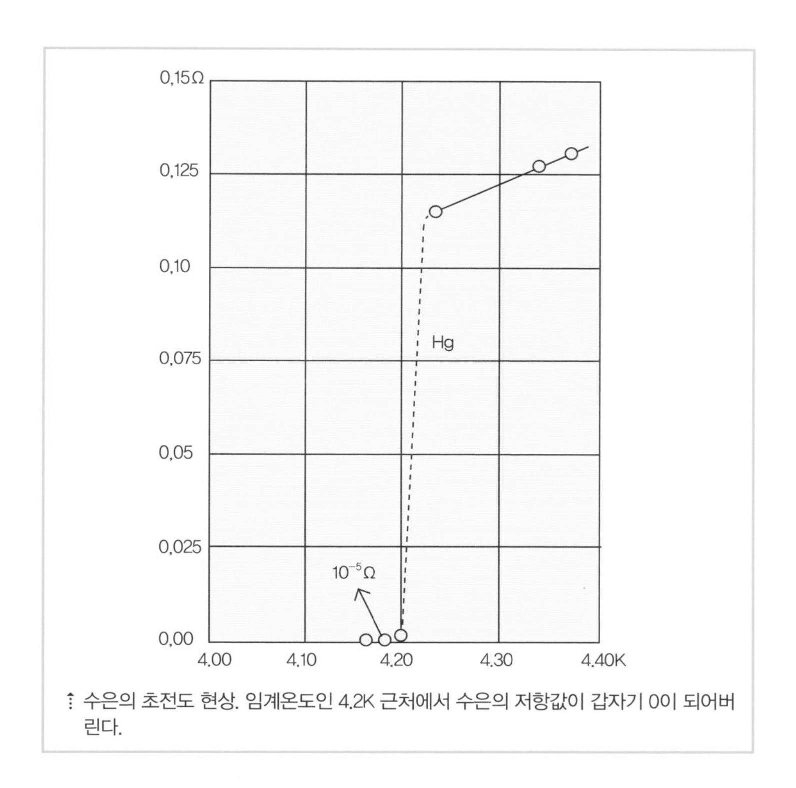

↑ 수은의 초전도 현상. 임계온도인 4.2K 근처에서 수은의 저항값이 갑자기 0이 되어버린다.

하는 것이 더 타당하다.

전기는 전자의 흐름이라 전기가 도체 속에서 이동하면 기본적으로 저항을 받게 된다. 이는 물질을 이루는 원자를 구성하고 있는 전자와 서로 전기적으로 밀어내면서 생기는 현상이다. 따라서 전자가 물질을 통해 흐르게 되면 어쩔 수 없이 저항을 나타난다. 그런데 1911년 네덜란드의 물리학자 헤이커 카메를링 오너스**Heike Kamerlingh Onnes**에 의해 저항이 0이 되는 현상, 즉 초전도 현상이 발견됨으로써 그 패러다임이 바뀌게 되었다.

사실 카메를링 오너스는 당시, 전기전도에 관한 연구를 하려던 것은 아니고, 오히려 그는 당대의 가장 뛰어난 냉각 액화 기술 전문가로서 헬륨을 처음으로 액화한 사람이다(그는 이 업적으로 1913년 노벨상을 받았다). 오너스는 액체헬륨을 바탕으로 두 가지 중요한 발견을 하게 되는데, 하나는 수은의 냉각 과정에서 초전도 현상을 발견한 것이고, 다른 하나는 액체헬륨이 절대영도에서도 얼지 않는 '영구 액체'라는 사실이었다.

일반적으로 도체의 전기저항은 온도가 낮아짐에 따라 점차 감소한다. 이는 온도가 떨어지면 물질 내 전자들의 운동이 둔화하면서 전자의 흐름을 방해하는 정도가 줄어드는 것으로 쉽게 이해될 수 있다. 그런데 초전도체의 경우 전이온도 또는 임계온도**Critical Transition Temperature, Tc**라는 특정 온도 이하에서는 전기저항이 갑자기 완전히 없어진다. 그야말로 전기가 아무리 흘러도 에너지 손실이 발생하지 않게 되는 것이다.

초전도체의 성질 중 가장 흥미로운 건 자석을 부상시키는 능력이다. 초전도체는 물질 내부에 들어오려는 자기장을 모두 밀어내는 마이스너**Meissner**효과를 보인다. 즉, 외부에서 들어오는 자기장을 밀어내기 위해 초전도체는 표면에 전류가 흘러 반대 방향의 자기장을 만든다. 이것은 서로 같은 극의 자석이 마주 보는 것과 비슷한 반자성 형태가 되어 자기 부상 효과를 일으킨다. 만약 도체의 전기저항이 0이면서 마이스너효과를 보이지 않으면 바일 금속**Weyl metal** 또는 완전도체라고 일컫는다.

저항이 없는 초전도체를 사용하면 큰 세기의 자성을 만들기도 쉽고 송전 중 에너지 손실도 없앨 수 있다. 게다가 우리가 사용하는 각종 전자 기기의 크기까지 줄일 수 있는데, 왜 아직 일상생활에서 초전도체를 만나기 어려울까? 이는 초전도체에 치명적 약점이 있기 때문이다. 슈퍼맨이 크립토나이트에 맥을 못 추듯 초전도체에는 임계온도가 있다. 이 온도는 사람이 일반적으로 경험할 수 없을 정도로 너무 낮다. 임계온도보다 낮은 온도에서 놀라운 특성을 보이던 초전도체는 임계온도 이상으로 온도가 올라가면 저항값을 가지는 평범한 물질로 되돌아간다.

일반적인 초전도체는 절대영도보다 약간 높은 온도에서도 초전도성을 잃는다. 앞에서 이야기한 것처럼 수은은 약 4K(영하 269도) 이하에서 초전도 현상을 보이고, MRI에 들어가는 전자석으로 사용되는 나이오븀 티타늄(NbTi) 합금 역시 약 10K의 임계온도를 갖는다. 지구상에서 가장 추운 곳의 온도(2023년 남극 콩코르디아에서 영하 83.1도가 측정된 바 있다)도 약 영하 80도(약 190K) 이하로는 잘 떨어지지 않으니, 우리 주변에서 초전도체를 만나기 어려운 것은 당연하다. 달리 말하면 초전도체를 이용, 저항을 없애기 위해서는 엄청나게 크고 많은 에너지를 소모하는 저온 생성 장치를 따로 운영해야 한다는 딜레마를 안게 된다. 따라서 초전도 현상을 이용하기 위해, 발견 이후 지금까지 110여 년 동안 수많은 과학자가 임계온도를 높이려는 노력을 이어왔다.

초전도체는 통상 저온 초전도체와 고온 초전도체로 나뉘는데, 이는 단순히 임계온도의 크기에 따라 분류한 것이다. 저온과 고온의 기준은 쿠퍼쌍 이온을 기반으로 초전도 현상을 설명한 BCS**Bardeen-Cooper-Schrieffer** 이론에 따라 약 30K로 잡기도 하고, 아니면 질소의 액화점인 77K를 기준으로 삼기도 한다. 즉 고온 초전도체라고 해도 우리가 일반적으로 생각하는 고온과는 전혀 다른 개념이다. 한편, BCS 이론은 1957년 미국 일리노이대학의 바딘**John Bardeen**, 쿠퍼**Leon Neil Cooper**, 슈리퍼**John Robert Schrieffer**에 의해서 정립되었는데, 이것으로 그들은 1972년 노벨물리학상을 받았다.

초전도체를 재료 기준으로 구분하면 금속, 산화물, 유기물 등으로 나눌 수 있다. 금속 초전도체는 다시 한 가지 원소로만 된 원소 초전도체와 화합물 및 혼합물 초전도체로 나누어진다. 주기율표상의 많은 금속 원소가 저온에서 초전도체가 되는데, 이 중 대표적인 원소 초전도체로는 나이오븀, 납, 주석, 알루미늄 등이 있다. 화합물 및 혼합물 초전도체로는 NbTi, NbN, Nb_3Sn, Nb_3Ge, NbGeAl, MgB_2 등이 있다. 금속 초전도체는 임계온도가 낮지만, 웬만한 불순물이나 결합에도 대체로 초전도성이 잘 약화되지 않는 특징을 가졌다.

산화물 초전도체는 산화 금속 화합물들로, 1986년 스위스의 베드노르츠Johannes Georg Bednorz와 뮐러Karl Alexander Müller가 찾은 La-Ba-Cu 산화물•을 시작으로 수십 종이 발견되었다. 그중 대표적인 것으로 다수의 구리 화합물과 비非구리 화합물이 있는데, 금속 초전도체에 비해 임계온도가 월등히 높아 흔히 '고온 초전도체'로 불린다. 이들은 페로브스카이트perovskite 구조를 바탕으로 한 복잡한 격자 구조를 띠며, 불순물이나 구조 결함에 초전도 성질이 아주 민감하게 변한다. 한편 유기물 초전도체도 많은 종류가 있는데, 이들은 매우 복잡한 유기화합물 구조이며 임계온도가 매우 낮다.

과학자들은 물질의 종류를 바꾸어가며 보다 높은 임계온도를 가지는 초전도체를 만들려는 노력과 더불어, 상대적으로 조절하기 쉬운 압력을 올려서 임계온도를 높이고자 했다. 이때 등장한 것이 수소화물 초전도체들이다. 고온 초전도체를 만들려고 압력을 높이

• 베드노르츠와 뮐러는 이 업적으로 1987년 노벨물리학상을 받았다. 이는 연구 논문이 발표된 다음 해에 노벨상을 수상한 엄청난 사건이었으며, 그들이 만든 초전도체는 35K의 임계온도를 나타냈다.

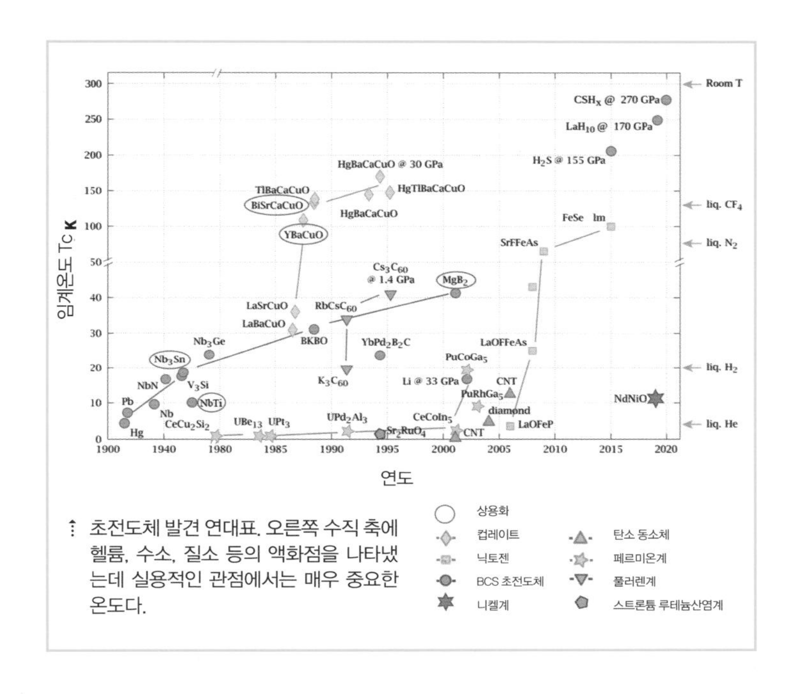

⁝ 초전도체 발견 연대표. 오른쪽 수직 축에 헬륨, 수소, 질소 등의 액화점을 나타냈는데 실용적인 관점에서는 매우 중요한 온도다.

는 이유는 압력이 물질의 격자 구조를 변화시켜 초전도 현상을 일으키는 특정 구조를 형성하기 때문이다. 일반적으로 초전도체는 원자의 배열이 매우 규칙적인데, 이러한 구조는 원자 사이의 거리가 일정하고 원자의 결합이 강하다. 압력을 가하면 원자 사이 거리가 좁아지고, 원자의 결합이 더 강해지므로, 이러한 변화로 인해 물질의 전기적 특성이 변화하여 초전도 현상이 나타날 수 있는 것이다. 수소화물 초전도체들은 비록 초고압을 통해 만들어지지만 거의 상온 가까이 임계온도를 끌어 올릴 수 있음을 보여주었다.

도전! 상온 초전도체

이렇듯 과학자들은 초전도체의 치명적인 약점이자 난제인 임계온도를 극복하고자 꾸준히 노력해왔지만 아직은 실용화에 이를 만한 결과는 얻지 못했다. 그런데 최근 들어 초전도체와 관련해 물리학계뿐 아니라, 온 세상을 놀라게 한 세 가지 뉴스가 있다. 하나는 미국에서, 다른 둘은 바로 한국에서 일어난 일이다.

2020년대, 미국 로체스터대학 랑가 디아스Ranga Dias 교수팀은 초고압에서 제조된 황화망가니즈나 루테튬 수소화물이 상온에서 초전도 성질을 보인다고 학계에 보고했다. 재현성과 샘플의 공유 문제가 있기는 하지만, 그 결과가 사실이라고 가정할 때 기존 아주 낮은 영하의 온도에서만 볼 수 있던 초전도 물질을 (비록 초고압이 필요하지만) 비로소 상온에서 관찰하게 되었다는 것은 엄청난 일이다.

한편, 2021년에는 한국전자통신연구원의 김현탁 박사가 이끄는 연구진이 기존 이론들과 금속에서 전자 간 상호작용 현상을 활용해 초전도 현상을 설명할 수 있는 공식을 개발했다고 발표했다. 앞에서 말한 BCS 이론은 저온 초전도 현상의 원리를 설명하지만 공식이 완전하지 않고 고온이나 상온은 설명하지 못하는 한계가 있었다. 그런데 그가 완성한 공식은 온도와 관계없이 온도와 압력 조건에 따라 물질의 초전도 현상이 일어나는 임계온도가 달라지는 것을 설명할 수 있어, 기존의 이론을 한 단계 발전시킨 것으로 평가되었다.

마지막으로는 2023년 여름을 그야말로 뜨겁게 달군 상온 상압 초전도체 LK-99다. 고려대학교와 퀀텀에너지연구소에서 개발한 것이며 납을 기반으로 한 아파타이트apatite 구조의 인산과 구리 화합물로, 압력을 높이지 않고도 상온을 넘어 섭씨 100도 이상까지 초전도 특성을 나타낸다고 보고했다. 현재 많은 연구자와 연구 기관에서 이 발견의 진정성을 확인하고자 재현과 검증에 돌입했으며, 일부에서는 가능성이 있음을 시사하기도 했으나 그 외 많은 연구자는 회의적인 태도를 보였다.

과학 연구의 특성상 많은 사람이 인정하는 최종 결과를 얻기 위해서는 상당한 시간과 노력이 필요하다. 초전도체 발견을 인정받기 위해서는 2가지 기본 조건(임계온도 아래에서 전기저항이 0이 되어야 하며, 또 들어오는 자기장을 밀어내는 마이스너효과를 보여야 한다)이 충족되어야 하지만, 또 다른 개념의 물질이 나타날 수도 있으므로 결론이 날 때까지 마음을 열고 기다려야 할 것이다.

연구의 과정이 성실했고 발표 내용이 정확하며 정직했다는 전제를 바탕으로, 비록 LK-99나 루테튬 수소화물의 발견이 초전도체로는 실패 또는 오류라고 판명되더라도 그 또한 과학 발전에 이바지하는 것이므로 너무 실망할 필요는 없다. 적어도 MRI나 자기부상열차 이후 한동안 잠잠했던 초전도체에 대한 대중의 관심을 다시 불타게 만들고, 많은 사람이 초전도체를 공부하게 된 것만 해도 상당한 역할을 한 것은 사실이다.

앞으로도 전 세계의 많은 과학자가 계속해서 상온 초전도체를 만들려고 노력할 것이다. 만약 상온 초전도체의 제조, 가공이 쉬워진다면 이는 단순히 노벨상 수상 여부를 넘어서 인류가 산업혁명 이상의 엄청난 변화를 경험하게 될 수 있기 때문이다. 저렴한 가격의 초전도체가 삶의 곳곳에 사용되어 우리가 지구 자원을 더 이상 고갈시키지 않고 살아가도록, 영화 〈아바타〉에서처럼 수 광년이나 떨어진 판도라 행성으로 언옵테늄을 캐러 가지 않도록, 단 몇 도라도 임계온도를 높이려고 전념하는 많은 과학자의 노력에 경의를 표한다.

생명과학

CHAPTER 2

줄기세포 연구의 진화

차세대 백신

유전자 편집 기술의 최전선에서

신경전달물질과 마약

호르몬으로 읽는 당뇨와 비만

제로의 시대

색의 세계

future science trends

줄기세포 연구의 진화

김선자

생명과학

인간은 왜 늙고 죽는 것일까? 과학과 의학이 발전할수록 수명에 대한 궁금증은 더해간다. 난치성 질환을 극복하고 불로장생의 꿈을 이룰 수 있으리라는 바람 또한 점점 커져가고 있다. 그 기대 속에 있는 과학기술 중 하나가 바로 줄기세포다.

누구에게나 수명이 있는데, 이는 각각의 세포가 갖는 수명과도 관계된다. 우리 몸 약 60조 개의 세포는 사멸하고 재생하기를 반복한다. 신기한 점은 이 모든 세포가 수정란이란 단 하나의 세포에서 유래했다는 것과 몇 종류를 제외한 인체의 거의 모든 세포가 끊임없이 새로운 세포로 교체된다는 사실이다. 이 과정에 바로 줄기세포가 중요한 역할을 한다. 나무를 보면 줄기에서 계속 새잎이 돋는다. 잎이 시들어 떨어져도 옆 가지에서 다시 새로운 잎이 난다. 줄기세포는 이처럼 새롭고 다양한 세포를 끊임없이 만들어 모든 세포로 분화해 결국 우리 몸을 채운다. 가지 하나하나가 뻗어나가 풍성한 수형이 되듯이 말이다.

국민 대부분이 익숙한 줄기세포

우리 국민만큼 줄기세포 연구에 열광하고 관심을 보인 나라는 없을 뿐 아니라, 웬만한 줄기세포 관련 전문용어도 대부분 익숙하게 여긴다. 2000년 초반을 돌이켜 보면 아쉬움이 크다. 전 세계가 주목했지만, 배아줄기세포를 만들기 위한 난자 출처 의혹으로 불거진 윤리·도덕적 문제는 결국 논문 조작으로 이어졌다. 이런 이유로 줄기세포 연구에 등 돌리고 특히 배아줄기세포 연구는 한동안 멈춘 듯했다. 대신 윤리 문제에서 자유로운 성체줄기세포 연구가 주를 이루게 되었다.

줄기세포란 체내 모든 종류의 세포로 분화할 수 있는 미분화된, 성숙되지 않은 세포로서 대표적으로 배아줄기세포와 성체줄기세포가 존재한다. 배아줄기세포는 수정란이 분열하면서 만들어지는 배반포 단계의 초기 배아에서 파생된 줄기세포이며 인체의 모든 조직을 만들 수 있는 '만능성pluripotency'을 가진다. 엄마와 아빠의 세포 하나씩이 만나 수정란이 되고 눈, 코, 입으로 분화하고 뼈와 장기를 만들어내듯, 모든 세포로 분화하는 무한한 가능성을 갖기에 전분화능줄기세포라고도 한다. 언뜻 전분화능줄기세포가 만병통치약처럼 생각되지만 일단 이 줄기세포는 본격적인 세포분열이 일어나기 전인 배아 단계에서만 얻을 수 있다. 이러한 점에서 배아를 하나의 생명체로 보았을 때 윤리적인 문제가 따른다. 또한 비정상적인 분열 가능성이 커, 암세포가 될 확률도 높다.

이와 달리 성체줄기세포는 성체의 조직 혹은 기관, 즉 우리 몸의 모든 장기에 존재하는 줄기세포로, 특정 세포나 조직으로 분화가 가능한 '다분화능multipotency'을 갖는다. 신체가 손상되면 스스로 재생이 가능한 이유이기도 하며 의학적으로 비교적 안전한 세포로 알려져 있다.

이처럼 줄기세포는 '만능성', '다분화능', '자기재생능'을 가졌다. 위험에 처했을 때 자신의 꼬리를 잘라버리고 도망간 후 다시 꼬리가 생기는 도마뱀과 자르면 둘이 되는 플라나리아의 재생 비밀이 바로 줄기세포가 온몸 곳곳에 분포되어 있기 때문이다. 플라나리아는 15~20퍼센트, 인간은 1퍼센트 미만의 줄기세포를 가지고 있다고 하니 도마뱀과 플라나리아를 이해할 수 있을 것 같다.

새로운 연구와 또 다른 줄기세포

2012년 노벨생리의학상을 수상한 주제, 유도만능줄기세포 **Induced Pluripotency Stem Cell**(iPS세포)를 살펴보자. 이미 분화된 세포는 각각의 세포 속에서 활발하게 작용하는 유전자 조합이 달라 모양과 능력이 다르다. 즉, 세포마다 고유한 역할을 담당하는 전문성을 갖게 되는 것이다. 이는 배아줄기세포도 마찬가지다. 바로 이 점에 착안해 아이디어를 얻었다. 배아줄기세포에서 활발하게 작용하는 인자를 규명해 세포 속에 강제로 도입시키면 일반적인 배아줄기세포와 비슷한 상태로 바뀔 것이라고 여겼다. 줄기세포가 아닌, 이미 성숙하고 분화된 세포인 체세포를 다시 모든 세포로 분화가 가능한 배아줄기세포와 같은 만능줄기세포로 만드는 것이다.

배아줄기세포에서 특히 활발하게 작용하는 100개 정도의 유전자 목록 중 체세포에 역분화를 일으키는 데 반드시 필요한 4가지 특정 유전자를 알아냈다. 이를 삽입하여 역분화(리프로그래밍)시키면 배아줄기세포처럼 모든 세포로 분화할 수 있고, 분열 능력에 한

| 유도만능줄기세포 유도 및 분화 과정 |

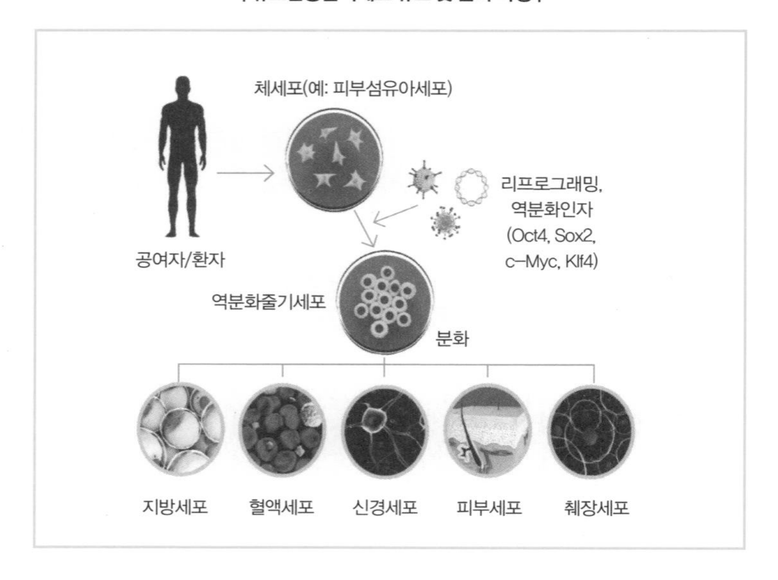

계가 없으면서도 환자가 자신의 세포를 이용할 수 있어 면역 거부반응이 없다. 또한 배아를 사용하지 않아 윤리적인 문제에서 자유롭다는 장점이 있다. 인체의 어느 부분을 이용해도 배아줄기세포 같은 줄기세포를 만들 수 있다는 건 21세기 생명공학의 엄청난 업적이다.

줄기세포, 질병 치료 기술의 열쇠가 되다

줄기세포 연구는 1957년 골수이식 성공을 계기로 1998년 미국 위스콘신대학 제임스 톰슨 박사팀이 배아줄기세포를 확립하면서 시작되었다. 배아줄기세포의 윤리적 문제를 뛰어넘을 수 있는 유도만능줄기세포가 등장하면서 연구에 박차가 가해졌다. SF영화에서 전투 중 사이보그 인간의 잘린 팔이 다시 자라나는 장면을 본 적

있을 것이다. 줄기세포는 이론적으로 모든 세포로 분화될 수 있어서 그 메커니즘을 이해한다면 우리가 원하는 세포로 분화시킬 수 있고, 손상된 장기의 기능을 근본적으로 재생시킬 수 있다.

배아줄기세포가 모든 종류의 세포로 분화할 수 있는 만능성을 가졌고, 체외에서 무한 배양 증식이 가능하기 때문에 세포 분화 과정에 대한 기초연구뿐 아니라 질병 모델링과 세포 치료제 등 신약 개발의 속도를 빠르게 할 수 있다. 줄기세포를 특정 세포로 분화시켜 쉽고 빠르게 신약의 효능을 검증하고, 신약 개발 시 안전성, 독성 실험에 이용함으로써 임상실험에서 발생하는 부작용 등 장애 요인을 피할 수 있다. 과거에 세포 모델은 암세포나 불멸화된 세포주가 주축을 이루었으나, 실제 체내에 존재하는 세포와는 생물학적 특성과 반응성에서 큰 차이를 보였다. 배아줄기세포는 암세포가 아님에도 무한히 증식할 수 있고, 다양한 조직 세포를 생산해낼 수 있으므로 기존의 세포주 모델을 대체하는 새로운 플랫폼을 제공했다. 특히 인간 배아줄기세포의 경우 초기 발생을 연구할 수 있으며 다양한 인간 조직 세포를 생산함으로써, 동물 모델의 한계점을 보완하는 역할로 주목받는다.

성체줄기세포의 주요 역할은 조직이나 기관의 세포를 유지하고 손상된 세포를 치료하는 것이다. 세포나 조직이 손상된 환자에게서 추출한 줄기세포를 분화시키고 증식시켜 환자에게 다시 주입하면 손상된 세포나 조직의 기능을 재생, 대체 가능하다. 이러한 측면에서 조직별 성체줄기세포 분화 과정에 대한 이해와 조직 특이적 분화 기술은 차세대 재생 의료 분야를 이끌고 있다. 신체 조직의 복구 및 재생 과정에서, 성체줄기세포와 조직 내 주변 미세 환경의 상호 조절 및 분화 기작을 이해하여 질병을 극복하는 데 줄기세포를 활용한 치료법이 재생 의료 분야에서 대안으로 제시되고 있다. 실제로 치매 환자의 피부세포를 채취해 유도만능줄기세포 기술을 적용한 만능줄기세포로 만든 후 환자의 뇌에 주입해 손상된 뇌신경을 대체하는 재생 치료가 실행되고 있다.

이렇게 줄기세포는 유전정보를 이용해 환자의 유전적 환경과 동일한 조직을 만들 수 있을 뿐 아니라 환자의 조직에서 유래된 줄기세포로 효능이 높은 치료제를 개발해 개인 맞춤형 의료를 활성화시켰다.

줄기세포 유래 오가노이드 기술

맞춤형 임상 재료이자 신약 개발의 플랫폼 기술로 오가노이드organoid가 각광받는다. 2015년 MIT가 선정한 10대 유망 기술로 뇌 유사체brain organoids가 선정되기도 했다. 오가노이드는 배아줄기세포 또는 성체줄기세포로부터 만들어지는 3차원 구조체로, 실제 장기의 구조와 기능을 모사한 것이다. 이 용어는 단순하게는 장기 유사체를 의미하는데 자가조직화self-organization, 다세포성multicellularity, 기능성functionality의 세 가지 특성을 가지고 있어야 한다. 즉, 오가노이드는 생체 내 장기와 비슷하게 생체 외에서 3차원 형태로 조직화되어야 하며 장기와 유사한 다양한 세포를 가지고 있는 동시에 해당 장기의 일부 기능을 재현할 수 있어야 한다는 뜻이다.

적절한 조건에서 줄기세포를 배양하면 장기나 조직과 흡사한 구조의 오가노이드를 생산할 수 있다. 줄기세포 유래 오가노이드는 인간 질병을 연구하는 데 기반이 되었던 과거의 2차원 세포배양 모델과 동물 모델이 세포 유사성 및 생체 조직 구조의 모사성이 낮다는 점, 인간과 동물의 궁극적인 차이점이 존재한다는 한계점을 극복한 것이다. 따라서 인공장기 개발, 질병 모델링, 독성 테스트, 신약 개발 및 환자 맞춤형 치료제 개발 등 바이오 산업의 중추 역할을 하고 있다. 이를 증명하듯 줄기세포 및 오가노이드 연구 주제 논문 건수가 2011~2015년 360건이었던 데 비해 2016~2020년은 3,000여 건으로 급증했다.

신약 개발 단계에서 후보 물질의 독성, 효능 평가는 매우 중요 요소다. 현재는 마우스를 이용한 전임상시험을 실시하나 이 단계에서 나타나지 않았던 다양한 독성이 임상시험에서 나와 실험이 중단되는 경우도 많다. 따라서 전임상시험 단계에서 다양한 장기를 모방한 전분화능줄기세포 유래 오가노이드를 이용해 예측이 불가한 독성, 효능 평가가 가능하다.

재생 의료 분야에서 전분화능줄기세포 유래 오가노이드를 활용한 연구 또한 빠르게 발전하고 있다. 줄기세포를 이용한 간과 심장 오가노이드, 간세포와 심근 세포 시트sheet를 사용하여 간과 심장 기능 향상을 위한 연구가 진행 중이다. 또한 신장 오가노이드, 망막세포의 개발을 통해 이식을 기다리는 환자들에게 희망이 되고 있다. 그뿐 아니라 유전자 편집 기술과 유도만능줄기세포의 융합으로 환자 자신의 줄기세포 유전자를 교정 후 다시 특정 세포로 분화시켜 치료하는 방식은 다양한 희귀 질환 치료제 개발에도 활용된다. 최근 코로나 바이러스에 대한 인체 반응 연구, 감염경로 연구를 위해 다양한 장기를 모사한 오가노이드 개발의 중요성이 부각되고 있다. 장, 폐, 간, 편도선 등 다양한 오가노이드에 SARS-COV-2 바이러스를 감염시켜 장기별 반응 및 기작을 확인하기도 했다. 또한 지카ZIKA 바이러스 감염 증상인 소두증 아기의 원인과 경로에 대한 연구가 이루어지지 않았으나 미니 뇌 오가노이드를 이용한 실험을 통해 감염 기전 연구가 가능하게 되었다.

오가노이드 활용 분야가 신약 개발 및 재생 치료까지 확대됨에 따라, 제작된 오가노이드가 얼마나 인체 장기와 유사한가를 평가하는 기술의 필요성 또한 제기되었다. 한국생명공학연구원에서는 차세대 염기분석법Next Generation Sequencing, NGS으로 인간 각 장기별 전사체를 분석했다. 그리고 특이적으로 발현되는 유전자 패널을 구축, 유사도 분석을 위한 평가 알고리즘을 개발하여 오가노이드의 전사체 분석을 통해 인체 장기와의 유사도(퍼센트)를 얻었다. 이 방법으로 연구자는 제작한 오가노이드의 부족한 부분을 보완할 수 있으며, 이는 곧 고기능성 오가노이드 제작과 개발에도 도움이 될 것이다.

유도만능줄기세포 등 혁신적인 기술의 등장으로 줄기세포 R&D는 크게 진보했다. 줄기세포, 재생 분야에서 가장 저명한 학회인 ISSCRInternational Society for Stem Cell Research 2019(미국 로스앤젤레스)에서는 줄기세포를 이용한 오가노이드, 질환 모델링, 줄기세포의 역분화 및 만능 메커니즘을 주제로 여러 연구 내용이 공유되었다. 특히 다양하게 분화할 수 있는 줄기세포의 특성, 즉 만능성 줄기세포는 분화 과정 중에 중배엽mesoderm, 내배엽endoderm, 외배엽ectoderm 줄기세포 단계를 거쳐 많은 세포, 조직과 장기로 분화·발달하는데 이를 반영한 세분화된 연구가 주를 이루었다. 만능성 줄기세포를 이용한, 외배엽 계통의 세포로 분화된 줄기세포 치료제 연구가 가장 빠른 속도로 진행되고 있는데, 일본에서 망막 질환 및 파킨슨병에 대해 유도만능줄기세포를 이용한 최초의 임상시험 내용이 소개되었다.

또한 줄기세포를 이용한 면역 세포 치료제의 개발 가능성 등이 이슈가 되었다. 면역 세포 치료는 세포 종류에 따라 T세포 치료, NK**Natural Killer**세포 체세포 치료, 수지상 세포 치료, 여기에 유전자조작을 통해 특정 항원만을 표적으로 하는 기술이 적용된 CAR-NK**Chimeric Antigen Receptor-Natural Killer**, CAR-T 치료법이 이미 국내에도 많이 알려졌고 연구에 박차를 가하고 있다.

이는 유도만능줄기세포에서 NK세포(자연 살해 세포)를 얻어 유전자 편집 기술을 적용하여 CAR-NK세포를 만드는 것이다. CAR-NK는 환자의 혈액에서 채취하는 것이 아니라, 출생 시 얻을 수 있는 제대혈, 즉 성체줄기세포 또는 유도만능줄기세포로 얻기 때문에 범용성을 갖고 기성품 형태의 면역 세포 치료제 개발에 이상적이다. 환자 자신의 T세포를 이용해야 하는 CAR-T 방식은 고가의 개인 맞춤형 치료제로 산업화에 어려움이 있으나 CAR-NK 치료제는 인간 유도만능줄기세포를 혈관 내피 전구 세포로 전환시킨 뒤, NK세포로 분화시켜 모든 환자에게 적용 가능한 기성품**off-the-shelf**이 가능하여 그 생산 플랫폼이 발표되었다.

2023년 6월 미국 보스턴에서 개최된 ISSCR 2023에서는 줄기세포 R&D가 기초연구와 임상 개발, 양방향으로 더욱 고도화될 것이며 첨단 기술을 토대로 새로운 줄기세포 발견, 역노화와 같은 생명현상 규명 영역이 확대될 것으로 전망했다. 생명 모사 특성을 보유한 줄기세포는 생명과학의 강력한 연구 도구이며 노화 극복, 신규 줄기세포 탐색 등 새로운 가능성을 보일 것으로 예측했다.

활용 측면에서 줄기세포 치료제 임상 결과가 두드러지며, 크리스퍼**Clustered Regulary Interspaced Short Palindromin Repeats, CRISPR** 기반 치료제, 보다 폭넓게 사용할 수 있는 기성품 치료제 등 새로운 콘셉트의 치료제 개발이 주요했다. 최초의 크리스퍼 치료제로서 헤모글로빈 합성 유전자를 삽입한 자가 유래 세포 치료제로 유전성 빈혈 질환 치료를 타깃으로 한 임상 결과가 발표되었다. 이외에도 크리스퍼 기술 기반으로 암, 혈액질환, 뇌신경 질환 등 다양한 병에 대한 줄기세포 치료제 개발이 활발하다.

기초연구 분야에서는 줄기세포의 정체성cellular identity, 노화와 회춘aging and rejuvenation, 성체줄기세포와 재생tissue stem cell and regeneration 이라는 세 방향으로 연구가 진행되고 있다. 줄기세포의 정체성 관련해서는 특정 줄기세포의 분화, 리프로그래밍의 조절 기작에 대한 연구가 다수이고 세포 재생, 역노화와 관련된 발표에 위험할 정도로 청중이 몰리는 등 관심이 집중되었다고 한다. 최근 영국 케임브리지대학의 한 연구소는 50대 성인의 피부세포를 리프로그래밍하여 20대 초반의 피부세포로 만드는 데 성공했다고 발표했다. 이 연구는 배아줄기세포가 아닌 중간 단계로 돌아가 세포의 정체성은 유지하면서 노화 시계를 30년 되돌렸다는 점에서 의미가 있다. 세포 리프로그래밍 기술을 실제 활용하기에는 아직 이르다는 회의적인 시선도 있지만 발상 자체는 강력하고 가능성이 큰 분야다. 해당 연구 그룹은 인간이 일생 동안 겪는 질병, 부상, 장애를 되돌리는 치료제를 개발해 과학을 의학으로 변화시키는 것이 목표라고 한다.

줄기세포 연구, 치료제 개발에 성공하려면

현존하는 오가노이드 모델은 인체 조직의 일부만을 모사할 수 있으나 조직 내에는 다종의 세포 및 상호작용이 존재하고 이들이 여러 질병 발생에 중요한 역할을 하기 때문에 다종의 세포 및 상호작용을 모사할 수 있는 차세대 오가노이드 모델이 필요하다. 현재 여러 기관의 오가노이드가 연결된 하이브리드 모델을 이용한 연구가 증가하고 있다. 또한 오가노이드를 성숙시키기 위해서는 수백 일 이상 장기간 배양이 필수적이어서 오가노이드의 성숙을 빠르고 효과적으로 유도할 새로운 기술 개발이 필요하다. 오가노이드 기술은 독립적인 실험 간 차이가 크며 개별 오가노이드 사이의 이질성도 매우 높아 이에 대한 연구도 집중되어야 한다. 성체줄기세포는 조직에 따라 주위 환경에 의해 활발히 조절받고 있지만 성체줄기세포들의 변화와 더불어 이를 조절하는 주변 세포나 환경에 대한 탐구는 아직 많이 이루어지지 않고 있다. 따라서 줄기세포와 활발히 상호작용하는 주위 세포에 대한 연구가 필요하다.

차세대 백신

김선자　　생명과학

2020년 3월 11일, 팬데믹을 선언했던 세계보건기구World Health Organization, WTO는 2023년 5월 6일 국제공중보건위기상황을 해제했다. 우리나라도 5월 11일, 위기 경보 심각에서 경계 단계로 낮추면서 사실상 엔데믹을 선언했다고 할 수 있다. 3년 2개월이라는 코로나19와의 지난한 시간을 보낸 일반인들이 기억하는 키워드는 백신이 아닐까 한다. 덕분에 백신에 대한 지식 수준과 관심 또한 높아졌다. 그도 그럴 것이 코로나19 팬데믹 종식은 백신의 힘, 즉 mRNA 백신의 혁신과 높은 접종률이 인류가 고통을 극복하는 데 얼마나 중요한지를 경험했기 때문이다. 넥스트 팬데믹을 대비해야 한다는 전문가들의 목소리와 경고에 힘입어 차기 백신에 대한 기대가 크다.

소의 고름으로 시작된 백신 역사

1796년 영국의 에드워드 제너Edward Jenner 박사는 사람이 소 감염병인 우두(소에 발생하는 바이러스 질환)를 앓으면 천연두(인간에게 발생하는 두창 바이러스 질환으로, 우두에 의해 퇴치된 질환)에 걸리지 않는다는 것을 알게 되었다. 이후 소 젖 짜는 여인의 우두 종기에서 고름을 채취해 다른 사람에게 주사하고, 몇 주 뒤 다시 천연두 고름을 주사한 결과 우두에 비해 인체에 치명적인 천연두 증상이 나타나지 않았다. 먼저 주사된 우두로 인해 항체, 즉 면역이 형성되었고 천연두 바이러스에 면역반응을 보인 것이다. 이를 통해 우두의 고름을 이용한 우두법을 고안하여 천연두를 예방할 수 있었다. 이것이 세계 최초의 백신vaccine이며 소를 일컫는 라틴어 'Vacca'에서 유래했다.

이후 광견병, 급성 호흡기 전염병인 디프테리아, 장티푸스, 콜레라, 페스트, 결핵 예방 백신이 개발되었고, 1949년 세포배양법으로 바이러스를 실험실 내에서 증식시키는 기술이 고안되면서 급성 회백수염(소아마비), 홍역, 간염 백신이 나왔다. 백신 제조법에 따라 약독화 생백신, 불활성화 백신, 톡소이드 백신, mRNA 백신, 추출 백신, 바이러스 벡터 백신 등이 개발되었다. 이렇게 1796년 최초의 백신이 개발된 이래로 최근 수십 년 동안은 분자생물학의 발전 덕분에 바이러스가 아닌 바이러스 구성 요소를 기반으로 한 백신이 등장했다. 백신 개발의 방향은 인간의 면역 체계를 활성화시키고 부작용이 적으며 최적의 제조법을 중요하게 다루며 흘러왔다.

바이러스 변이를 쫓는 백신

기능을 약화시키거나 불활성화시킨 병원체, 즉 백신을 체내에 투여하면 인체는 이를 항원으로 인식해서 T세포와 B세포가 항체를 만들어낸다. 항원(백신)에 대항하는 항체를 만든 경험이 있는 T세포와 B세포는 각각 기억T세포, 기억B세포로 분화하여 체내에 존재한다. 이후 동일한 항원이 체내에 침입하면 기억T세포와 기억B세포에 전달되어 빠르게 항체가 생성된다. 이것을 후천면역이라고 하며 병원체의 정체를 완전히 파악한 후 정확히 공격하기 때문에 저격병이라고 할 수 있다. 이와 달리 인체가 가진 기본 면역력인 선천면역은 보초병이라고 할 수 있겠다. 이렇게 인체가 어떤 질병에 대한 면역을 보유할 수 있도록 하는 것이 백신의 원리다.

이러한 원리 때문에 백신이 개발되어도 바이러스가 변이를 일으키면 기존 백신이 무용지물이 된다는 말은 이미 익숙할 것이다. 바이러스가 변이를 일으킬 경우 우리 몸에 주입했던 특정 부위 바이러스와는 다른 모양으로 바뀌면서 백신 접종으로 만든 항체가 변이된 바이러스를 인식하지 못한다. 그래서 개발된 것이 2가 백신이다. 초기 코로나19 바이러스의 돌기 부위와 오미크론 변이의 돌기 부위 2개를 타깃으로 만들었기 때문에 오미크론 변이에도 대응할 수 있었다.

문제는 바이러스 변이 속도를 백신 개발 기술이 따라가지 못한다는 것이다. 변이가 발생할 때마다 그에 맞는 백신을 개발할 수는 있지만 이미 변이 바이러스가 확산된 후 개발되고 접종이 이루어지면 이미 늦다. 이를 극복하기 위한 것이 범용 백신이다. 유니버설universal 백신이라고도 부른다.

범용 백신 기술은 크게 세 가지로 나뉜다. 기존 백신은 '열쇠-자물쇠' 조합처럼 표면 돌기의 머리 부분을 타깃으로 해 모양이 맞는 항체가 바이러스에 달라붙어 무력화시키는 원리다. 그래서 범용 백신의 첫 번째 방식은 머리에 비해 변이가 적은 줄기, 즉 기둥 부분을 공략하는 것이다. 쉽게 말하면 적군의 무기나 옷은 매번 바뀌지만 신발이 늘 같다면, 신발로 적군을 파악하고 그 부분만 집중적으로 공격하도록 아군(항체)을 훈련하는 식이다.

두 번째는 상용화에 가장 근접한 방식으로, 바이러스의 중심부에 있는 코어core(핵심) 단백질을 공격하는 것이다. 돌기에 변이가 일어나 매번 새로운 백신을 만들어야 하는 점을 해결하기 위해 생각해낸 방법으로 변이가 일어나도 형태가 바뀌지 않는 코어 단백질을 직접 공격한다. 마지막으로 DNA(유전자) 백신이다. DNA 백신은 여러 바이러스의 유전자 일부를 모방한 DNA 조합을 사람에 주사하면 바이러스에 대항하는 항체가 자연스럽게 만들어진다. 다른 백신과 달리 바이러스를 직접 넣지 않고 기능하지 않는 DNA만 넣기 때문에 일반 백신에 비해 훨씬 안전하다는 장점이 있다.

mRNA 백신의 혁신을 잇는 차세대 백신

자가 복제 RNA 백신Self-amplifying RNA Vaccine

2022년 전 세계에 압도적으로 많이 팔린 건 화이자와 바이오엔텍의 mRNA 백신이다. mRNA 백신의 효과는 이미 검증되었지만 현재 상용화된 mRNA 백신은 고용량이 투여된다. 항원 단백질의 유전정보를 체내로 삽입하는 방식이기 때문에 mRNA의 투여량이 적으면 높은 효과를 얻기 어렵고, 백신의 mRNA가 모두 합성되어 소진되면 항원 단백질 생산도 멈춘다. 그래서 면역력을 다시 얻기 위해 부스터샷이 필요했다. 연구자들은 고민했다. 저용량으로도 효과를 높일 수 있지 않을까?

코로나19 발생 초기에는 빠른 백신 개발과 접종이 필요했고, 우리나라는 1차, 2차 접종을 약 3개월 간격으로 시행했으며 필요에 따라 부스터샷을 접종하기도 했다. 부스터샷의 부작용이 정확히 입증되지 않은 상황에서, 3차 부스터샷 이후부터는 대다수의 부정적 인식이 증가했다. 동시에 연구가 몇 년간 지속되면서 자가 복제 mRNA 백신이 개발되었다. 이는 항원 단백질을 생산하는 유전정보 이외에 그 유전정보를 복제하는 유전정보까지 삽입하여 다수의 mRNA를 복제하는 것이다. 즉 백신을 한 번 맞으면 체내에서 mRNA가 계속 복제되기 때문에 면역 유지 기간을 크게 늘릴 수 있고 1회 접종만으로도 효과가 충분하다는 장점이 있다. 투여 용량이 줄면 같은 비용으로 더 많은 백신을 만들 수 있으며 단가가 낮아져 저개발국에 좀 더 싼 가격에 공급할 수 있게 된다.

아단위 단백질 백신Protein Subunit Vaccine

바이러스의 표면이나 세포막을 구성하는 특정 단백질 조각, 다당류 등이 주요 성분으로, 전체 바이러스 또는 유전물질이 아닌 특정 단백질 부분(아단위 단백질)을 백신으로 접종한다. 유전자재조합 기술을 이용해 코로나19 바이러스 돌기 단백질 등 항원 단백질을 저렴하게 대량으로 생산할 수 있고 섭씨 2~8도에서 보관할 수 있어 유통이 더욱 쉬우며, 부작용이 적고 안전하다는 특징이 있다. 이미 인플루엔자, 백일해, 말라리아 백신 등에 사용된다. 그러나 RNA 백신보다 생산 시간이 더 많이 소요되고 낮은 면역반응을 보이기 때문에 백신 기능 증가 첨가물인 면역 증강제adjuvant, 보존제preservatives를 추가할 수 있다. 백신의 기능을 극대화하는 보조제로 사용되기 때문에 차세대 백신 개발 기술로 중요하게 다뤄진다.

면역 증강제를 백신에 첨가하여 제조하면 면역반응 및 지속력을 증가시킬 수 있어 백신의 투여 횟수 및 투여량을 낮출 수 있다. 보존제는 백신으로부터 감염되는 2차 감염을 예방하기 위해 첨가하는데 치메로살과 같은 화학물질이 여기에 해당한다. 하지만 소아의 두

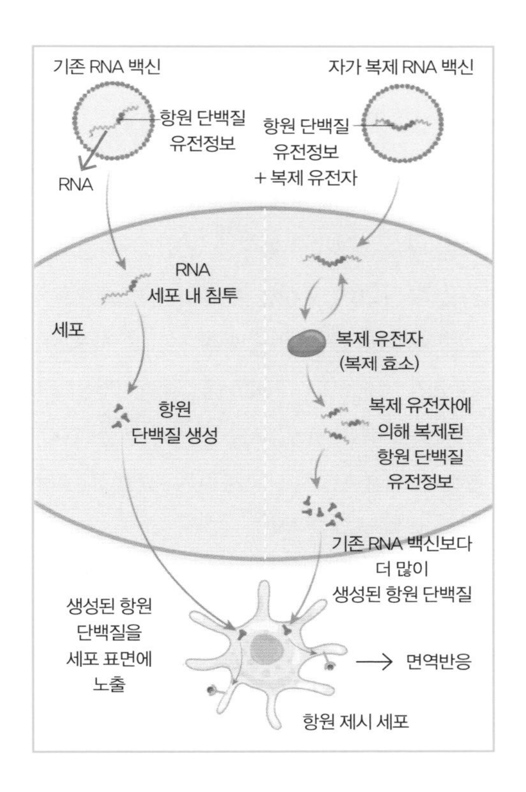

⇡ 기존 RNA 백신과 자가 복제 RNA 백신 비교. 자가 복제에 관여하는 복제 유전자를 삽입해 인체 세포 안에서 항원에 해당하는 유전물질을 자가 복제하여 항원 단백질을 보다 많이 생산한다.

뇌 발달에 악영향을 줄 수 있다는 연구로 최근 치메로살을 첨가하지 않는 방향으로 전환되고 있다.

나노 입자 백신Designed Protein Nanoparticle Vaccine

재조합 백신의 일종인 나노 입자 백신은 돌기 단백질 전체를 주입하는 대신, 항원 중에서 체내 세포와 직접 결합하는 바이러스의 수용체 결합 도메인Receptor Binding Domain, RBD, 즉 인간 세포와 직접 결합하는 스파이크 단백질의 일부만 백신으로 제작하는 것이다. 나노 입자의 크기는 100나노미터 정도로, 현재까지 백신으로 가장 많이 사용되는 것은 지질 나노 입자다. 축구공 모양의 구형 나노 입자 표면에 RBD 단백질을 부착하여 백신을 제작하는 방식으로 항원을 더 많이 노출할 수 있고 바이러스 돌기 단백질 전체를 사용하는 것보다 높은 항체 반응 유도가 가능하다. 2020년 《셀cell》에 발표된 논문에 의하면 이 기술을 사용하여 나노 입자의 표면에 코로나19 바이러스 돌기 수용체 결합 도메인을 60개 부착시킬 수 있었고, 이때 10배 이상의 높은 항체 반응을 보였다고 한다.

암 백신에 거는 기대

코로나19가 독감 수준으로 전환되면서 백신 수요는 감소하는 추세지만 코로나19 백신의 핵심인 mRNA는 이제 시작이라고 말할 수 있다. 감염병에 대한 높은 관심으로 기존과는 다른 새로운 형태의 mRNA 백신이 빠른 속도로 개발되었다. 수십 년 동안 연구한 이 백신이 실제로 효과가 있음이 확인되며 인류가 가진 백신 기술은 한 단계 업그레이드되었다. 질병 예방과 치료에 완전히 새로운 길이 열리며 《네이처》에서는 2023년 주목해야 할 과학 이슈 중 하나로 mRNA 백신을 선정하기도 했다. 이처럼 혁신의 아이콘으로 기대 이상의 효과가 입증되면서 mRNA를 기반으로 한 암 백신에 대한 기대 또한 이어지고 있다.

우선 mRNA 암 백신의 정의를 살펴보자. 백신은 보통 예방의 의미를 갖는다. 그럼 암 백신은 암을 예방하는 역할을 할까? 이렇게 생각할 수 있지만 이미 암에 걸린 환자의 종양 크기를 줄이고 재발을 막는 것을 목적으로 한다. 즉, 치료제 개념이다. 그래서 '암 치료 백신'이 맞는데 줄여서 '암 백신'이라고 부른다. 자궁경부암, B형 간염 백신 등은 바이러스에 의한 질병으로 예방을 위한 백신이 맞다. 그러나 암 백신으로 치료하는 것은 자연적으로 발생하는 암세포이기 때문에 미리 예방할 수 없어 종양 크기를 줄이고 재발을 막는 치료용이 된다.

일반적으로 인체의 면역반응은 바이러스, 세균, 이물질 등 내가 아닌 남인 세포에 반응하는 작용이다. 사실 비정상적으로 증식하는 암세포도 내 몸 안에서 일어나는 반응이기 때문에 인체 면역 세포들이 대부분 공격하지 않는다. 그래서 암 백신은 암세포를 돌연변이, 즉 남으로 인식하게 만들어 인체 면역 세포들이 공격하도록 만드는 원리다. 환자의 암세포 유전자를 분석하고, 암에 걸린 DNA와 건강한 정상 DNA를 대조하여 개인차를 유발하는 즉, 암을 일으키는 돌연변이를 찾아내 이 돌연변이 유전자의 mRNA를 설계해 백신으로 만든 후 인체에 주입하면 해당 환자에게만 강력한 면역반응이 유도되고 면역 세포들이 암세포를 공격해 제거하는 것이다.

주로 예방용 백신은 중화항체를 많이 생산하고 T세포와 B세포가 활성화되는 것과 달리 치료용 백신은 종양을 제거하는 데 핵심 역할을 하는 T세포 반응에 주로 의존한다. 그래서 암 백신이 효과가 크려면 면역 체계의 T세포가 암을 위험한 것으로 인식하도록 가르쳐야 한다.

미래 mRNA 백신은 예방보다는 치료용으로 활용될 것이라고 본다. 코로나19 이전부터 mRNA 백신의 주역이던 모더나나 바이오엔텍 역시 이미 그들의 개발 생산 라인의 3분의 2는 치료용 백신에 더 주력하고 있었다는 사실만으로도 치료용 mRNA 백신에 거는 기대는 더 크다고 할 수 있겠다. mRNA를 설계한다는 것은 상대적으로 쉽고 환자마다 다른 암세포 단백질에 대한 적합한 mRNA 암 백신을 만들어낼 수 있다는 의미다. 2~3개월이면 암 환자 맞춤형 암 백신 설계가 가능할 것으로 본다. 주역 제약 회사들은 2030년, 7년 후 암 백신을 내놓겠다고 했고 우리나라도 코로나19 이후 mRNA 백신 개발 연구에 뛰어든 연구자가 많아졌다. 공동 연구 등이 수월해져서 mRNA 암 백신 상용화에 대한 기대가 큰 것이 사실이다.

차세대 백신이 나아갈 방향

백신을 인체에 주입하는 새로운 형태 역시 개발되고 있다. 현재는 대부분 주사 형태로 맞는다. 가장 먼저 나타난 차세대 백신은 콧속에 스프레이 형태로 뿌리는 것이다. 인플루엔자 백신 가운데 스프레이형 '플루미스트'가 나왔고 상용화되었다. 플루미스트를 개발한 아스트라제네카는 약물이 직접 호흡기를 통해 들어가기 때문에 주사보다 강력한 면역반응을 이끌어낼 수 있다고 설명했다. 호흡기 바이러스는 코나 입, 점막을 통해 폐까지 감염되는데 코로 흡입하는 백신은 면역반응이 코와 입에서 시작한다. 따라서 바이러스가 침입하는 초기 단계에 면역반응이 일어날 수 있어 세포가 퍼지기 이전에 감염을 차단한다는 장점이 있다. 하지만 2016년 미국 질병통제예방센터CDC와 미국소아과학회는 스프레이형 백신이 독감을 예방하는 효과가 약 3퍼센트로 매우 낮기 때문에 독감 유행 시즌에는 기존 주사형 백신을 맞으라고 권했다. 전문가들은 피부에 붙이는 파스형이나 물 없이 혀로 녹여 먹는 필름형 백신도 연구하고 있다.

코로나19 백신으로서 mRNA 백신이 예방 효과와 안정성 측면에서 높게 평가되고 있지만, 다른 백신들의 효능도 충분히 높다는 결과가 보고된다. 효능이 비슷하다면 고려해야 할 점은 부작용, 생산 비용, 이동 및 보관 방법, 지속성이다. 차세대 백신 기술은 효능과 안정성을 높이고, 위험성을 포함한 부정적 측면을 줄이는 데 초점을 맞춰야 한다. 또한 변이 바이러스에 대응할 백신이 신속하게 만들어질 수 있도록 생산과 승인 절차의 간소화 또한 차세대 백신 개발에 필수다. 미래에 또 다른 바이러스에 대항할 더 편리하고 효율적인 백신들을 기대한다.

유전자 편집 기술의 최전선에서

강민지 생명과학

유전자의 정의

게놈genome은 유전자gene와 염색체chromosome의 합성어다. 생명체의 정보를 담고 있기 때문에 기본적으로 한 개체 안에 존재하는 모든 세포에 같은 형태로 존재한다. 게놈은 DNA라는 분자로 구성되며, DNA는 다시 뉴클레오티드 단위체가 모여서 만들어진다. 뉴클레오티드는 인산, 당, 염기로 이루어져 있는데, 흔히 이야기하는 DNA '염기 서열' 부분이 바로 뉴클레오티드의 염기 물질로 인해 결정된다. 염기 부분은 오직 4가지 물질로만 존재하는데, A(아데닌), T(티민), G(구아닌), C(시토신)다. (RNA 가닥의 경우 T 대신 U, 즉 우라실이 존재하며, U가 A와 결합한다.) 이 뉴클레오티드가 모여서 한 가닥으로 길게 이어지다가, 두 가닥이 만나면 이중나선 구조를 띤다. 이 이중나선 구조에서 염기 A는 항상 T와만 결합하며, G는 늘 C와 짝을 이룬다. 이렇게 짝을 이룬 두 염기를 염기쌍이라고 부른다.

세포를 구성하는 주성분은 단백질이며, 이 단백질의 구성단위는 아미노산이다. DNA에 있는 정보를 단백질로 바꾸기 위해서는

RNA를 이용하게 되는데, RNA는 DNA 주형에서 전사 과정을 거쳐 만들어진다. 그리고 염기 3개가 모여서 하나의 아미노산을 지정하게 되며, 이를 트리플렛코드라고 한다.

게놈에 포함된 유전자 수는 생물의 종에 따라 달라진다. 사람의 경우 대략 30억 개의 염기쌍으로 이루어져 있고, 약 2만 개의 유전자 구조로 이루어진 23개의 독특한 조각인 염색체로 존재한다. 염색체 속에서 돌연변이가 일어나면 유전 질병이 생긴다. 이 유전 질병을 치료하기 위해서 과학자들은 끊임없이 연구했다. 가장 좋은 방법은 돌연변이를 일으킨 유전정보를 수정해서 원상 복구시키는 것일 터다. 그렇기 때문에 인간이 가진 유전체를 완벽히 알기 위해 꾸준히 노력해왔다.

2000년대 초반 게놈 프로젝트에서 인간 유전체 99.99퍼센트를 밝혔다고 알려졌으나, 중간중간 비어 있는 부분이 8퍼센트 정도 남아 있었다. 그러던 2022년 3월, 드디어 미국, 영국, 독일, 러시아 4개국 33개 연구 기관 과학자 114명으로 구성된 '텔로미어 투 텔로미어(T2T) 컨소시엄에 의해 《사이언스》에 30억 개의 염기쌍 전체 서열 정보 전체를 채운 유전자 지도가 발표되었다. 반복이 많은 구간이나, 덩어리가 큰 곳은 이전 기술로 해독하기 어려웠다. 이때 생명공학 기업 퍼시픽바이오사이언스, 옥스퍼드 나노포어테크놀로지가 개발한 롱 리드Long-Read 시퀀싱이 적용되었는데 염기 서열을 한 번에 1만 개부터 100만 개 이상까지도 읽어내는 최신 기술이다. 이번 인간 유전자 지도에 활용된 유전체는 유럽 남성의 것으로, 유전체 다양성을 확보하기 위해서 350명에 달하는 인간 유전체를 추가 분석 중에 있다.

2020년 노벨화학상, 크리스퍼 유전자 가위

처음 크리스퍼CRISPR가 발견되었을 때 과학자들은 이 반복된 DNA 서열이 어떤 기능을 하는지 알지 못했다. 덴마크 요구르트 회사에 재직 중이던 대니스코라는 연구원에 의해 이 기능이 최초로 밝혀지게 된다. 요구르트를 발효시키는 특정 유산균 중에서 바이러스에 내성을 가진 것처럼 반응하는 모습을 보았고, 그 유산균들은 CRISPR 유전자가 활성화되어 있음을 발견했다. 이 기능이 밝혀진 이후, 2012년 제니퍼 다우드나Jennifer A. Doudna와 에마뉘엘 샤르팡티에Emmanuelle Charpentier라는 두 여성 과학자가 《사이언스》에 CRISPR 메커니즘을 규명한 논문을 발표했다.

바이러스인 박테리오파지의 공격을 받은 세균은, 같은 바이러스가 다시 침투할 것에 대비하여 공격한 바이러스의 DNA를 작은 조각으로 잘라서 자신의 유전체(CRISPR 유전자 사이)에 저장해둔다. 추후 같은 바이러스가 다시 침입하면 저장했던 박테리오파지의 DNA 염기 서열을 이용하여 바이러스를 추적하는 RNA를 만든다. RNA는 DNA를 절단하는 능력을 가진 'Cas protein'이라 불리는 Cas9 단백질과 복합체를 이룬다. 그리고 RNA는 저장되어 있던 염기 서열을 침입한 박테리오파지에서 찾아서 결합하고, Cas9 단백질이 DNA를 절단하는 방식이다. 이를 이용하여 연구에서는 가이드RNA를 만들어서 편집을 원하는 DNA 부위를 추적하도록 한 뒤, 가위 역할을 하는 Cas9이 절단하도록 한다.

염기 하나하나를 바꿀 수 있는 베이스에디터

크리스퍼를 이용한 유전자 편집은 크리스퍼가 특정 염기 서열을 인식하여 잘라내고, 그 자리에 원하는 DNA 조각을 삽입하는 방식으로 이루어진다. 잘라내는 과정은 큰 어려움이 없으나 새로 넣은 DNA 조각이 원하는 자리에 제대로 들어갈 확률이 생각보다 높지 않다는 단점이 있다. 이를 보완하기 위해 개발된 유전자 가위가 '베이스에디터'다. 베이스에디터는 DNA 일부가 아닌, DNA를 이루는 염기 하나하나를 바꿀 수 있는 기술이다. 또한 교정 시간이 15분 이내로 무척 빨라 유용하다는 장점이 있다.

조로증의 경우 라민A 단백질을 가진 두 가닥의 DNA 중 한 가닥에서 시토신 염기가 티민 염기로 바뀌는 돌연변이가 발현하면서 나타난다. 2021년 1월 리우David R. Liu 교수팀은 조로증에 걸린 쥐 모델에 베이스에디터를 삽입한 결과를 《네이처》에 발표했다. 그 결과 최대 91퍼센트까지 유전자가 정상적으로 교정되었고, 쥐의 수명은 2배가량 늘었다는 내용이다. 그러나 해당 실험에서는 '오프타깃' 현상이 나타나지 않았으나, 베이스에디터를 적용하는 과정에서 Cas9 단백질이 표적 유전자를 찾기 전에 원치 않는 다른 염기들도 바꿔버린다는 보고가 있었기에 사람을 대상으로 상용화하기에는 시일이 많이 걸리리라 생각된다.

베이스에디터는 표적 유전자를 찾는 Cas9 단백질, 시토신을 티민으로 바꾸기 위한 탈아미노 효소 등으로 구성된다. 이 탈아미노 효소가 계속 활성화 상태로 있기 때문에, Cas9 단백질이 표적 유전자를 찾기 전에 여러 염기를 바꾼다는 바를 발견했다. 미국 버클리 캘리포니아대학 연구진은 이를 보완하기 위하여 효소의 활성화 자

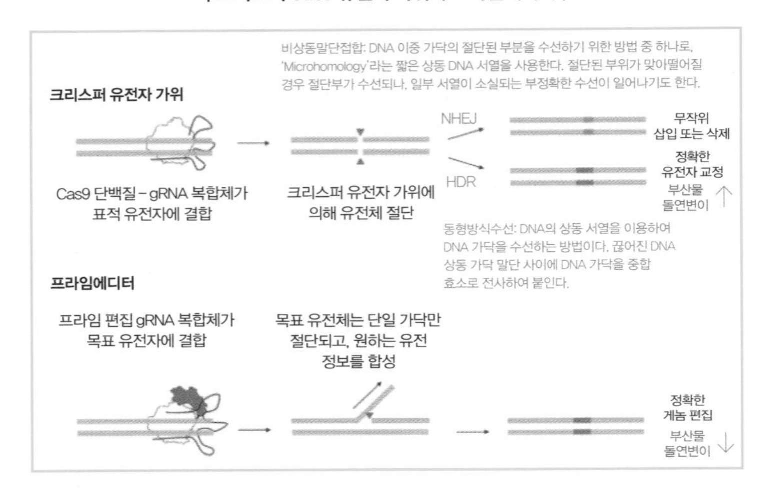

리가 Cas9 단백질의 일부가 되도록 하는 방법을 찾아야 한다고 보았으며, 이를 목적으로 '베이스에디터'의 3D 지도를 《사이언스》에 발표했다.

최근에는 미국 생명공학 기업 빔테라퓨틱스에서 '베이스 편집 기술'을 이용하여 백혈병 치료에 도전하고 있다. 2023년 9월 《네이처》에 따르면 'T세포급성림프모구 백혈병' 환자를 대상으로 첫 임상실험에 들어간다고 한다. 'BEAM-201'이라는 치료 물질을 사용하여 특정 유전자의 염기 서열을 바꿔 새로운 면역 세포를 형성하도록 하는 방식으로 진행된다. 해당 임상실험의 결과는 앞으로 유전공학 기술의 방향성에 많은 영향을 줄 것이다.

4세대 유전자 가위, 프라임에디터

프라임에디터는 미국 브로드 연구소에서 개발된 유전자 편집 방법이다. 크리스퍼는 Cas9 단백질이 원하는 부위의 DNA 가닥을 완전히 절단하여 새로운 DNA를 재조합하는 방법이다. 베이스 유전자 편집 시스템은 이를 바탕으로 Cas9를 화학 처리하여 DNA를 다른 문자로 바꿀 수 있는 단백질과 융합시키는 방법이라면, 프라임에디터는 Cas9를 역전사효소라고 불리는 단백질에 결합시키는 방법이다. 이 복합체는 DNA 이중나선 구조에서 오직 한 가닥에만 적용한다. 그렇기 때문에 부작용이 적다는 장점이 있으나, 다른 유전자 가위보다 복잡하여 유전자 편집 과정을 설계하는 데 어려움이 있다.

최근 이를 보완하기 위해 연세대학교 김형범 교수팀은 2020년부터 약 3년간 프라임에디터와 관련된 데이터를 33만 개 이상 확보했고, 데이터를 분석하면서 프라임에디터의 원리를 밝혀내는 데 성공했다. 이를 인공지능 모델 학습에 사용하여 프라임 편집 효율 정도를 예측하는 '딥프라임DeepPrime'을 제작했으며, 전 세계 모든 사람이 활용하도록 웹사이트 형태로 공개했다.

생명 설계에 대한 논쟁

2018년 중국에서 허젠쿠이 교수가 유전자 편집을 통해 AIDS(후천성면역결핍증)에 면역이 있는 아기를 탄생시켜 파장이 일었다. 불임 치료 중인 부모 7명에게 배아를 얻어 유전자 편집을 했고 그중 한 쌍의 부모에게서 AIDS 바이러스 면역력을 가진 쌍둥이를 출산시켰다. 그리고 인간 배아에 유전자 편집 기술을 적용해 산모에게 투입시킨 혐의로 3년간 투옥되었다. 이후 '디자이너 베이비'를 탄생시켰던 허젠쿠이 교수도 인간 배아에 적용하기엔 시기상조였다고 인정했으며, 아이들이 너무 주목받지 않기를 바란다고 인터뷰했다.

캘리포니아대학 라스머스 닐센 교수팀은 영국 바이오뱅크 데이터를 이용해 디자이너 베이비와 유사한 유전자를 가진 사람들을 분석했다. 그 결과 허젠쿠이 교수가 편집한 유전자 CCR5 변이를 한 쌍 가진 사람이라면 사망률이 약 21퍼센트 높다는 결과를 도출해 《네이처 메디신》에 발표했다. 당장 문제되는 유전자를 편집하여 특정 질병에는 강하도록 할 수 있으나, 그 외에 다른 잠재적 영향은 알 수 없다는 것이 닐슨팀의 주장이다. 염색체는 개개인의 모든 정보가 담겨 '나'라는 존재가 생물학적으로 어떻게 구성될지 프로그래밍되어 있는 물질이다. 생명을 구성하는 유전자를 설계하는 시대, 하지만 기계 등 무생물과 달리 생명은 되돌리기 어렵다. 재앙이 되지 않으려면 유전자 편집 기술의 대중화는 매우 신중해야 할 것이다.

신경전달물질과 마약

정은경

생명과학

좀비 마약, 펜타닐

중독은 어떤 물질이나 행동이 자신 그리고 타인에게 해를 끼침에도 지속적, 강박적으로 소비 및 활용하는 것으로 정의한다. 현대 사회는 중독되기 쉬운 수많은 자극 요소가 주위에 널려 있다. 인터넷의 발달 덕분에 알코올, 섹스, 게임, 도박, 마약 등에 접근이 용이해졌으며 나 말고 다른 사람들도 한다는 동질감 속 평범함이라는 착각 때문에 더욱 확산되고 있다. 특히 최근에 심각한 문제로 등장한 펜타닐 같은 마약은 암울한 그림자를 드리웠다.

펜타닐은 1953년 벨기에의 제약 회사 얀센사가 개발한 진통제로, 암 환자의 극심한 통증을 감소시키기 위해 개발되었다. 여러 매체에서 좀비 마약이라고 하여 미국 내 사회문제로 급부상한 것이 바로 펜타닐이다. 펜타닐은 모르핀과 헤로인보다 구조가 간단하고 진통 효과가 강력하다. 현재 이슈가 커진 이유는 2000년대 이후 특허가 풀리면서 복제 약이 등장했다는 것이다. 펜타닐은 싼 가격으로 인해 판매량이 급격히 늘어났고 원료가 대량 생산되면서 미국, 브라

질 등으로 상당량 흘러들었다.

또한 펜타닐의 효과를 극대화한 카펜타닐이 등장했다. 펜타닐은 2밀리리터의 적은 양으로도 사망에 이르게 할 수 있다. 카펜타닐은 그 100배의 효과를 낸다. 펜타닐은 암 환자의 몸에 패치 형태로 붙여 한 시간 동안 100마이크로그램의 약물이 천천히 흡수되는 방식으로 쓰인다. 극심한 통증이 있는 환자에게 처방이 가능하다는 점을 이용해 불법 처방을 받는 건수도 늘어나고 있다. 그러다 보니 마약 시장이 점점 확장되며 큰 사회문제로 발전했다. 미국의 경우, 약물 과다 복용의 80퍼센트가 펜타닐 같은 합성 마약으로 인해 발생한다. 더 심각한 일은 새로 탄생하는 이름도 모를 신종 합성 마약이다. 우리나라 역시 마약 청정 국가가 아니다. 10년 동안 전체 마약 사범은 2배 늘었다. 그뿐 아니라 10대가 7배, 20대가 11배 증가했다. 마약은 이미 클럽가에 스며들었으며 성범죄로도 악용될 소지가 충분하다.

이와 같은 마약의 작용은 신경을 억제하거나 흥분 또는 환각을 일으키는 세 가지로 나뉘지만 모두 도파민, 엔도르핀과 연관이 있다. 카이스트 생명과학과 김대수 교수는 "도파민과 엔도르핀 모두 쾌락중추를 자극한다. 가령 식욕과 성욕, 공격 욕구 등이 충족될 때도 도파민이 나온다"고 설명했다.

쾌락과 도파민

뇌는 외부로부터 오는 자극을 받아들여 판단하고 명령을 내린다. 이 모든 역할을 하는 것은 뇌의 신경세포다. 우리는 이것을 뉴런이라고 부른다. 뉴런은 피부, 장기 내 세포처럼 동그랗지 않고 특별

| 뉴런과 시냅스의 신호 전달 과정 |

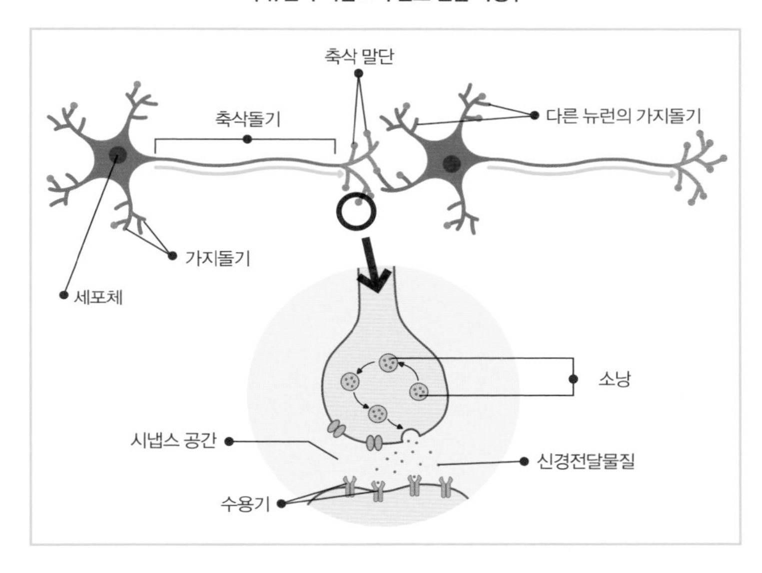

한 모양을 가졌다. 마치 사람처럼, 머리카락이 달린 가지돌기가 있고 핵을 지닌 세포체 아래로는 몸통으로 이어진 팔과 다리를 가진 축삭돌기로 이루어져 있다.

정보를 전달하기 위해 세포에서 전기적 신호를 보내면 뉴런의 축삭돌기 아래 축삭 말단에서 이 신호로 인해 화학물질을 분비하게 된다. 이 화학물질은 다른 뉴런의 가지돌기로 정보를 전달하는 역할을 한다. 전달받은 정보는 일정한 자극 수치를 넘어서면 다시 전기 신호로 바뀌고 또 축삭돌기 말단에서 화학물질을 분비하여 다음 뉴런에 정보를 전달한다. 마치 이어달리기하듯 배턴을 계속 넘기며 한 방향으로 정보를 전한다. 이때 뉴런과 뉴런 사이에 화학물질을 분비하는 미세한 간극이 있는 공간을 시냅스라고 한다. 즉 이어달리기의 배턴 교환이 이루어지는 장소다. 시냅스는 그리스어로 '악수하다'

라는 뜻의 '시납테인synaptein'에서 온 것이다.

신경전달물질의 존재를 알린 연구는 1921년 독일 생리학자 뢰비Otto Loewi의 개구리 심장 실험이다. 개구리 두 마리의 심장을 꺼내어 각각 수조에 넣었다. 미주신경이 붙은 A 개구리를 링거액에 넣은 뒤 신경을 자극하자 심장박동이 늦어지는 것을 확인했다. 그다음 미주신경이 없는 B 개구리가 담긴 수조에 A 개구리를 담갔던 링거액을 그대로 넣자 B 개구리의 심장박동이 똑같이 느려지기 시작했다. 뢰비는 A 개구리의 링거액에 분비된 화학물질이 B 개구리를 자극하여 심장박동이 느려졌을 것이라는 결론을 내렸다. 이 화학물질은 아세틸콜린으로, 최초로 확인된 신경전달물질이다. 개구리 심장 실험을 통해 신경세포가 화학물질로 정보를 전달한다는 사실이 밝혀진 것이다. 이러한 화학물질을 통칭하여 신경전달물질이라고 부른다.

뇌에는 약 1,000억 개의 뉴런이 존재한다. 그리고 각 뉴런당 수천 개의 시냅스가 있다. 시냅스의 수만 해도 100조 개는 될 것이라고 추측한다. 이러한 시냅스에서는 신경전달물질들이 분출된다. 그 가운데 쾌락과 관련된 작용을 하는 대표적인 물질이 도파민이다. 좀 더 자세하게 말하자면 의욕과 동기부여 과정에서 느끼는 쾌락이다. 도파민은 1958년 스웨덴 국립 심장 연구소의 아르비드 칼손Arvid Carlsson에 의해 처음 발견되었다. 그 전까지는 노르에피네프린과 에피네프린을 만들기 전에 필요한 전 단계 물질인 전구물질로만 생각했다. 전구물질은 주인공이 아니라 주인공을 만들기 위해 바로 앞에 생성되는 것이다. 그러나 사실은 도파민 자체가 중요한 기능을 하는 주인공이었다. 즉, 도파민은 정신 작용과 인간의 감정에 영향을 미치는 중요한 기제를 가지는 것이다.

도파민이 생성될 때 우리 몸의 페닐알라닌phenylalanine이라는 필수아미노산이 재료가 된다. 페닐알라닌은 고단백 음식에 풍부하다. 이 아미노산은 간에서 흡수되어 티로신tyrosine으로 전환되고 뇌와 부신으로 이동한다. 일종의 뇌 보호막인 혈뇌장벽Blood-Brain Barrier을 통과하지 못하는 도파민과 달리 티로신은 혈뇌장벽을 자유롭게 지나 산소, 철분, 엽산과 합성되어 L-도파로 전환된다. L-도파는 도파민이 되기 위한 앞 단계의 물질, 즉 전구물질이다. 따라서 L-도파의 농도를 높여주면 도파민 또한 많이 만들어진다. 도파민이 부족한 파킨슨병 환자에게 경구투여만으로 뇌까지 자유롭게 통과할 수 있는 L-도파를 처방한다. 이러한 방식으로 도파민을 많이 만들도록 해 손실된 양을 보충하는 것이다. 그리고 부신으로 이동한 티로신은 도파민을 합성하고 이후 노르에피네프린과 에피네프린으로 다시 합성되어 심장박동, 혈압 유지, 근육 수축에 사용된다.

뇌로 이동한 도파민은 8개의 신경계에 작용한다. 그중 4개의 주요 경로(90쪽 그림 참고)는 흑질 선조체 보상회로(파란색), 중뇌 변연계 보상회로(녹색), 중뇌 피질 보상회로(노란색), 결절 누두체 보상회로(주황색)다. 나머지 4개는 해마, 편도체, 대상 피질 및 후각망울까지다. 이 중 흑질 선조체 보상회로는 흑질과 선조체를 연결하는 부위에서 주로 행동 조절 또는 운동 기능을 담당한다. 이 경로에서 도파민 세포가 가동을 못할 정도로 부족하거나 손상될 경우 행동이 느려지며, 파킨슨병을 유발한다. 또한 너무 지나치게 가동할 경우 무도병, 틱이 발생한다.

중뇌 변연계 보상회로는 보상에 관련된 부분이다. 새로운 자극이 왔을 때 보상을 기대하는 회로가 활성화되며 쾌락을 느끼게 된다. 동기부여와 관련 있으며 특정 자극에 대한 강화 효과에 관여한다. 그로 인해 약물 중독이 일어날 수 있다. 또한 과다하게 흥분되었

| 도파민 경로 |

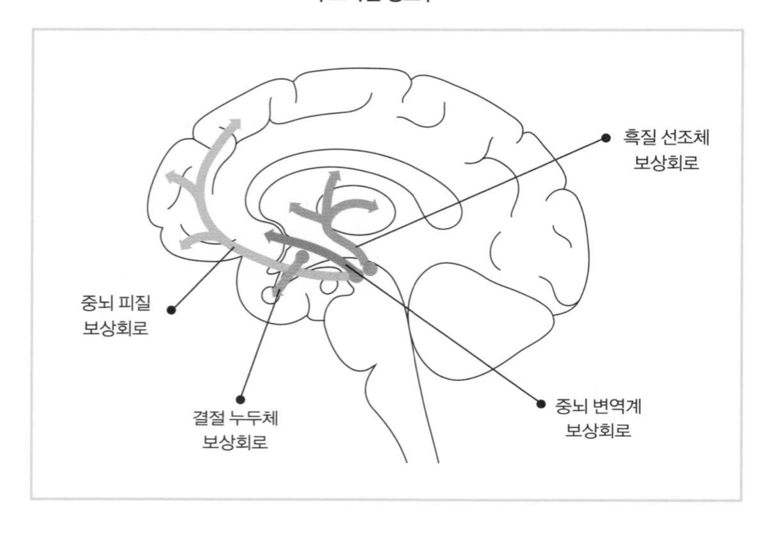

을 때 망상, 환청, 기이한 행동이나 조현병을 유발한다. 최근 연구 결과에서는 만성 통증과도 연관이 있음이 드러났다. 중뇌 피질 보상회로는 기억을 담당하는 해마와 감정을 담당하는 편도체의 정보를 전전두엽에서 수집하여 인지 및 계획, 행동을 이끈다. 결절 누두체 보상회로는 프로락틴의 분비를 억제하여 유즙의 분비를 억제한다.

이처럼 도파민은 무엇을 하고자 하는 성취감, 의욕을 넘어 두뇌 활동, 인지, 학습 등에 없어서는 안 될 중요한 신경전달물질이다. 유전자를 조작해 도파민을 만들 수 없게 한 실험에서 쥐는 음식이 앞에 있어도 먹지 않아 굶어 죽게 된다. 도파민이 조금만 부족해도 우울증, 파킨슨병, ADHD(주의력결핍과잉행동장애) 등이 생긴다. 하지만 어떤 것이든 부족해도 문제가 되고 반대로 많아져도 문제가 된다. 도파민이 과다 분비되면 고양된 상태가 계속되는 조증으로 충동적 행동이 나타난다. 또한 중독, 강박증, 조현병, 과대망상 등 과도

| 도파민을 받아들이는 신경세포의 구조 |

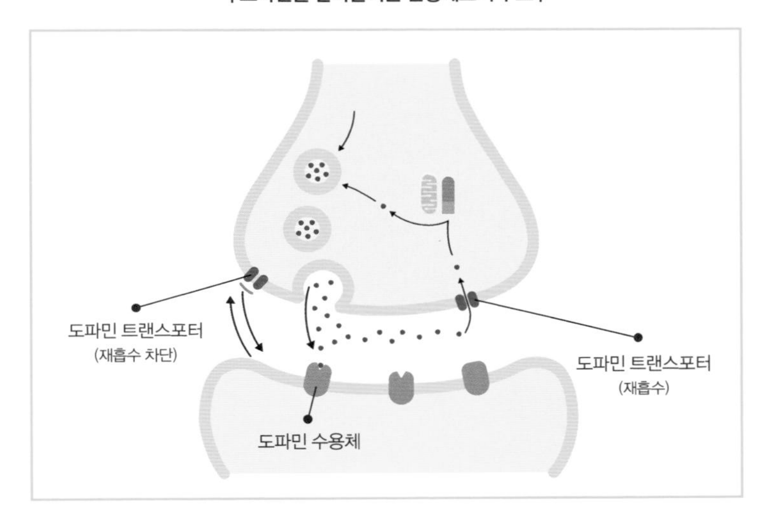

한 몰입과 흥분 상태로 각성 효과를 갖는다.

쾌락에 왜 중독되는가?

1954년 미국 생물심리학자 제임스 올즈James Olds와 피터 밀너Peter Milner는 쥐를 이용해 쾌락중추를 발견했다. 처음 그들은 전기 자극 강도에 의한 학습 실험을 하려고 했다. 쥐의 뇌 안 특정 부위에 전극을 심고, 바닥에 전류를 흐르게 해 스위치로 연결했다. 그리고 스위치를 눌러 전기 자극을 주었다. 그들은 쥐가 전기 자극이 생기는 특정 구역을 피할 거라고 생각했다. 하지만 예상과 달리 쥐들은 전기 자극을 받기 위해 그 구역으로 더 빠르게 돌아왔다. 이번에는 다른 방법으로 실험했다. 쥐들이 전기 자극을 받기 위해 스스로 지렛대를 누르는지에 대한 것이었다. 쥐는 시간당 100회 이상 지렛대를 눌렀다. 올즈와 밀너는 이 특정 뇌 영역을 쾌락중추라고 했으며 이 부분은 신경전달물질인 도파민이 사용되는 곳이다.

도파민은 보상회로와 관련되어 있다. 새로운 자극이 오면 도파민이 생성되어 보상에 대한 기대를 갖는다. 편도체에서는 당시의 행동을 감정으로 느끼게 하고 해마에서는 이것을 기억하게 한다. 이 기억을 행동으로 다시 옮기게 하는 것도 도파민의 회로 중 하나다.

뇌에서 만들어진 도파민은 신경세포 속으로 흡수되어 뉴런을 자극한다. 활성화된 뉴런은 축삭돌기 말단에서 도파민을 시냅스로 방출한다. 이때 방출된 도파민은 다시 뉴런 수용체에 달라붙어 배턴을 넘기는데, 시냅스에 남은 도파민은 다시 수거되어 분해된다. 이러한 재흡수 펌프를 트랜스포터라고 부른다(91쪽 그림 참고).

마약으로 많이 알려진 코카인은 도파민 흡수 펌프인 트랜스포터를 차단하고 재흡수를 막아 도파민이 시냅스에서 오래 머물도록 해 자극을 길게 유지하게 만든다. 또한 이와 비슷한 작용을 하는 합성 마약인 암페타민(히로뽕 또는 필로폰이라 부른다)은 도파민의 농도를 1,200퍼센트 높인다. 마약의 문제는 의지와 상관없이 중독으로 가게 된다는 점이다. 암페타민에 중독되면 극도의 흥분으로 이를 강하게 부딪히며 갈게 되는데 침샘까지 말라 치아가 빠르게 손상된다. 또한 집중력을 높여서 예민해지는 부작용과 가려움증으로 피가 날 때까지 긁게 되기도 한다.

인체는 쾌락에 중독되면 항상성을 유지하기 위해 내부에서 고통 물질을 만든다. 한 예로 만성 통증을 없애기 위해 오랫동안 마약성 진통제를 복용한 환자들은 오히려 고통이 더 심해졌다. 이 현상을 오피오이드 유도 통각 과민이라고 부른다. 이 환자들에게 마약성 진통제를 줄이자 고통이 완화되는 효과를 보였다.

도파민의 농도가 증가하면 이를 받아들이는 도파민 수용체가 순간적으로 늘어난다. 그러면 쾌락을 잘 느끼지 못하는 내성이 생기게 된다. 문제는 그다음이다. 도파민 수용체가 줄어들기 시작하면서 고통이라는 금단증상이 생긴다. 도파민에 작용하는 강도가 강할수록 회복하는 데는 오랜 시간이 걸리게 된다.

고통을 잊게 하는 엔도르핀

보통 엔도르핀을 행복 호르몬이라고 부른다. 하지만 엔도르핀은 고통스러울 때 분비되는 신경전달물질이다. 인체는 견딜 수 없는 신체적 고통에 빠지면 엔도르핀을 분비해 아픔을 잊게 만든다. 교통사고를 당했을 때 순간적으로 일어나 걷다가 다시 쓰러지는 경우가 있다. 이 또한 고통 속에서 진통제 역할을 하는 엔도르핀 때문이다.

엔도르핀의 이름은 모르핀에서 왔다. 인체 안에서 만들어지는 모르핀이라는 뜻이다. 그렇다면 엔도르핀이라는 존재보다 모르핀을 먼저 알게 된 것일까? 우리가 마약으로 잘 알고 있는 아편은 양귀비의 덜 익은 열매에서 나오는 하얀 액체다. 기원전 1500년 이집트 파피루스에 양귀비 씨방을 약으로 이용했다는 기록이 있을 정도로 오랜 기간 통증을 경감시키는 진통제로 쓰였다. 1805년 독일의 약제사 제르튀르너Friedrich Sertürner는 아편의 핵심 성분만 추출한 모르핀을 분리하는 데 성공했다. 그리고 고통을 잊게 하고 꿈꾸는 듯한 느낌을 준다고 하여 그리스신화 속 꿈의 신 '모르페우스'에서 이름을 가져왔다.

과학자들은 신경전달물질과 수용체에 대해 연구하면서 한 가지 의문점을 가지게 된다. 통증을 잊게 하는 모르핀도 아편 수용체

(오피오이드)가 이미 있는 것으로 보아 인체 안에 그와 유사한 신경전달물질이 있지 않을까? 1975년 스코틀랜드 애버딘대학과 미국 존스홉킨스대학의 연구진은 모르핀과 수용체가 결합했을 때 분자 구조가 흡사한 엔도르핀을 발견하게 되었다. 엔도르핀은 모르핀보다 200배 더 강한 물질이며 몸에서 분비되면 아편 수용체에 붙어 진정 효과를 주고, 기분을 좋게 한다. 마라톤 선수들은 훈련할 때 극한의 고통을 넘어 35킬로미터 지점에 들어서면 러너스 하이runner's high를 경험한다. 이를 겪은 사람들은 '하늘을 나는 느낌, 꽃밭을 걷는 기분'이라고 표현한다. 러너스 하이에 영향을 준다고 알려진 가장 유력한 물질이 엔도르핀이다. 하지만 한 번 분비된 엔도르핀은 체내에서 그 효과가 그리 오래가지는 않는다.

아편, 모르핀, 헤로인을 아편계 마약이라고 하는데 헤로인은 모르핀을 세포 속에 더 잘 들어가게 하기 위해, 지질 막을 통과할 수 있게 지질화시켜 정제한 것이다. 합성 마약 펜타닐 또한 진통 효과를 극대화한 것으로 사람들을 좀비처럼 몽롱한 상태로 만들어 통증을 차단한다. 아편계 마약류의 특징은 중추신경계에서 신경을 억제하고 통증을 막지만 말초신경계에는 구토, 변비, 호흡근 마비를 가져온다는 것이다. 자다가 호흡근이 약해지면 구토로 인해 기관지가 막히면서 사망에 이르게 되는 경우까지 발생한다.

호기심, 중독 그리고…

마약에 중독되지 않을 것이라고 생각하는 사람들에게 많은 전문가는 '그렇지 않다'고 답변한다. 호기심으로 시작한 마약이 뇌의 신경 회로를 어떻게 변화시킬지 아무도 모른다. 뇌 속 뉴런은 보상이 클수록 가지돌기가 길어지고 많아진다. 이를 경험 의존 가소성이라고 하는데 뉴런의 가지돌기와 시냅스의 연결로, 장기 기억에 보관하도록 회로를 바꾸기도 한다. 이러한 뇌의 변화는 중독에서 벗어나더라도 한순간 도화선에 불꽃이 튀기면 바로 촉발될 가능성이 크다.

과학자들은 코카인에 중독된 쥐를 관찰했다. 코카인을 투여한 첫날, 활기차게 뛰던 쥐들이 더 투여할수록 광란의 질주를 하는 것이 관찰되었다. 이후 코카인 투여를 중단하자 뛰기를 멈췄다. 1년 후 코카인을 투여하자 중독된 상태에서 마지막 날 광란의 질주를 한 것처럼 미친 듯이 뛰기 시작했다. 이 실험은 강력한 마약이 우리의 뇌를 변화시킬 수 있음을 보여준다. 마약을 오랜 시간 끊은 사람이라도 한순간 방심하면 빠져나올 수 없는 늪에 다시 들어가게 된다. 그런 점에서 호기심은 좋지 않은 결과를 가져올 수 있다.

호르몬으로 읽는 당뇨와 비만

정은경 생명과학

요즘 현대인들은 평생에 걸쳐 다이어트를 하면서 살아간다. 넘쳐나는 음식에, 오랜 시간 학교와 직장에서 지내며 활동 부족이 이어져 비만이 증가하고 있다. 연예인이나 주변 사람들이 다이어트에 성공했다는 소식이 들리면 어떤 방법으로 효과를 보았는지 귀를 기울이기도 한다.

최근 일론 머스크가 다이어트에 성공하면서 자신의 비법을 밝혔다. 바로 '위고비'와 단식이었다. 위고비는 덴마크의 제약 회사 노보 노디스크novo nordisk의 비만 치료제로, 할리우드 스타들까지 위고비를 투여하고 체중을 줄인 사례가 늘어나면서 미국에서도 구하기 힘들다. 이에 질세라 또 하나의 비만 치료제가 등장했다. 제약 회사 일라이 릴리Eli Lilly가 개발해 상용화를 앞둔 '마운자로'다. 위고비는 임상시험에서 69주 관찰한 결과 체중이 평균 14.9퍼센트 줄었지만 마운자로는 72주 투약 시 평균 22.5퍼센트 감량에 성공했다. 즉 체중의 20퍼센트가 이 치료제로 사라져버린다면 외적 변화뿐 아니라 비만으로 인한 질병에서 벗어날 수 있을 것이다. 2030년 540억 달러(약 70조 1,700억 원) 규모에 달할 것으로 전망되면서 비만 치료에 대한 연구가 활발하게 진행되고 있다.

비만은 왜 생기는 걸까?

1997년 세계보건기구WHO는 비만을 질병으로 규정했다. '21세기 신종 전염병'이라고 언급했을 정도로, 치료해야 할 대상으로 꼽았다. 전 세계 비만 인구는 1975년 이후 3배 가까이 증가했으며 1980년대 이후 성인은 28퍼센트, 아동은 47퍼센트 늘었다. 비만을 전염병 또는 질병으로 규정한 이유는 비만이 다양한 질환의 위험인자이기 때문이다. 제2형 당뇨병, 대사 증후군, 수면 무호흡증, 고혈압, 고지혈증, 암에 이르기까지 여러 질병을 동반할 확률이 높다. 그뿐 아니라 관절염, 척추원반탈출증, 골다공증 등 수만 가지 병을 야기한다는 논문이 쏟아지고 있다.

비만은 체내에 지방조직이 과다한 상태를 말한다. 비만의 기준은 체질량 지수body mass index, BMI로 측정하며 이는 체중을 신장의 제곱으로 나눈 값이다. WHO에서는 25~29.9를 과체중, 30 이상을 비만으로 분류한다. 하지만 비만은 BMI로만 측정하기에는 무리가 있다. 근육과 지방의 정확한 비율을 나타내기 어렵기 때문이다. 또한 아시아권의 체지방 비율이 서양인보다 높기 때문에 BMI를 WHO 기준보다 낮은 수치로 적용한다. 대한비만학회에서는 23~24.9가 과체중, 25~29.9는 비만, 30 이상은 고도비만이라 분류한다. 최근에는 내장 지방의 비율을 중요하게 여겨 허리둘레를 복부 비만 측정에 이용한다. 남성은 허리둘레 90센티미터 이상, 여성은 85센티미터 이상을 복부 비만이라고 한다.

인체는 남는 에너지를 중성지방 형태로 지방세포에 저장한다.

에너지를 저장하는 이유는 인류가 오랜 기간 수렵과 채집 생활을 하면서 일정한 시간에 일정한 양을 먹을 수 없기 때문에 남는 에너지를 저장하도록 진화한 결과였을 것이라는 가설이 존재한다. 1962년 미국의 유전학자 제임스 닐James V. Neel이 주장한 '절약 유전자 가설'은 비만과 당뇨병을 유전자 중심에서 바라보았다. 오랜 기간 인류는 주기적인 굶주림이 발생하는 환경에 놓여 있었기 때문에 칼로리를 지방으로 변환하여 저장해야 생존에 유리하다는 이론이다.

하지만 현대에 이르러 과다한 에너지를 저장하려다 보니 비만을 넘어 과부하로 인해 당뇨병이 증가하게 되었다. 과학의 발전에 따라 식량의 대량생산이 이루어졌지만 우리 인체는 과거의 진화에서 현대로 넘어오지 못하고 있는 결과이기도 하다.

우리 몸에서 에너지를 저장하는 호르몬은 인슐린이다. 췌장에서 만들어지는 인슐린은 지방산을 중성지방의 형태로 지방세포에 저장한다. 또한 포도당을 글리코겐의 형태로 간에 저장하며 아미노산을 단백질의 형태로 근육에 저장하는 역할을 한다. 현대인들은 정제된 쌀, 밀가루, 설탕 등을 섭취해 혈액 속 당이 높고, 이 에너지를 저장하는 인슐린의 분비도 증가한다. 인슐린의 증가는 그만큼 많은 에너지를 저장하는 역할을 하게 된다.

인슐린이 에너지로 저장하는 지방은 가장 효율적인 에너지원이다. 앞서 언급했듯 우리 몸에 저장된 지방은 중성지방 형태인데 글리세롤 한 분자와 지방산 세 분자가 결합한 물질이다. 인체에서 열에너지를 필요로 할 때 1그램당 9킬로칼로리의 열량을 내며 글리세롤과 지방산으로 분해된다. 여기서 글리세롤은 간에서 포도당으로 전환되어 에너지로 사용되고 지방산은 혈액으로 들어간다. 이렇게 에너지 저장과 연소가 균형을 이루어야 하는데 계속 에너지를 저

| 중성지방 형태로 구성된 노란색 구체 지방세포 |

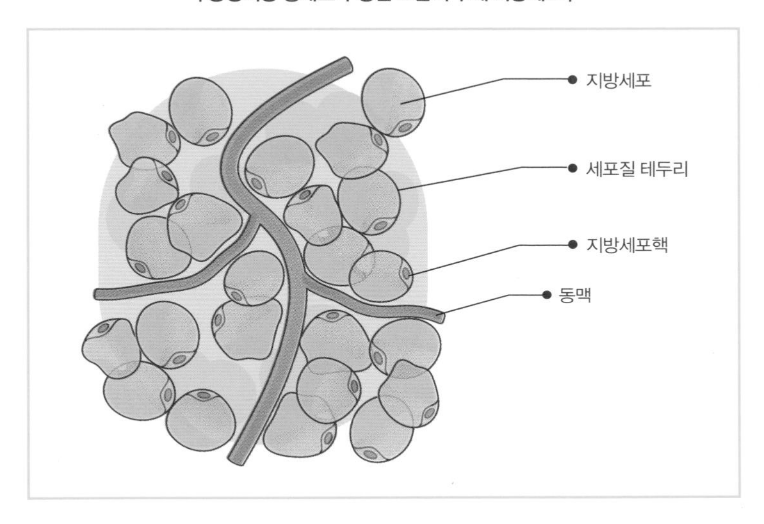

장하게 되면 비만이라는 결과가 따라온다.

비만과 당뇨

획기적인 신약 위고비는 당뇨 치료제 오피젬으로 먼저 출시되었다. 즉 오피젬이 위고비로 이름만 바꿔 비만 치료제로 나온 것이다. 당뇨와 비만은 관련이 있다. 당뇨는 소변에 당이 섞여서 나오는 질병이다. 우리가 음식을 섭취하면 혈액 내에 당이 올라가게 되는데 이때 췌장에서 인슐린을 분비하여 혈액 내 당을 세포 안으로 보내 저장함으로써 혈당을 떨어뜨리게 된다. 하지만 당뇨 환자의 경우 인슐린의 이상으로 혈액 내 당이 수분과 함께 소변으로 빠져나가면서 물을 마셔도 갈증이 일며 화장실에 자주 가게 된다. 당뇨병이 생기면 높아진 혈당이 혈관 벽에 염증을 일으키면서 혈관이 망가진다. 또한 혈관에 분포한 신경세포에 손상을 주면서 망막 질환으로 인한 실명, 콩팥이나 뇌 질환, 족부 궤양이 나타난다.

당뇨는 인슐린이 제대로 나오지 않거나(제1형 당뇨병) 제대로 분비한다고 해도 세포 내에서 제대로 받아들이지 못해서 인슐린 저항성(제2형 당뇨병)이 생긴 상황이다. 제1형 당뇨병은 발생 빈도가 5퍼센트 미만으로, 자가면역 기전이나 바이러스 감염 때문에 췌장에서 인슐린을 생산하는 베타 세포가 파괴되어 인슐린이 생기지 않는다. 제2형은 95퍼센트 이상으로 비교적 주변에서 많이 보이는 질환이다. 원인이 잘 알려져 있지 않지만 스트레스, 비만, 유전성 요인이 강하다. 2021년, 전 세계 20세 이상 79세 미만 당뇨병 환자는 5억 3,700만 명에 달한다. 전 세계 성인 11명 중 1명은 당뇨병 환자인 셈이다. 1980년대 1억 800만 명이었던 것을 감안하면 40년 만에 5배가 증가했다. 앞으로 이 증가세는 이어질 거라고 예상한다.

비만이 되면 당뇨병이 생길 확률이 증가한다. 특히 제2형 당뇨병과 깊은 연관이 있다. 대한당뇨병학회에 따르면 2020년 당뇨병 유병자 2명 중 1명은 BMI 25 이상이다.

비만 치료제

그동안 제약 회사에서 개발한 당뇨 치료제는 인슐린을 정기적으로 투약하는 방식이다. 인슐린의 에너지를 저장하는 능력 때문에 혈당은 낮아지지만 살이 찐다는 단점이 있다. 또한 인슐린을 투여한 상태에서 적은 식사량에 에너지 소비가 커지면 저혈당이 된다.

이러한 부작용을 없애기 위해 인슐린을 분비하도록 유도하는 호르몬을 이용하는 방법이 개발되었고, 이는 자연스럽게 인슐린을

| DPP4를 억제하는 방식 |

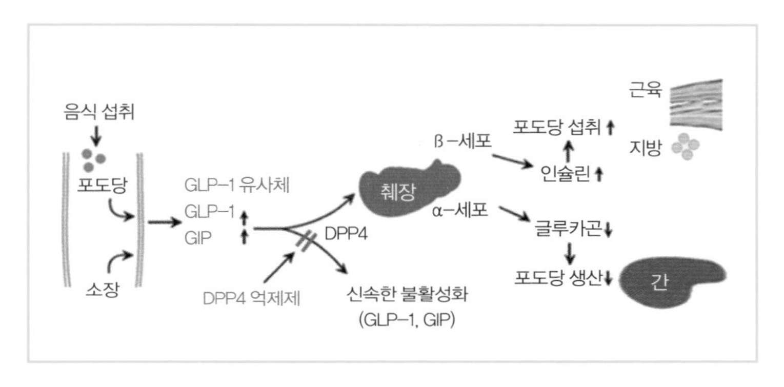

생성하도록 한다. 이 호르몬을 인크레틴이라고 한다. 1932년 벨기에의 생리학자 장 드 라 바레François Jean de la Barre는 인슐린, 글루카곤과 같은 췌장 호르몬 분비를 자극하는 호르몬이 장에 존재할 거라고 추측해 인크레틴이라는 이름을 붙였다.

1960년대에 들어서 방사면역측정법radioimmunoassay, RIA으로 인체에서 분비되는 호르몬을 측정할 수 있게 되었다. 과학자들은 포도당을 정맥으로 주사했을 때보다 음식으로 섭취할 때 인슐린이 더 많이 분비된다는 사실로 미루어 장에서 인크레틴이 분비되어 췌장에서 인슐린을 자극한다고 생각했다. 이어 1970년대 초 GIPglucose-dependent insulinotropic polypeptide가, 1980년대 중반 GLP-1glucagon-like peptide 1이라는 인크레틴이 발견되었다. 인체 내에 음식이 들어오면 소장에서 GLP-1과 GIP가 분비되는데 인슐린 분비를 자극하고 글루카곤 분비를 억제하는 자가 혈당 조절 역할을 수행한다. 하지만 GLP-1과 GIP는 우리 몸에서 아주 짧은 시간 분비되고 사라지는 문제가 있다.

즉 인크레틴은 음식을 먹은 직후에만 포만감을 느끼도록 한다. GLP-1과 GIP의 반감기는 2~5분이라 인체에서 금세 없어지는데 DPP4dipepyytidyl peptidase-4에 의해 사라지기 때문이다(101쪽 그림 참고). 이에 착안해 기존 DPP4를 억제하여 만든 당뇨약이 있다. GLP-1과 GIP를 오래 유지시켜 인슐린이 잘 분비되도록 하는 것이다. 체중을 유지할 수 있고 심혈관에도 안정성은 있지만 체중 감소 효과와 포만감은 기대할 수 없었기 때문에 비만 치료제로는 쓰기 어려웠다.

일론 머스크가 다이어트에 성공하면서 더욱 유명해진 노보 노디스크의 위고비는 인크레틴의 GLP-1을 이용한다. 그 전에 개발한 비만 치료제 1위를 달리고 있는 노보 노디스크의 삭센다는 당뇨 약 빅토자로 먼저 출시되었다. GLP-1 유사체를 만들어 반감기를 2~5분이 아니라 하루가 되도록 개발했다. GLP-1 유사체는 아미노산 중 몇 개를 수정해 더 오래 유지되도록 만든 방법이다. 빅토자는 망가진 췌장의 베타 세포 증식을 유도해 인슐린 분비가 증가하고 글루카곤 분비를 억제한다. 또한 식욕 감퇴와 위 포만감으로 다이어트에 효과적이다. 하지만 하루에 한 번씩 주사를 맞아야 하는 번거로움이 있다.

이를 개선한 것이 일주일에 한 번 맞을 수 있도록 반감기를 더 긴 구조로 바꾼 노보 노디스크의 다이어트 치료제 위고비다. 앞서 언급했듯 2021년 위고비는 출시와 동시에 폭발적으로 판매되었고 품귀 현상이 벌어졌다. 한 달 약값만 해도 200만 원에 육박하지만 없어서 못 살 정도로 팔리고 있다. 이에 질세라 또 하나의 약이 출시를 앞두었다. 제약 회사 일라이 릴리가 개발한 마운자로다. 이는 인크레틴 속 GLP-1뿐 아니라 GIP의 합성 유사체를 만들어 당뇨 외에도 비만, 골다공증 등에 효과가 있다. 이 추세라면 앞으로 10년 뒤에는 당뇨병이 약 하나로 사라지는 시대가 올 것이라고 전문가들은 예상한다. 또한 급증하는 비만도 멈출 수 있을 시대가 올지 모른다.

비만과 사회

우리는 비만을 게으름과 식탐의 결과로 생각했다. 하지만 식탐을 부르는 주위 환경에 대해 생각해본 적이 있는가? 과거에는 통곡물을 그대로 섭취했으며 과일 역시 개량되지 않았다. 현대에 이르러, 먹기 좋아진 음식과 더불어 과도한 스트레스로 인해 코르티솔 호르몬이 생성되며 혈당을 높인다. 또한 스트레스를 풀기 위한 야식 먹는 습관 때문에 인슐린의 증가와 함께 포만감과 식욕을 억제하는 렙틴 호르몬이 저항성을 가지며 제 기능을 잃어버려 자주 허기짐을 느낀다. 이렇게 스트레스와 호르몬의 불균형으로 인해 비만은 현대인과 더 가까워졌다. 심각한 것은 소아비만이 현저하게 증가한 점이다. 소아비만은 성인이 되었을 때 합병증을 불러온다. 그렇다면 수명은 어떠한가? 비만은 건강한 체중의 사람보다 평균 1년, 고도비만은 3년 정도 단축한다는 것이 많은 논문을 통해 알려진 사실이다. 멈출 수 없는 식욕과 이를 억제하려는 비만 약 사이, 우리는 어디에 서 있는가?

제로의 시대

이영주 생명공학

제로 시대에 사는 우리

“사장님, 여기 제로 콜라 있어요?” 몇 년 전까지만 해도 제로 콜라를 마시느니 차라리 물을 마시는 편이 낫다는 나의 신념을 깨고, 최근 제법 제로 음료를 많이 소비했다. 그도 그럴 것이 예전에는 제로 콜라와 일반 콜라의 맛 차이가 상당했는데, 개인적으로 많이 개선되었다고 느꼈기 때문이다. 예전의 나처럼 제로 음료를 먹지 않던 사람들은 대체 감미료 특유의 불쾌한 끝 맛을 선호하지 않아서인 경우가 있었다. 대체 감미료에 대한 부정적인 평에 씁쓸하거나 짭짤한 뒷맛 등 일반적으로 음료에서 기대하지 않은 맛을 느꼈다는 표현이 많았다. 최근 식품 회사들에서는 2가지 이상의 감미료를 배합하여 사용하고, 향료 등을 첨가하는 등 레시피를 적극적으로 변경하면서 맛을 개선하고 있다.

이렇듯 탄산음료, 커피, 주류에 이르기까지 식품 회사들은 다양한 제품에 대체 감미료를 적용하여 출시한다. ‘제로의 시대’라고 해도 지나치지 않을 듯하다. 실제로 대체 감미료 시장은 꾸준히 성장하고 있다. 글로벌 시장조사 업체 '스태티스타'의 보고서에 따르면 세계 대체 감미료 시장은 2018년 174억 달러에서 2022년 220억 달러 수준으로 25퍼센트 이상 성장했고, 2028년에는 338억 달러 규모에 이를 것으로 전망된다.

제로 음료를 찾는 까닭은 사람마다 다르겠지만 코로나19를 겪으면서 건강에 관한 관심이 증가한 데서 한 가지 이유를 찾을 수 있다. 게다가 먹고 싶은 것을 참아가며 건강을 지키던 시대에서 이제 즐겁게 건강관리를 하자는 '헬시 플레저healthy pleasure'라는 개념이 등장한 것과도 관련이 있다. 대체 감미료를 사용하면 달콤한 맛은 유지하고 칼로리는 줄일 수 있다는 점이 관심을 높이는 요인이라고 볼 수 있겠다.

세계보건기구가 대체 감미료의 과다 섭취 자제를 권고하고, 대체 감미료에 관한 여러 연구 결과를 바탕으로 유해성 논란이 진행되는 것은 사실이다. 여기에서는 인공감미료를 먹어도 될지에 관한 논의보다는 대체 감미료는 무엇이고, 우리는 어떻게 단맛을 느끼는지 등 단맛에 관한 과학 이론을 다루려고 한다.

대체 감미료는 무엇일까?

그렇다면 '제로 식품'에 사용하는 대체 감미료는 무엇이며 어떤 종류가 있을까? 〈식품첨가물 공전〉에 용어가 정의되어 있지는 않으나 시장에서는 설탕을 대신하여 사용할 수 있는 감미료를 총칭하는 의미로 사용된다. 여러 가지 기준으로 분류되는데, 우선 제조 방식에 따라 천연 유래 감미료와 인공감미료로 나뉜다. 또한 칼로리와 감미도를 기준으로 구분할 수도 있다. 식품의약품안전처에서는 22종의 감미료 사용을 승인하여 〈식품첨가물 공전〉에 올려두었다.

그렇다면 모두의 기대처럼 대체 감미료는 정말 0칼로리일까? 결론부터 말하자면 0일 수도, 0이 아닐 수도 있다. 식품의약품안전처의 '식품 등의 표시 기준'에 따르면 열량이 100그램당 4킬로칼로리 미만이면 '제로'라는 표현을 사용할 수 있다. 실제로 아세설팜칼륨, 수크랄로스는 칼로리가 0이다. 칼로리가 없다는 것은 인체에서 대사하여 에너지원으로 활용할 수 없다는 의미다.

이와 달리 칼로리가 있는 대체 감미료도 있다. 아스파탐은 1그램당 4킬로칼로리로, 열량을 가지고 있다. 설탕의 단맛을 1이라고 했을 때 아스파탐, 아세설팜칼륨은 200배, 수크랄로스는 무려 600배 정도 달다고 알려져 있다(설명의 편의를 위해 'OO배 달다'는 표현을 사용했다. 하지만 실제로 농축된 감미료들은 설탕과 단맛 차이를 더 강하게 느끼기 어렵고, 이 양은 임계값 반응을 불러일으키는 데 필요한 양을 알기 쉽게 환산한 수치다). 따라서 설탕에 비해 월등히 적은 양으로도 충분한 단맛을 느낄 수 있는 것이다. 이처럼 열량이 없거나 아주 소량으로도 높은 단맛을 내는 감미료를 비영양감미료non-nutritive sweetners라고 부른다.

단맛을 좋아하는 이유

설탕이 몸에 해롭다면 안 먹으면 될 일인데(나 역시 당당하게 말할 자격이 없는데, 달콤한 간식의 유혹은 참기 힘들다) 대체 감미료가 들어간 식품을 찾아 먹을 정도로 사람은 왜 단맛을 선호하는 걸까? 이에 관해서는 대체로 생존에 필요한 영양분을 인지하기 위해서라는 의견이 지배적이다. 생존에 필요한 에너지를 공급하는 당류가 든 식품을 파악하고 섭취하게 하기 위함이라는 것이다. 미각은 생존에 유리한 식품을 어느 정도 구분할 수 있도록 진화한 산물이라는 의미가 된다.

실제로 인간뿐 아니라 일부 박테리아도 단맛을 내는 물질에 화학 주성을 보이며, 신생아도 모유보다 달콤한 용액을 선호한다는 연구 결과가 있다. 예외는 있지만 자연계에서 단맛이 나는 식품은 풍부한 에너지원이 되는 경우가 많고, 쓴맛이 나는 식품은 독이 든 때가 잦다. 또한 다른 맛에 비해 단맛에 대한 역치는 매우 높은 편이다. 상대적으로 높은 농도에서부터 단맛을 감지할 수 있다는 뜻이다. 이와 달리 쓴맛에 관한 역치는 가장 낮아 매우 희미한 농도의 용액에서도 쓴맛을 감지 가능하다. 에너지원을 다량 섭취할 수 있도록 하고, 독성이 있을지 모를 물질은 피하도록 해 생존에 유리하게 진화한 결과물이라는 것이다.

그렇다면 우리는 단맛을 어떻게 인식할 수 있게 될까? 인간이 느끼는 기본 맛에는 단맛, 신맛, 쓴맛, 짠맛, 감칠맛 다섯 종류가 있다고 알려졌다(최근 지방 맛을 추가로 느낀다는 연구 결과도 있다). 이 5가지는 맛을 인지하는 수용기가 발견된 것들이다. 아이러니하게도 우리가 단맛을 직관적으로 느끼는 데 비해 이를 느끼게 되는 기전은 생각보다 훨씬 복잡하다.

혀 표면에 오톨도톨하게 난 유두 안에는 수많은 미뢰가 있다. 미뢰는 맛을 느끼는 미각세포가 모인 구조이며 미각세포는 미각 수용기를 가지고 있다. 맛을 느끼는 과정을 간단하게 말하면 식품에 포함된 화학물질이 수용기를 활성화시켜 전기적 신호가 발생하고 그것이 뇌에 전달되는 것이다. 그중 신맛, 짠맛은 이온 채널에 의해 인지할 수 있다. 신맛은 식품에 포함된 수소 이온, 짠맛은 나트륨 이온이 주로 맛을 느끼게끔 하는 역할을 한다.

단맛, 쓴맛, 감칠맛은 GPCR**G-protein coupled receptor**이라는 종류의 수용기를 통해 신호 전달이 시작된다. 단맛 수용기는 GPCR의 일종인 T1R2와 T1R3가 헤테로다이머**heterodimer**(아미노산 배열이 다른 2가지 폴리펩티드로 이루어진 단백질)를 형성한 형태다. 단맛을 내는 물질이 이 수용기에 결합하면 G-단백질이 분리되고, 연쇄 작용에 의해 결국 칼슘 채널을 자극하여 세포 내 칼슘 농도를 높여 탈분극을 촉진하며, 이것이 신경전달물질을 방출하는 역할을 해 뇌까지 신호가 전달된다.

그렇다면 여기에서 대체 감미료가 될 조건을 생각해본다면 간단하다. 단맛 수용기와 결합할 수 있고, 대사하여 에너지를 거의 내놓지 못하고, 인체에 유해하지 않은 물질이어야 하는 것이다.

단맛을 내는 물질을 찾아서

최초의 인공감미료는 무엇일까? 많은 이가 알고 있듯, 1879년에 만들어져 현재까지 꾸준히 사용 중인 사카린이 바로 그 주인공이다. 사카린은 화학자 콘스탄틴 팔베르크**Constantin Fahlberg**에 의해 세상의 빛을 보게 됐다. 팔베르크는 존스홉킨스대학의 아이라 램슨**Ira Remsen** 교수의 연구실에서 화학반응을 연구하고 있었는데, 어느 날 연구를 마치고 씻지 않은 손으로 빵을 먹다가 평소보다 달게 느껴지는 것을 발견했다.

팔베르크는 자신의 손에 무언가 묻었음을 확신하고 연구실로 돌아갔다. 놀랍게도 그는 자신이 만진 실험 도구를 모두 핥아보며 단맛의 출처를 찾아냈다. 이것이 바로 '사카린'의 발견이다. 재미있는 사실은 그 뒤에 찾은 몇 가지 인공감미료 또한 씻지 않은 손으로

| AH-B 모델 모식도 |

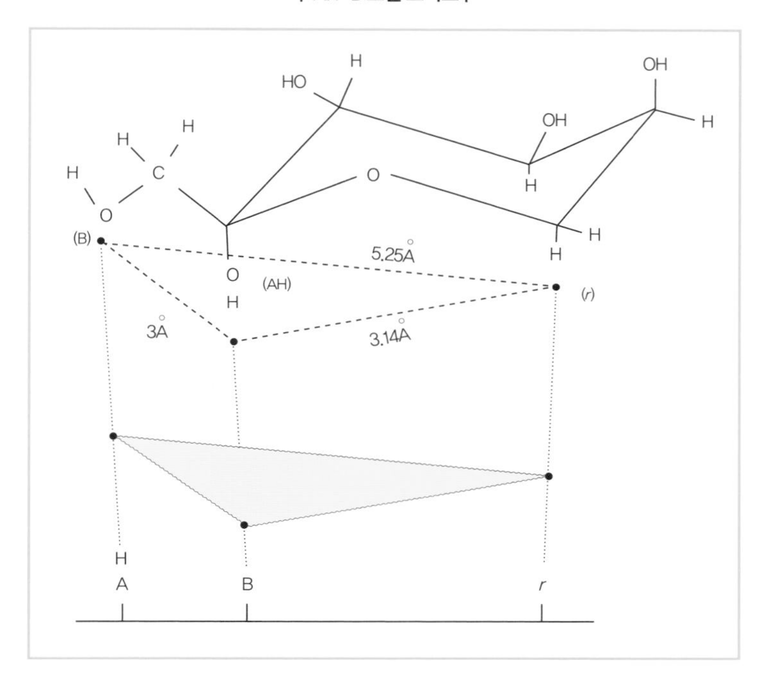

부터 발굴되었다는 것이다. 아스파탐은 약 개발 과정에서 종이를 넘기기 위해 손가락에 침을 발랐다가 알려졌다. 이렇듯 의외로 인공감미료의 발견은 뚜렷한 목적성으로부터 출발하지 않은 경우가 많다.

그렇다면 어떤 종류의 물질이 단맛 수용기와 결합할 수 있을까? 단맛을 내는 물질이 무엇인지 설명하려는 시도는 약 2,500년 전부터 시작되었다. 기원전 500년경 아리스토텔레스의 후계자이자 고대 그리스의 철학자인 테오파라투스Theophrastus는 그의 논문에서 단맛은 '작고 둥근 분자'에서 발생한다고 주장했다. 비록 철학적 고찰이지만 단맛이라는 감각을 유발하는 특정 분자가 있다는 개념을 제시한 것이다. 하지만 그 후 19세기 전까지 단맛 유발 물질에 관한 주요 논의는 거의 진행되지 않다가 유기화학의 발달에 힘입어 19세기 말부터 20세기에 걸쳐 관련 이론이 발표되기 시작했다.

분자 내 공통적인 작용기의 존재가 단맛에 중요한 역할을 할 것이라는 초반 이론들에 따르면, 1898년 스턴버그W. Sternberg는 분자 내 수산기(-OH)와 아미노기($-NH_2$)가 단맛과 쓴맛 유발에 중요하다고 했다. 또한 1914년 콘Georg Chon이라는 과학자는 무려 900페이지가 넘는 그의 저서에서 수천 가지 유기화합물의 구조와 그 맛에 관해 기술한 바 있는데, 수산기와 염소(-Cl)를 포함하는 화합물은 단맛이 나는 경우가 있으며 분자량이 커질수록 단맛이 감소한다고 주장했다. 하지만 단맛 물질의 특성을 설명하기에는 부족했다.

19세기 말부터 20세기 초까지 여러 단맛 이론이 발표되었는데, 이 중 가장 유명한 모델은 1967년 샬렌버거Robert Schallenberger와 에크리Terry Acree에 의해 제안된 AH-B 이론이다. 이는 분자 내 결합을 이루는 원자들의 기하학적 배열 구조에 의해 단맛 수용기와 결합할 수 있게 된다는 이론이다. 여기서 AH는 수소결합 전자공여체, B는 전자수용체로서, 두 그룹은 약 3옹스트롬(아주 짧은 거리를 나타내는 단위, 1옹스트롬은 0.1나노미터다) 떨어져 있는 형태를 가진다. 이론에 따르면 단맛 물질과 단맛 수용기에는 AH와 B에 해당하는 구조가 있어서 각각의 위치에 결합함으로써 단맛을 느낄 수 있다.

하지만 이 이론만으로 단맛을 내는 모든 물질의 규칙성을 정의하는 것은 불가능하다. 간단하지만 분자구조를 보고 단맛 여부를 예측하기 어렵고, 고감도 감미료(비영양감미료)의 단맛을 설명하기에는 부적합하다는 한계점이 있다. 단맛 이론을 보완하려는 노력은 이어졌는데, 1972년 키어Lemont Kier는 X라고 칭하는 새로운 소수성 결합 부위를 포함하여 AH-B-X 이론을 소개했다. 하지만 소수성 부위 X가 존재하지 않는 글리신 등의 예외 물질로 인해 불필요하게 모델을 확장했다는 평을 받기도 했다. 구조적 특성에 관한 여러 발견은 1991년 틴티**Jean-Marie Tinti**와 노프레**Claude Nofre**의 MPA**Multipoint attatchment** 이론으로 이어졌다. MPA에 따르면 감미료와 단맛 수용기 사이에 총 8개의 부착 지점이 있지만, 이들 모두 결합해야만 하는 것은 아니다.

이렇게 여러 단맛 이론이 발표되었지만, 많은 모델에서 공통적으로 AH-B의 결합 구조를 포함했다. 실제로 단맛을 내는 분자의 종류는 매우 다양하고, 구조적으로도 매우 차이가 있어 보인다. 단맛 규칙을 찾기는 쉽지 않은 듯하나 단맛을 내는 분자들 사이에 공통점을 찾기 위한 노력은 연구실에서 합성된 물질을 무작위로 맛보는 방법에서 예측에 의한 합리적인 연구 방식으로 변화해나가는 데 도움을 줄 수 있을 것이다.

차세대 대체 감미료 발견을 위한 연구

전 세계적으로 설탕의 소비량이 정체하거나 줄어들고, 대체 감미료 사용이 증가하고 있다. 이러한 소비 트렌드를 반영하기 위해 식품 회사에서는 다양한 대체 감미료 후보를 찾고 있으며 학계에서도 새로운 단맛을 찾기 위한 연구 결과가 종종 발표된다. 대체 감미료 후보를 찾는 데 정해진 방법은 없겠지만, 최신 연구를 하나 소개하고자 한다.

닝탕**Ning Tang**은 머신러닝을 이용해 연구를 하고 있다. 머신러닝은 인공지능의 한 분야로서, 이미 결과를 아는 방대한 양의 데이터를 분석하여 신규 데이터의 결과를 예측하기 위해 주로 사용한다.

닝탕은 물질의 이름, 분자 구조, 단맛 여부, 설탕에 대한 상대적 단맛값이 포함된 대량의 데이터 세트 두 종류와 화학 정보 라이브러리를 학습에 이용했고, 화합물의 단맛을 예측하는 모델을 개발했다. 그들의 예측 모델에 따르면 단맛은 수소결합 수용체와 공여체의 수가 단맛 여부를 결정하는 중요 변수 중 하나다. 또한 단맛 물질은 T1R2-T1R3 수용체의 VFT 도메인과 더 많은 수소결합을 형성하는 반면, 덜 달거나 달지 않은 물질은 소수성결합을 통해 VFT 도메인과 상호작용한다. 또한 단맛이 강한 물질일수록 VFT 부분과 더 높은 결합력을 가지는 것을 확인했으나, 이 부분은 예외인 데이터가 일부 관찰되었으므로 추가 조사가 필요하다고 밝혔다. 이처럼 단맛 예측 모델 덕분에 새 감미료 개발 가능성을 빠르게 검토할 길이 열렸다고 볼 수 있을 것이다.

맛있게 먹으면서도 건강을 유지하고 싶은 마음은 모든 사람의 바람일 듯하다. 대체 감미료를 새로 발견하더라도 안전성에 관한 수없이 많은 연구 결과를 바탕으로 승인이 이루어진 뒤에야 식탁에 오르게 된다. 이처럼 단맛에 관한 이해와 새로운 물질 발견에 대한 인간의 과학적 호기심이 결국 우리의 선택권을 넓혀줄 계기가 되지 않을까 싶다.

색의 세계

한도욱

색인식 · 색지각

2023년 초, 내 마음을 뜨겁게 달궜던 〈더 글로리〉라는 드라마가 있었다. 여기서 주인공 문동은(송혜교 분)은 학창 시절 괴롭힘의 주범이었던 전재준(박성훈 분)에게 복수의 칼날을 겨누며 "그런데 재준아, 넌 모르잖아? 알록달록한 세상"이라고 말한다. 드라마 속 전재준은 색을 제대로 분별하지 못하는 적록색약의 고충을 안고 있다. 그의 이러한 색각 이상은 드라마의 전개에 결정적인 전환점을 마련해주는 동시에, 인물 간의 갈등과 내적 심리를 풍부하게 드러내는 수단으로 활용됐다. 색각 이상은 단순한 시각적 문제를 넘어서 극의 깊이를 더하는 중요한 요소로도 작용했는데, 이번 장에서는 색인식에 대해 다뤄보며 빛과 색부터 시작해서 색각 이상이란 무엇이며 이를 위한 교정 기술은 어떤 게 있는지까지 보고자 한다. 먼저 색채의 세계, 그 시작인 빛에 대하여 이야기를 풀어보겠다.

빛과 색

빛과 파장

우리가 색을 보려면 우선 필요한 준비물이 있다. 바로 '빛'이다. 빛이 눈으로 들어와서 뇌가 인식하는 것이 색이기 때문이다. 빛은 사실 존재 자체에 대해 이해하는 것부터가 쉽지 않다. 이른바 빛은 입자이면서 동시에 파동이라는 '이중성'을 가지고 있다고 한다. 그중에서도 색을 설명할 때 필요한 부분은 빛의 파동 특성이다. 빛은 보통 수 킬로미터보다 큰 영역에서 수 피코미터(1pm는 10^{-12}미터)보다 작은 영역까지 아주 넓은 파장(파동의 주기적인 길이)의 영역을 다룬다. 그런데 그 가운데서도 아주 특별한 파장의 길이가 있는데 바로 약 400나노미터(1nm는 10^{-9}미터)에서 약 700나노미터까지의 영역이다. 이 정도의 파장을 갖는 전자기적 파동은 다른 파장 영역과 달리 신기하게도 우리 눈에 서로 다른 색으로 '보이는' 영역이다. 그래서 우리는 이런 파장을 갖는 전자기파를 '가시광선'이라 부른다.

색인식

가시광선은 무지개색으로 불리는 빨주노초파남보의 색을 가진 전자기파라고 생각할 수 있다. 하지만 무지개의 색을 이야기하는 것과 색을 인식하는 건 또 다른 이야기다. 그 이유로 들 수 있는 가장 기본적인 상황으로는 우리가 아는 색(예를 들어 자홍색, 갈색 등)이 무지개에서는 찾기 힘든 경우가 있다는 것이다. 이 상황은 대체 어떻게 받아들여야 할까?

실제 자연에서 생성되거나 흡수되고 반사되어 나오는 빛의 색깔은 분명히 정해져 있다. 빨주노초파남보로 단순화해서 부르는 바

| 빛에 대한 시각세포의 반응 |

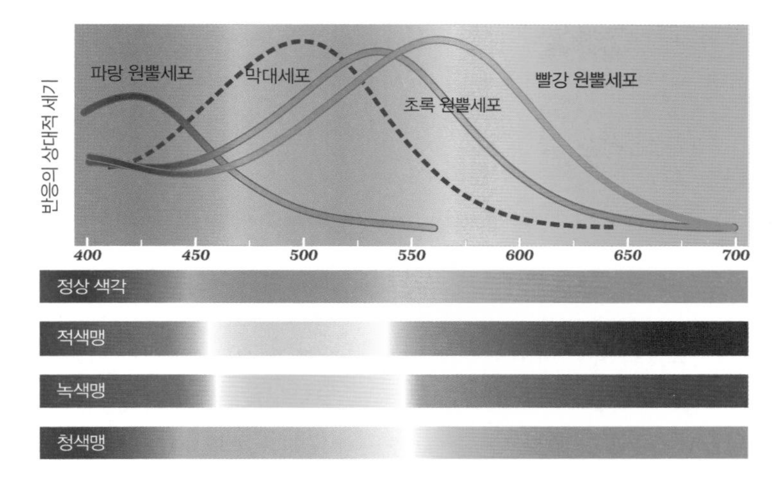

↑ 인간의 망막에는 빛을 감지할 수 있는 세 종류의 원뿔세포(L, M, S)와 막대세포가 존재한다. 그래프는 각각의 시각세포들이 빛을 받았을 때 빛의 파장에 따라 만들어내는 자극 신호의 세기라고 할 수 있다. 빨강 원뿔세포는 564나노미터의 빛에 가장 민감하고, 초록 원뿔세포는 534나노미터의 빛에 가장 민감하며, 파랑 원뿔세포는 420나노미터의 빛에 가장 민감하다. 그리고 막대세포는 498나노미터의 빛에 가장 민감하다. 아래쪽 그림은 정상 색각과 색맹의 색상 스펙트럼이다. 정상 색각인 사람이 보는 무지개를 색맹인 사람이 볼 때는 어떻게 보이는지 대강 알 수 있다. 적색맹의 경우 빨간색 부분을 볼 수 없어서 오른쪽의 장파장 영역이 조금 더 어둡고 청색맹은 파란색 쪽을 볼 수 없어서 왼쪽의 단파장 영역이 조금 더 어두운 것을 알 수 있다.

로 그것이다. 물론 말로는 일곱 빛깔이라 표현하더라도 실제론 연속적으로 파장이 달라지면서 무한한 색의 종류가 있겠지만 말이다. 그런데 이렇게 400나노미터에서 700나노미터의 다양한 파장 빛이 한 번에 한 종류만 눈에 들어오는 것이 아니라는 점부터가 문제다.

우리 눈으로는 항상 여러 파장을 가진 빛이 동시에 들어온다. 예를 들어 주황색의 오렌지를 본다고 해보자. 오렌지에서 반사된 빛은 600나노미터의 파장을 갖는 전자기파 한 종류만 들어올까? 그렇지 않다. 완전히 한 종류의 단파장 빛만 들어오는 경우는 600나노미터의 레이저 빛이 쏘아졌을 때와 비슷하다. 하지만 일상에서는 그럴 일이 없다. 오렌지빛에는 빨간빛도 있고 주황빛도 있고 노란빛도 있고 녹색빛도 있다. 이렇게 다양한 파장의 빛이 들어올 때 넓은 스펙트럼의 빛이 들어온다고 표현한다. 이를 모두 합해서 보았을 때 우리는 오렌지의 색을 인식한다.

다양한 색의 빛을 합쳐 보는 것이 일상에서 흔히 보는 물체의 색이다. 이제 주의 깊게 살펴야 하는 부분이 있다. 바로 빨간색과 파란색 빛이 동시에 섞여서 눈으로 들어올 때는 어떻게 보이느냐는 것이다. 이때는 자홍색이라고 부르는 색으로 인식을 한다. 무지개에서는 볼 수 없는, 뇌로만 인식하는 색이다. 마찬가지로 갈색도 다양한 빛이 혼합된 것으로 이해할 수 있다. 빨간빛, 녹색빛, 파란빛을 모두 더하다 보면 갈색이 만들어진다. 적, 녹, 청이 모두 같은 비율이라면 흰색 빛이 되겠지만 빨간색이 많고 청색은 적은 빛이 합쳐지면 갈색이 되는 것이다.

삼원색설

색인식에 대해 진지한 고민은 물리학자로부터 시작되었다. 먼저 1802년 영국의 물리학자 영Thomas Young은 세 종류의 빛 감지 세포가 있다고 가정했다. 1850년 헬름홀츠Hemann von Helmholtz는 영의 이론을 발전시켜 세 종류의 빛 감지 세포가 각각 단파장, 중간파장, 장파장에 민감하게 반응하고 이들의 파장 영역이 상당 부분 겹쳐 있을 거라고 설명했다. 그리고 1855년 스코틀랜드의 물리학자인 맥스웰James Clerk Maxwell이 직접 장치를 제작하여 색 혼합 원리를 제안하면서 색인식 이론이 발전했다.

오렌지의 주황색을 다시 생각해보자. 주황색 파장을 갖는 빛의 색을 보면 우리는 주황색으로 인식한다. 하지만 약한 녹색과 조금 강한 빨간색의 빛을 동시에 봐도 주황색으로 인식한다. 빛의 세기를 잘 조절하면 완전히 같은 색으로 인식하는 두 가지 상황이 존재하게 된다. 즉 조건이 맞으면 같은 색이 되는 조건등색$_{\text{metamerism}}$의 개념이다. 어떻게 이런 일이 벌어질까? 이 현상을 설명하기 위해서는 바로 세 종류의 빛 감지 세포인 원뿔세포의 도입이 필요하다.

세 종류의 세포에서 주황색 빛을 받고 자극되어 생긴 세포의 신호들과 빨간빛과 녹색빛을 동시에 받고 자극되어 생긴 세포의 신호가 같을 수 있다는 것이다. 이 이론에 따르면 TV나 모니터와 같은 디스플레이에서 RGB 삼원색의 혼합으로 색을 표현하는 것이나 프린터 같은 출력기에서 CMYK 사원색 잉크의 혼합으로 일상의 색을 표현하는 것이 가능함을 알 수 있다. 사실상 실제 오렌지의 반사 빛과 모니터에서 보는 오렌지의 빛은 전혀 다른 스펙트럼을 가지고 있음에도 불구하고 똑같이 받아들일 수 있는 것이다.

대립색설

우리는 가끔 생활에서 보색잔상을 경험한다. 보색잔상이란, 특정 색깔의 빛을 계속 보다가 흰 벽을 보았을 때, 방금 봤던 빛의 반대 색깔이 보이는 현상이다. 이런 색인식 현상은 왜 생기는 걸까? 보색잔상 현상은 우리 눈의 망막에 존재하는 원뿔세포의 피로에 따른 반작용으로 생긴다. 노란색 바나나를 계속 보고 있다면 빨간빛과 녹색빛을 받아들이는 원뿔세포가 활동하면서 두 원뿔세포는 피로해진다. 이때 흰 벽을 보면 피로에 의해 빨간색 원뿔세포와 녹색 원뿔세포는 상대적으로 신호를 적게 만들게 되면서 파란색 신호가 더 강하게 인식되어 파란 바나나의 모습을 볼 수 있다. 이와 비슷하게 수술

복이 대부분 청록색인 이유도 알 수 있다. 빨간 피를 자주 보는 의사들이 피로감에 고개를 돌렸을 때 흰 배경의 옷이 있으면 보색인 청록색을 보며 혼란스러울 것이고 집중력을 떨어뜨리게 되기 때문이다.

1872년 독일의 심리학자이자 생리학자인 헤링Ewald Hering은 보색잔상을 설명하는 대립색 가설을 제안했다. 그는 사람들에게 여러 가지 색을 제시하며 이때 보여준 색깔에 대해 빨강, 노랑, 초록, 파랑 네 가지 색깔로만 표현해보라는 실험을 했다. 결과는 신기하게도, 사람들이 빨강과 초록을 섞는 표현이나 파랑과 노랑을 섞는 묘사를 하지 않는다는 것이었다. 보라색은 파랑에 빨강을 조금 섞은 느낌으로 표현하고, 주황색은 노랑기가 있는 빨간색으로 말하며, 연두색은 초록색이 더해진 노란색으로 서술하는 등 다양하게 언급했지만 노란색이 더해진 파란색이나 초록색이 더해진 빨간색의 표현은 볼 수가 없었다. 색맹도 비슷한 쌍으로 설명하는데 적록색맹이 있는가 하면 청황색맹이 있다고 한다. 왜 하필이면 빨간색과 녹색이, 파란색과 노란색이 연관 있을까? 우리가 아는 원뿔세포는 빨강, 초록, 파랑과 관련 있다고 했는데 틀린 걸까?

단계설

1960년대 이후 활발한 생리학 연구 덕분에 색인식 이론은 단계설로서 좀 더 정확하게 성립되었다. 이는 영과 헬름홀츠의 삼원색설과 헤링의 대립색설이 모두 맞는 상황임을 알게 된 것이었다. 망막에서 세 가지 파장 영역을 흡수하여 반응하는 Sshort wavelength 원뿔세포, Mmedium wavelength 원뿔세포, Llong wavelength 원뿔세포가 발견되었고(각각 파랑, 초록, 빨강 원뿔세포라고 부른다) 또한 대립적 반응을 보이는 세포들(쌍극세포, 수평세포, 신경절세포)도 찾은 것이다.

단계설은 원뿔세포에서 빛이 감지되는 단계와 망막의 세포층에서 여러 처리를 거쳐 세 가지 대립 신호가 생성되어 뇌로 보내지는 단계로 설명한다. 망막의 세포층에서는 L-M(빨강 원뿔세포의 반응량 - 초록 원뿔세포의 반응량)이 적록 신호로, L+M(빨강 원뿔세포의 반응량 + 초록 원뿔세포의 반응량)이 흑백 신호로, S-(L+M)[파랑 원뿔세포의 반응량-(빨강 원뿔세포의 반응량 + 초록 원뿔세포의 반응량)]가 청황 신호로 시신경을 통해 뇌로 전달된다. 즉 적, 녹, 청 원뿔세포에 의해 단순히 적, 녹, 청 신호가 바로 뇌로 가는 것이 아니라 세 가지 형태의 계산된 신호가 전달되는 것이다! 이렇게 상대적인 색 신호를 인식한다는 건 인간이 절대적인 색깔을 인식하는 게 아니라 초록색에 비해서 얼마나 빨간지, 노란색에 비해서 얼마나 파란지를 인식한다는 말이다. 이러한 생리학적 특징 때문에 빨강, 초록을 섞는 표현을 볼 수 없는 헤링의 실험 결과를 설명할 수 있다.

색각 이상

그럼 다시 처음으로 돌아가서 색각 이상 이야기를 해보자. 색각 이상이란 선천적인 원뿔세포의 기능 이상이나 망막, 시신경, 대뇌피질 등에 생기는 후천적인 이상 등에 의해 색에 대한 인식이 일반 사람들과는 다른 경우를 말한다. 색각 이상은 대부분 선천적으로 원뿔세포의 이상에 의해 생기기에, 이상이 있는 원뿔세포의 수와 이상의 종류로 분류할 수 있다.

	제1이상(적색)	제2이상(녹색)	제3이상(청황)
이상3색형색각	제1색약(적색약) Protanomaly	제2색약(녹색약) Deuteranomaly	제3색약(청색약) Tritanomaly
2색형색각	제1색맹(적색맹) Protanopia	제2색맹(녹색맹) Deuteranopia	제3색맹(청색맹) Tritanopia
단색형색각	원뿔단색형색각, 막대단색형색각		

색맹과 색약

색각 이상은 먼저 세 종류의 원뿔세포가 모두 있으나 원뿔세포 하나가 기능이 불완전하면 이상3색형색각이라고 하여 간단히 색약이라고 부른다. 이때 불완전한 원뿔세포가 적색을 담당하는 세포면 적색약, 녹색 담당이면 녹색약, 청색 담당이면 청색약이라고 부른다. 색약에서 원뿔세포의 기능이 불완전하다는 것은 일반적으로 해당 원뿔세포가 감지하는 파장의 영역이 다른 원뿔세포가 감지하는 파장의 영역 쪽으로 옮겨진 상황을 의미한다. 즉, 적색약은 빨강 원뿔세포의 감지 영역이 초록 원뿔세포의 감지 영역에 가까워지고 녹색약은 초록 원뿔세포의 감지 영역이 빨강 원뿔세포의 감지 영역에 가까워지고, 청색약은 파랑 원뿔세포의 감지 영역이 초록 원뿔세포의 감지 영역에 가까워진 상태다. 색약은 가장 약한 색각 이상이기에 정도에 따라 대부분 일상생활에 큰 불편이 없다.

세 종류의 원뿔세포 중 하나의 원뿔세포가 없는 사람은 2색형색각이라고 해서 이른바 색맹이라고 한다. 이때도 색약과 같은 방식으로 빨강 원뿔세포가 없으면 적색맹, 초록 원뿔세포가 없으면 녹색맹, 파랑 원뿔세포가 없으면 청색맹이라고 부른다. 원뿔세포가 없으면 일상생활에 불편함을 호소할 수밖에 없다. 특히 적색맹이나 청색맹의 경우 400나노미터에서 700나노미터 영역의 가시광선을 받아들이는 사람의 가시 영역이 좁아지는 상황을 만들어 적색맹은 빨강-주황색의 영역이 어둡게 보이고 청색맹은 보라-파란색 영역의 색이 어둡게 보이게 된다. 반면 녹색맹은 적색맹이나 청색맹과는 달리 볼 수 있는 가시광선 영역이 정상인과 같으므로 특정 색상이 어둡게 보이지는 않는다.

세 종류의 원뿔세포 중 2개 이상이 없는 경우는 단색형색각이라고 해서 전색맹이 된다. 사실상 온 세상을 흑백으로 보는 것과 같은데 특히 원뿔세포 중에서 파랑 원뿔세포 하나만 남아 있는 경우에는 망막의 중심에 별로 없는 세포라서 더 흐리게 보이며 원뿔세포가 모두 없고 막대세포만 존재하면 희미한 명암만 구별이 가능하게 된다.

적록 원뿔세포의 유전자는 X 염색체 위에 있으며 열성으로 유전되기 때문에 X 염색체를 1개만 갖는 남성의 경우가 훨씬 더 많을 수밖에 없다. 질병관리청 국가건강정보포털에 따르면 색각 이상자는 한국 남성의 5.9퍼센트가 해당되고 여성은 0.44퍼센트뿐이다. 이와 달리 파랑 원뿔세포의 유전자는 7번 염색체에 존재하기 때문에 남녀 비율이 동일하다.

색각 이상의 교정

색각 이상인 사람들에 대한 치료법은 사실상 알려진 바가 없다. 대부분 원인이 선천적으로 나타나는 유전 질환이기 때문이다. 망가지거나 없는 원뿔세포를 하나하나 교체하거나 추가할 수 없다 보니 평생 색을 구분하기가 힘들다. 하지만 색약은 약간의 교정이 가능하다. 물론 그렇다고 색약을 보정하는 일이 안 보이던 빨간색을 보이는 것처럼 만든다는 뜻은 아니다. 교정 렌즈로 유명한 크로마젠이나 엔크로마의 안경과 콘택트렌즈는 구분하지 못했던 빨간색과 초록색을 구분할 수 있게 파장을 서로 다르게 만들어주거나 적록 원뿔세포의 감지 파장 영역의 겹치는 부분을 차단하는 방식으로 돕는다. 이렇게 안경이나 콘택트렌즈 이외에도 모니터나 앱 게임, 스마트폰의 iOS와 안드로이드, PC의 윈도우 등 색각 이상자를 위한 색 보정 기능은 주변에서 많이 찾아볼 수 있다.

모두가 다채로운 세상을 누리는 일

시각은 인간의 경험에 핵심적인 요소 중 하나다. 우리가 처리하는 정보의 대부분은 시각을 통해 이뤄지며 '색' 또한 그 중심에서 많은 데이터를 담고 있다. 통계에 따르면 전 세계 남성의 약 8퍼센트, 여성의 약 0.5퍼센트가 색각 이상을 경험한다. 세계 인구를 80억으로 볼 때 7억 명에 가까운 수다. 이는 단순한 숫자 이상의 의미를 갖는다. 색각 이상을 가진 사람들에게는 일상생활의 질, 직업 선택, 심지어 안전 문제에 이르기까지 광범위한 영향을 미치기 때문이다. 따라서 색각 이상에 대한 깊은 이해와 지원은 매우 중요하다고 생각한다. 이를 위해 적절한 교육 자료와 디자인 그리고 기술의 발전이 요구된다. 이러한 노력은 색각 이상을 가진 사람들이 더욱 다채로운 세상을 경험하는 데 기여할 것이고 사회적으로도 다양한 시각적 경험을 이해하고 수용함으로써 모든 사람의 삶의 질 향상에 기여할 수 있으리라 생각한다. 우리 모두가 각자의 방식으로 다채롭고 알록달록한 세상을 누릴 수 있도록 관심을 가지고 지지하는 것이 중요하다는 메시지를 전하고 싶다.

우주과학

CHAPTER 3

future science trends

제임스웹우주망원경, 1년의 기록

한명희 우주과학

인류 최고의 우주망원경이라 불리는 제임스웹우주망원경James Webb Space Telescope, JWST이 2022년 7월 12일, 첫 번째 이미지를 공개한 지 1년이 지났다. 제임스웹우주망원경은 12개월을 하나의 관측 주기로 설정해 연구를 진행하며, 그 첫 시기를 종료하고(2023년 9월 30일) 다음 주기로 넘어간다.이 우주망원경은 열에 민감한 적외선으로 관측하기 때문에 지구로부터 먼 곳, 라그랑주 L2 위치에서 태양을 등진 채 공전하며 여러 천체 연구를 진행한다.

제임스웹우주망원경은 빅뱅 이후 최초로 태어난 별과 은하의 진화, 성운 속 행성의 탄생과 그들의 진화 과정 그리고 생명체의 기원을 찾는 목적을 가졌다. 이것이 가능한 이유는 바로 '적외선 관측'에 있다. 최초의 별과 은하를 관측하는 건 아주 멀리 떨어진 천체를 보는 일이다. 우주 초기의 별과 은하에서 나오는 자외선과 가시광선은 우리에게 닿을 시점이면 우주 팽창으로 인해 파장이 늘어나 적외선으로 변한다. 따라서 먼 과거의 별과 은하 상태를 확인하기 위해서는 적외선 관측이 필요하다. 다음으로 별과 행성의 탄생 및 진화를 연구하려면 가스와 먼지를 뚫고 보아야 한다. 가스와 먼지가 뭉쳐 있는 성운 속에서 별과 행성이 태어나고, 별이 죽어가면서 방출되는 다량의 가스와 뭉쳐진 먼지가 별을 안개처럼 가리게 되는데 가시광선으로는 이를 꿰뚫지 못한다. 적외선은 이런 가스와 먼지를 투과할 수 있기 때문에 별의 탄생과 진화를 연구하는 데 필요하다.

외계 행성과 생명체를 찾으려면 차가운 영역을 보아야 한다. 생명체를 구성하는 고분자 화합물은 뜨거운 환경에서 분해되기 때문에 차가운 곳에만 존재할 수 있다. 그런 곳들은 가시광선이 아닌 적외선을 방출하기 때문에 적외선으로 관측할 수밖에 없는 지역이다. 이러한 이유로 제임스웹우주망원경의 관측 대상이 선정되고 연구된다.

그럼 그동안 NASA에서 발표된 것 가운데 뽑은 흥미로운 관측들을 만나보자. 앞서 설명했듯 제임스웹우주망원경의 목적 중 하나는 바로 멀리 있는 곳, 초기 우주의 모습을 확인하는 것이다. 127쪽 사진에서 수많은 은하를 확인할 수 있는데 이는 엘 고르도El Gordo 은하단이다. 빅뱅 이후 62억 년 뒤의 모습으로 당시 가장 거대한 은하단으로 보고 있다.

천문학자들은 이곳에서 중력렌즈 현상을 집중해서 연구한다. 중력렌즈 현상은 아인슈타인이 예견한 대로 중력에 의해 시공간이 휘어져 렌즈를 댄 것처럼 왜곡되어 보이는 것을 말하는데 사진 속에 이 현상을 특징적으로 보이는 두 천체가 있다. A에 바늘 같은 은하가 있는데 지구에서 110광년 정도 떨어진 것으로, 중력렌즈 효과 때문에 좌우로 잡아당겨진 얇고 긴 모습으로 보인다. B에는 낚싯바늘처럼 휘어 보이는 은하가 있다. 약 106광년 떨어진, 원래는 원반 모양의 은하인데 강력한 중력렌즈 효과로 모습이 갈고리처럼 왜곡되어 있으며 은하 자체의 먼지로 인해 붉어지는 현상과 우주론적 적색이

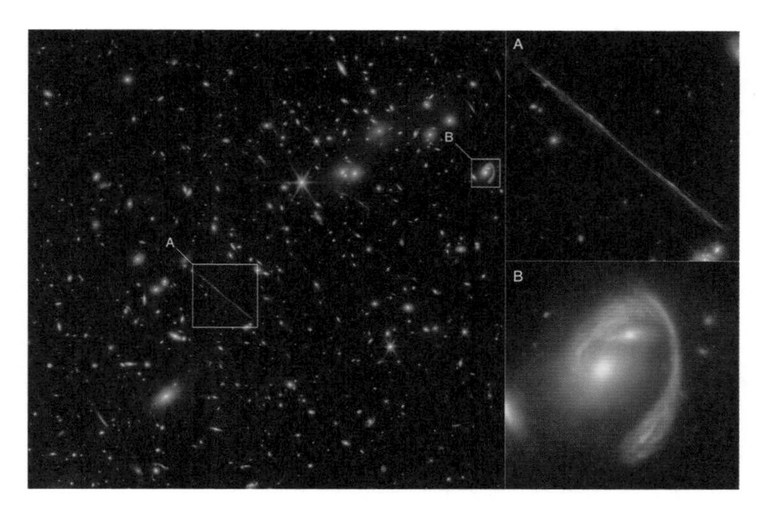

↑ 제임스웹우주망원경으로 촬영한 엘 고르도 은하단. 우주 초기, 청소년기의 모습으로 '뚱뚱한 사람'을 뜻한다.

동(우주 팽창으로 공간 자체가 커짐에 따라 빛이 원래 파장보다 늘어나 적색 이동 한 것처럼 보임)이 겹쳐 빨갛게 보인다. 그 밖에도 사진 속에는 중력렌즈 효과 때문에 변한 은하와 별의 모습을 많이 확인할 수 있다.

제임스웹우주망원경은 멀리 떨어진 곳도 관측하지만 가시광선 즉, 눈으로 확인할 수 없는 구름이 가득한 영역도 보여준다. 우주에 구름이 가득 찬 지역은 별이 태어나거나 죽어가는 곳이다. 먼저 별들이 탄생하는 쪽으로 가보자. 누군가 옆에서 밤하늘을 보며 '별이 태어나는 곳이 어디야?'라고 물으면 알려주기 쉽지 않다. 하지만 시력이 좋다면 겨울철에 누구나 눈으로 찾아 손으로 가리킬 수 있는 곳이 한 군데 있다. 바로 오리온자리의 오리온 대성운이다. 아기 별이 태어나는 대표적인 장소로 널리 알려져 있는데 제임스웹우주망원경이 바로 이 지역을 촬영했다.

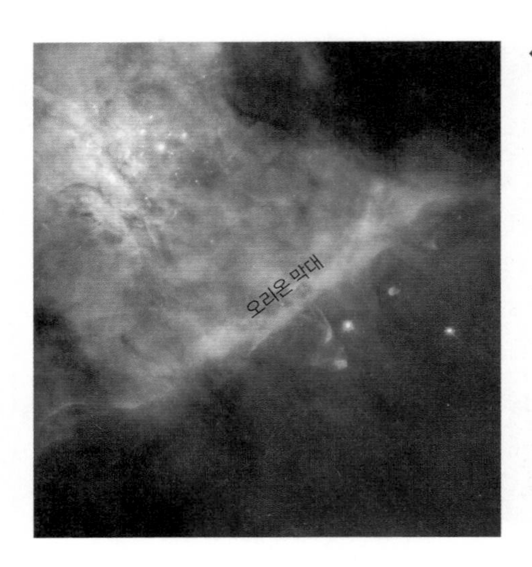

⇠ 허블우주망원경으로 촬영한 오리온성운.

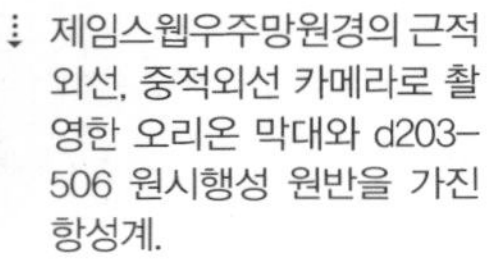

⇣ 제임스웹우주망원경의 근적외선, 중적외선 카메라로 촬영한 오리온 막대와 d203-506 원시행성 원반을 가진 항성계.

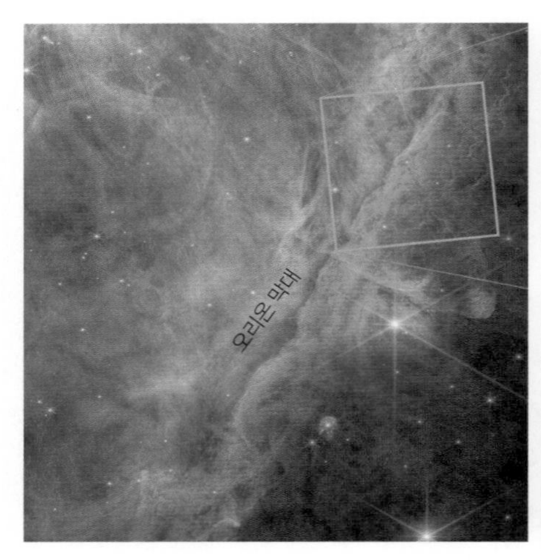

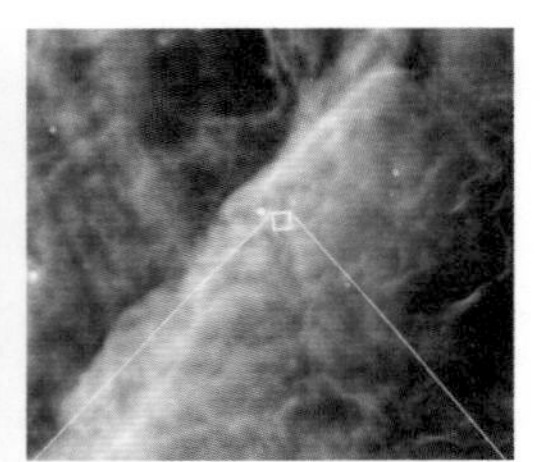

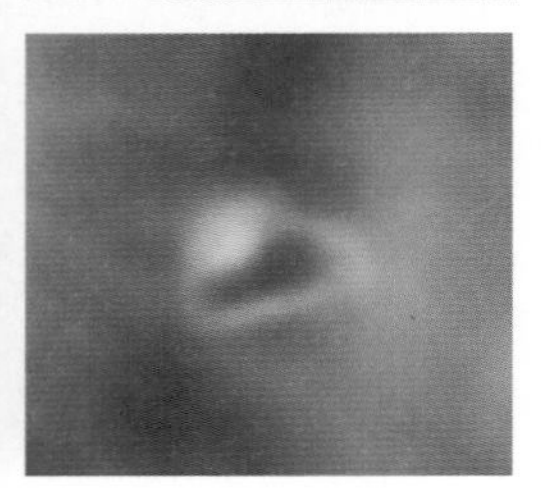

오리온성운 중심부의 오리온 막대라고 부르는 부분은 가스와 분자 구름이 밀도 있게 분포한다. 따라서 가시광선으로 촬영한 사진(허블우주망원경)에서는 앞에 얇은 막이 가린 장면으로만 볼 수 있었

지만 적외선으로 촬영한 사진(제임스웹우주망원경)은 가스와 분자 구름의 자세한 모습뿐 아니라 그 안의 가려져 있던 별까지 확인할 수 있다.

제임스웹우주망원경이 촬영한 사진을 자세히 살펴보면 오리온 막대를 중심으로 좌측의 푸른색과 우측의 붉은색이 구별된다. 좌측은 오리온성운 중심의 트라페지움성단에서 발생하는 자외선에 의해 분자 구름이 상호작용하여 변하는 모습이고 우측으로 점점 침식해 들어가는 것을 볼 수 있다. 또한 확대된 사진 속 노란 구름은 d203-506이라는 원시행성 원반을 가진 갓 태어난 항성계이며 이곳에서 CH_3^+ 이온을 발견했다. 이는 중요한 의미를 가지는데 별의 형성 과정에서 탄소 기반의 고분자 화합물이 존재할 수 있다는 단서를 제공하기 때문이다. 즉, 지구상의 생물처럼 탄소 기반 생명체의 기원이 될지 모를 화합물이 별이 탄생하는 시점부터 존재할 가능성을 이야기하는 것으로 중요한 관측 성과로 발표되었다.

별이 탄생하는 지역을 하나 더 만나보자. 바로 HH 46/47이다. 이름이 특이한데 HH는 허빅아로Herbig-Haro라는, 별이 태어나는 과정에서 짧은 시간(수천 년) 동안 볼 수 있는 천체를 말한다. 중력으로 가스가 뭉치는 과정에서 별 주위에 강착원반을 만들고 위아래로 제트가 뿜어져 나오는데 이때 제트가 주변의 가스,먼지와 충돌하여 밝게 빛나는 모습을 볼 수 있다.

허블우주망원경으로 촬영한 모습(130쪽 그림 참고)에서 왼쪽은 까만 구름에 가려 보이지 않고 오른쪽에서만 방출되는 제트를 확인 가능했다. 제임스웹우주망원경을 통해 관측된 사진에서 왼쪽의 구름 안쪽 제트와 제트를 만드는 별의 모습을 보게 되었다. 제트와 충돌한 가스를 확인하면 제트가 언제, 얼마나 분출했는지 추적할 수

↑ 왼쪽부터 허블우주망원경으로 촬영한 HH 24, HH 46/47. 두꺼운 구름(복-구조체)에 감싸여 있다.

↑ 제임스웹우주망원경으로 촬영한 HH 46/47. 푸르게 보이는 가스는 가시광선에서 검은 구름 때문에 안쪽을 볼 수 없었으나 적외선으로 이를 뚫고 별과 제트의 모습을 관측하게 되었다.

있다. 이를 통해 별이 만들어지는 과정에서 얼마만큼의 질량의 가스가 뭉치는지에 대한 단서가 나올 것이라고 발표되었다.

이제는 가스가 많은 영역 중 별이 죽어가는 곳으로 가보자. WR-124이다. 태양보다 무거운 별이 초신성이 되기 전의 모습으로, 울프 레이에 별Wolf-Rayet star로 분류한다. 태양 정도의 별은 중심에서 수소를 융합하여 헬륨으로 바꾸는 수소 핵융합 때문에 빛난다. 태양보다 아주 무거운 별은 생성된 헬륨으로 좀 더 무거운 탄소, 질소, 산소, 규소, 철까지 핵융합하게 된다. 이때 별의 내부는 양파처럼 여러 층을 이루며 무거운 원소가 중심에, 수소가 바깥에 위치하는데 울프 레이에는 이러한 무거운 별이 초신성으로 폭발하기 직전, 별 바깥 부분의 물질을 우주로 방출하는 과정에 있다.

132쪽 사진 속 WR-124는 중심에 밝게 빛나는 별로 태양의 30배 정도 무겁다. 별 주변의 붉은색 공 모양 가스 덩어리는 별이 방출한 것으로 태양 무게의 10배나 되며 크기는 끝에서 끝까지 10광년이다. 별에서 방출될 때는 뜨거운 상태였으나 우주로 퍼져 나가며 차갑게 식어 적외선 영역에서 관측할 수 있다. 이를 연구하면 별이 최후에 가스와 물질을 어떻게 방출하는지 그리고 이렇게 별에서 만들어지는 가스와 먼지가 우주에 어떻게 퍼지는지 알 수 있다. 또 이런 가스와 먼지가 결국 또 다른 별과 행성을 만드는 데 어떻게 관여하는지를 확인할 수 있는 중요한 관측이다.

이번에 살펴볼 지역은 제임스웹우주망원경의 또 다른 목적인 생명의 기원을 찾는 곳이다. K2-18이라는 적색 왜성을 도는 K2-18b 외계 행성이 주인공이다. 사자자리 방향에 120광년 정도 떨어진 거리에 위치한 이 행성은 지구보다 크고 8.6배쯤 더 무겁지만 해왕성보다는 작고 가볍다. 이 행성은 암석형도 가스형도 아닌 하이션Hycean 행성으로 분류하는데 수소 함량이 높은 대기를 가지고 물로 된 바다가 존재한다고 추측한다. 이번에 이 행성의 대기에서 여러 분자

⇡ WR-124를 제임스웹우주망원경의 근적외선, 중적외선 카메라로 촬영하여 합성한 사진. 가스의 구조를 보다 선명하게 볼 수 있다.

를 관측했는데 메테인과 이산화탄소, 암모니아 등을 확인할 수 있었다. 이들 모두 온실효과를 일으키는 가스로, 행성의 표면이 언 상태가 아니라 녹아 있는 바다 또는 뜨거운 바다가 있을 것이라고 예측된다.

또한 좀 더 검증이 필요하지만 DMS가 발견됐다는 것이 중요하다. DMS는 디메틸황화물Dimethyl Sulfide로 지구상에서는 오직 생명체에 의해서만 만들어지며 해양 식물성 플랑크톤에서 방출된다. 이는 이 행성에 생명체나 생명체의 흔적이 있을지 모른다는 가능성을 이

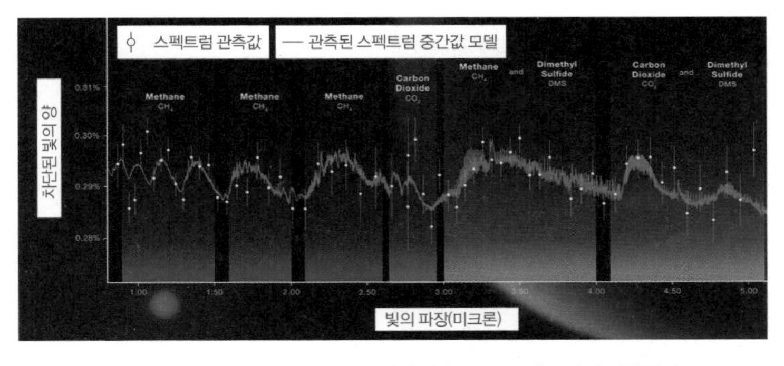

⇡ K2-18b의 대기 성분 스펙트럼. 메테인과 이산화탄소, DMS의 분자가 검출된다.

야기한다. 추가 관측을 통하여 이번에 DMS가 발견된 것이 맞는지, 그렇다면 이것이 생명체의 흔적인지 연구를 진행할 계획이다.

외계 행성뿐 아니라 우리 태양계에서도 제임스웹우주망원경으로 의미 있는 관측이 진행되었다. 바로 목성의 위성인 유로파를 관측한 결과인데, 분광기를 통해 유로파 표면에서 이산화탄소를 발견했다. 유로파의 얼음 표면 아래에 바다가 존재한다는 것은 많은 과학자가 알고 있었지만 그 바다에 생명체를 구성하는 탄소가 포함되었다는 것은 몰랐다. 그런데 이번 관측을 통해 유로파 표면의 타라 TARA 지역에서 이산화탄소 얼음 결정을 발견했다.

타라 지역은 비교적 최근에 생긴 것으로 지형이 복잡하다. 이곳에서는 갈라진 틈 사이로 물이 분출하고 얼어붙으며 다양한 지형이 만들어진다고 여겨진다. 그런데 여기서 발견된 이산화탄소가 외부에서 온 것이 아니라 지하의 바다에서 나왔다고 본다. 따라서 유로파의 바다에 탄소가 있고 탄소 기반의 생명체가 존재할 가능성이 좀 더 높아졌다는 결과라고 생각된다. 보다 자세한 탐사는 JUICE나 유로파클리퍼가 탐사를 진행할 예정이다.

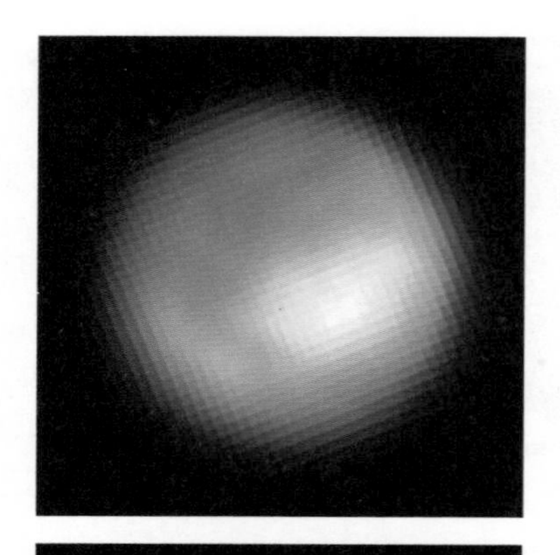

↑ 제임스웹우주망원경의 근적외선 카메라와 분광기로 촬영한 유로파의 모습(위). 아래 하얀색 부분은 타라 지역으로 이산화탄소가 발견되었다. 갈릴레오 탐사선이 촬영한 사진(아래)의 노란색 부분이 바로 타라 지역이다.

제임스웹우주망원경으로 관측된 결과를 간단히 만나보았다. 이것 말고도 많은 자료가 나오고 있는데 조금 더 관심이 생긴다면 제임스웹우주망원경 홈페이지에서 찾아보는 것도 좋을 듯하다. 내년에는 또 어떤 재미있는 관측이 있을지 다시 만나길 기대한다.

목성으로 가는 탐사선들

한명희

우주과학

우리는 목성으로 간다!

유럽우주국ESA은 2023년 4월에 목성 얼음 위성 탐사선인 JUICEJupiter Icy Moons Explorer를 발사했다. 미 항공우주국NASA은 2024년 10월에 유로파클리퍼Europa clipper 탐사선을 목성으로 보낼 예정이다. 이들은 각각 60억 킬로미터 이상을 여행해 JUICE는 2031년, 유로파클리퍼는 2030년에 목성에 도착한다.

60억 킬로미터라니, 상상이 안 될 먼 거리를 여행한다. 그런데 뭔가 이상하다. 60억 킬로미터면 지구에서 목성까지 평균 거리의 10배 정도 되는 것 아닌가? 탐사선이 지구에서 목성으로 바로 가는 게 아닌가? 왜 이렇게 먼 거리를 이동하는 걸까? 탐사선의 여정을 살펴보면 이유를 알 수 있다. 이 과정은 크게 3단계로 나뉜다. 지상에서 지구 밖 우주로 올라가는 것, 지구에서 탐사하려는 곳으로 이동하는 것, 탐사할 곳에 안정적으로 안착하는 것이다.

먼저 지상에서 우주로 올라갈 때를 살펴보자. 탐사선이 로켓으로 가속하여 우주에 나가려면 지구 중력을 이겨내야 하는데, 탐사선

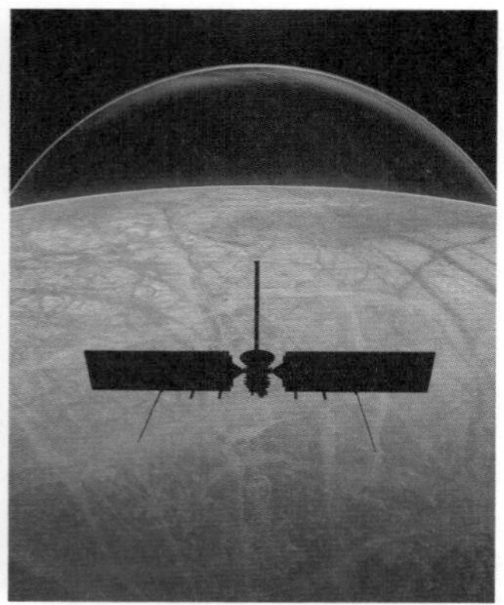

⇡ JUICE(왼쪽)와 유로파클리퍼(오른쪽).

의 최소 속도가 지구 공전이 가능한 초속 7.9킬로미터에 도달해야 한다. 그러지 않으면 탐사선은 지구로 다시 추락한다. 게다가 탐사선이 지구를 도는 것이 아니라 지구를 벗어나 탐사 대상으로 향해야 하기 때문에 지구 탈출속도 초속 11.2킬로미터를 넘어서야 한다. 탐사선이 무겁다면 이를 빠르게 가속시키기 위해 더 커다란 로켓과 많은 연료가 필요하다. 이에 탐사선의 무게를 최대한 줄이기 위해 노력한다.

두 번째로 우주에 나가서 탐사하는 곳으로 갈 때를 보자. 우리는 탐사선이 SF영화에서처럼 계속 연료를 분사하여 날아간다고 상상할 수 있다. 하지만 실제로 탐사선이 연료를 분사하는 경우는 자세를 제어하거나 탐사 대상에 도착 후 감속할 때뿐이다. 왜 그럴까? 실제로 탐사선이 이동하는 데 쓰기 위해 연료를 많이 실어 무게를 늘리면 지상에서 올라갈 때부터 더 커다란 로켓을 사용해야 하는 문제가 발생한다. 따라서 탐사선이 움직이는 데 연료를 최대한 적게 써야 한다.

다행히 우주는 진공상태이며, 중력이 없는 공간에서는 탐사선이 가속된 뒤 도달한 속도를 그대로 유지한 채 나아가기 때문에 이동하는 데 연료를 아낄 수 있다. 하지만 여기에도 함정은 있는데 바로 태양의 중력이다. 태양계 안의 모든 천체는 태양 중력의 영향을 받기 때문에 탐사선의 속도가 감소하게 되고 결국 태양을 향하게 된다. 그럼 어떻게 탐사선의 속도를 유지 또는 증가시켜서 탐사지에 도착할 수 있을까?

탐사선의 비행을 항공기에 비유하여 설명하면, 우리나라 서울에서 브라질 상파울루까지 직항이 없고 경유하여 가는 것과 비슷하다고 볼 수 있다. 경유지에서 비행기는 급유도 하고 점검도 하게 되는데, 탐사선의 이러한 경유지는 바로 다른 행성들이다. 다른 행성에 도달한 탐사선은 급유하듯 속도를 증가시킬 수 있으며 도착한 행성의 중력을 이용한다. 바로 스윙바이Swing-by 또는 플라이바이Fly-by• 라는 것으로 행성의 중력을 이용해 가속하고 방향을 바꾸는 기술이다. 영화 〈마션〉을 보면 화성에서 지구로 돌아오던 탐사선이 주인공을 데려오기 위해 다시 화성을 향할 때 지구 중력을 이용하여 가속하고 방향을 바꾸는 장면이 나온다. 이것이 바로 스윙바이를 이용한 방법이다. 그런데 여기서의 문제는 다른 행성들의 위치가 우리가 탐사할 천체까지 가는 가장 짧은 궤도상에 이상적으로 있지 않는다는 것이다. 가장 짧은 궤도 위에 있으면 쉽게 가게 되지만 아닌 경우가 더 많기 때문에 복잡한 경로를 사용할 수밖에 없다.

• 중력도움이라고도 부르며, 우주탐사 미션에서 필수적으로 사용하는 기술이다. 스윙바이, 플라이바이는 거의 같은 뜻으로 혼용해 사용한다.

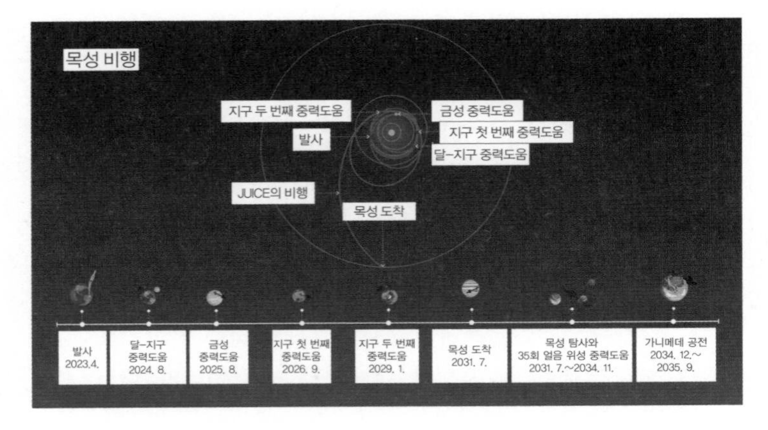

JUICE의 경로. 금성 1회, 지구 3회의 중력도움을 받는다.

세 번째로 탐사선이 목적지에 도착하는 시점을 보자. 보이저Voyager나 뉴호라이즌스New Horizons처럼 탐사할 지점을 그대로 지나가면서 관측하는 방법을 사용한다면 속도를 굳이 줄일 필요 없다. 하지만 탐사 지점을 지속적으로 돌면서 살펴보려면 탐사선의 속도를 줄여 탐사하려는 곳의 공전궤도에 올라가야 한다. 따라서 진행 방향의 반대로 연료를 역분사해야 하는데 속도가 빠르다면 많은 연료가 필요하다. 즉, 앞서 지상에서 우주에 나갈 때부터 다시 문제가 된다. 그래서 탐사선의 속도를 빠르게 증가시키지 못하게 된다. 이러한 이유로 이번에 발사하는 JUICE나 유로파클리퍼는 목성까지 가는 데 6~8년을 들여 60억 킬로미터라는 먼 거리를 이동한다.

1990년대 갈릴레오Galileo 탐사선이, 2023년 현재 주노JUNO 탐사선이 조사를 진행하고 있는데도 과학자들은 왜 시간과 자원을 들여서 또 목성에 탐사선들을 보내는 걸까? 목성이 태양계의 가장 큰 행성이라서? 인류에게 필요한 자원이 많아서? 여러 목적이 있지만 이번에 발사하는 탐사선들의 주된 목표는 목성이 아니다. 바로 목성의 위성들, 그중에서도 유로파, 가니메데, 칼리스토•가 목적이다.

목성의 위성 탐사 역사는 1979년, 보이저 1호와 2호로 거슬러 올라간다. 이들이 목성을 지나가면서 갈릴레오 위성이라 불리는 4대 위성을 카메라로 촬영했다. 이 사진을 통해 이오에서는 지구 밖에서 활동하는 화산의 모습을, 유로파에서는 표면의 얼어붙은 얼음을 발견했다. 1995년부터 2003년까지 목성을 탐사한 갈릴레오 탐사선은 목성의 위성들에 옅은 대기권의 존재와 유로파, 가니메데, 칼리스토 표면 아래에 많은 양의 녹아 있는 물, 바다가 존재할 가능성을 발견했고 2013년에는 허블우주망원경이 유로파에서 물이 뿜어져 나오는 것을 관측했다. 과학자들은 유로파에 지구상의 바다보다 훨씬 더 많은 물이 있다고 예측한다. 그리고 가니메데나 칼리스토에도 지하에 녹아 있는 바다가 존재한다고 생각한다. 과학자들이 이번에 탐사선들을 발사한 이유는 바로 이 녹아 있는 물, 바다에 대해 알아보기 위해서다.

과학자들이 얼음 아래에 있는 바다를 중요하게 생각하는 이유는 이곳에서 생명체의 흔적 또는 외계 생명체를 발견할 가능성이 있어서다. 얼음 아래의 녹아 있는 바다와 외계 생명체가 무슨 상관관계가 있을까? 우리가 이러한 질문에 답을 찾기 위해서는 생명체의 조건과 녹아 있는 물의 중요성에 대해 알아봐야 한다.

우리는 지구가 '살아 있는 생명체로 가득 차 있다'고 이야기한

• 1610년 시몬 마리우스와 갈릴레오 갈릴레이가 망원경으로 발견한 위성들로, 목성의 4대 위성(이오 포함)이라 부른다. 태양계의 위성 중 크기로 따지면 1등 가니메데, 3등 칼리스토, 6등 유로파순으로 크기가 크다. 참고로 2등은 타이탄, 4등은 이오, 5등은 지구의 달이다.

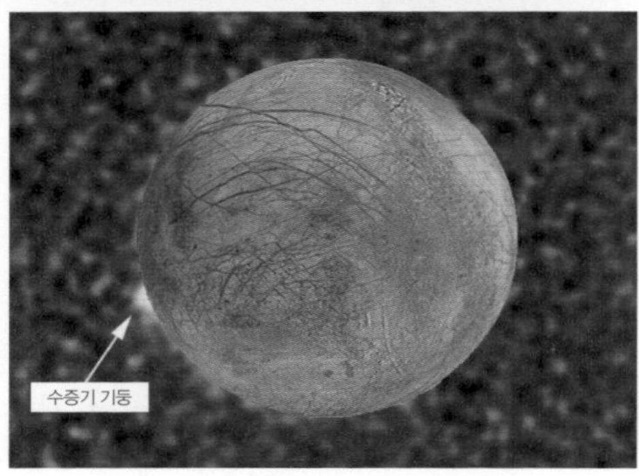

←··· 갈릴레오 탐사선이 찍은 유로파(위)와 허블우주망원경이 관측한 유로파(아래)에서 뿜어지는 수증기 기둥.

다. 그런데 어떤 것을 살아 있는 생명체라고 할까? 지구가 아닌 외계에서 생명체를 찾기 위해서는 정의부터 해야 한다. 그래서 과학자들은 생명체의 공통적인 특징을 가지고 생명체와 아닌 것을 분류한다.

항상성, 조직성이 있고 물질대사, 반응, 적응, 성장, 생식 활동을 해야 생명체로 정의한다. 항상성은 생명체가 체온이나 수분량 등을 일정하게 유지하는 조절 능력을 말하고, 조직성은 세포막처럼 외부와 격리시키는 막을 가졌는지를, 물질대사는 체내에 필요한 물질을 합성 또는 분해하거나 물질과 에너지를 교환하는 것 등을 나타낸다. 그리고 외부 자극 및 환경에 대해 반응하고 적응하며 성장하고, 생식을 통해 유전물질 등의 정보를 다음 세대로 전달하는 개체를 생명체라고 한다.

그럼 이런 생명체에 가장 중요한 것이 무엇일까? 바로 액체 상태의 물이다. 물은 여러 가지 고체 상태의 물질을 녹여 서로 반응시킬 용액을 만들 수 있다. 또한 물질의 온도를 올리는 데 필요한 열량인 비열이 크기 때문에 온도 변화에 민감하지 않다. 따라서 지구에 사는 생명체는 액체 상태의 물이 있어야 온도나 자신의 상태를 유지하는 항상성, 여러 물질을 흡수하여 에너지를 생성하는 물질대사 등의 다양한 활동을 원활하게 할 수 있다. 따라서 액체 상태의 물이 있는 곳에 생명체가 존재할 확률이 높기 때문에 과학자들이 지구가 아닌 다른 공간에서 액체 상태의 물을 찾기 위해 노력하는 것이다.

액체 상태의 물은 우주 어디에 존재할까? '골디락스 존'이라는 개념이 있다. '골디락스와 곰 세 마리' 이야기에서 나온 용어로, 주인공 골디락스가 뜨거운 스프도, 차가운 스프도 아닌 미지근한 스프를 먹었다는 내용처럼 너무 뜨거운 환경도, 너무 차가운 환경도 아닌 미지근한 환경, 액체 상태의 물이 존재하는 영역을 말한다. 각 항성계의 에너지원인 별로부터 적당한 거리에 위치하여 액체 상태의 물이 존재하는 영역인 '골디락스 존'에 우리 태양계는 금성부터 화성 사이가 해당된다.

그래서 많은 탐사선이 물과 생명체를 찾기 위해 금성과 화성으로 향했는데 금성은 온실효과로 인해 평균 섭씨 400도가 넘는 너무 높은 온도와 기압으로 물과 생명체를 찾는 데 어려움이 있었다. 금성보다 탐사가 쉬운 화성에서 물의 흔적은 찾았지만 아직까지는 직접적인 물과 생명체의 흔적은 찾지 못했다. 그런데 과학자들이 예상하던 '골디락스 존'이 아닌 바깥 영역에 속하는 목성의 위성에 녹아 있는 물이 대량으로 존재한다는 것은 앞으로의 생명체 탐사에서 매우 중요한 지점이다. 지금까지는 다른 별에서 외계 행성을 탐색할 때 물이 있을 법한 지구형 행성을 찾는 일이 중요했다. 그런데 목성의 위성에 물이 있다는 점만으로도 외계의 목성형 행성들을 다시 살펴봐야 하는 이유가 생긴 것이다. 그래서 반드시 탐사선을 보내 바다의 존재를 확인하고 이들이 어떤 상태인지를 알아내려고 한다.

그럼 이번 탐사선들은 어떻게, 어떤 것을 탐사할까? 직접 목성 위성의 바다를 들여다보지는 않는다. 위성들의 상공을 지나가며 지켜보는 미션을 수행하는데, 각각 10가지 기기를 탑재했다. 먼저 고성능 카메라는 위성들의 표면을 관측하게 된다. 표면은 겨울철 호수면같이 매끄럽게 얼어 있진 않다. 지하의 녹아 있는 물로 인해 얼음이 붕괴되어 생긴 크레바스 같은 협곡과 간헐천 등 분출구들, 운석이 떨어진 크레이터, 호수에 물이 얼 때 생기는 띠 모양의 금처럼 다양한 지형을 찾아볼 수 있다.

과학자들은 이러한 지형의 기원이 무엇인지 고성능 카메라로 촬영하여 연구하려 한다. 또한 이번 탐사가 아닌 다음에 얼음 아래 바다를 직접 살펴볼 계획을 세웠는데, 그때의 탐사선이 안전하게 표면에 착륙하고 탐사 로봇들을 얼음 아래 바다로 보내기 쉬운 곳을 찾아보는 것도 지형을 살피는 이유에 포함된다.

탐사선의 분광기들은 지표 밖으로 수증기 또는 물이 뿜어져 나오고 있는지 그리고 뿜어진 물질의 성분은 무엇인지 확인한다. 위성들의 얼음 아래 바다가 단순히 물이 녹아 있는 건지, 다양한 미네랄을 포함하는 물인지 확인하는 바는 이번 탐사의 매우 중요한 일이다. 위성들의 두꺼운 얼음은 그 아래에 존재하는 바다를 햇빛도 들지 않는 칠흑같이 어두운 곳으로 만든다. 만약 이곳에 생명체가 있다면 어떤 방법으로 에너지를 얻어 살까?

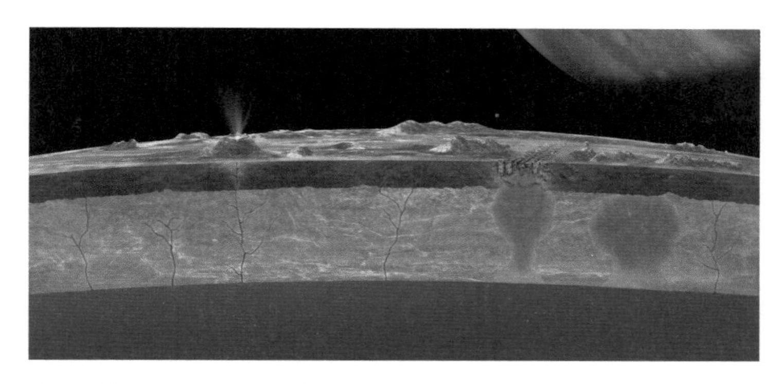

↑ 얼음 위성의 지표. 크레바스, 분출구, 크레이터 등을 확인할 수 있다.

이 답은 우리 지구의 깊은 바다 안 열수 분출공에서 찾을 수 있다. 심해의 열수 분출공은 지하 마그마에 의해 데워진 뜨거운 물이 미네랄을 많이 포함한 상태로 뿜어지는 곳인데 근처에서 많은 생명체를 찾을 수 있다. 열수 분출공 근처의 생명체들은 뜨거운 물과 미네랄 등을 이용하여 생태계를 유지, 번성시켰다. 만약 비슷한 환경이 얼음 위성들의 바다에 존재한다면 충분히 생명체가 살 수 있을 것이다. 이번 탐사에서 이를 직접 확인할 방법은 없기 때문에 분광기로 지표에 뿜어지는 물의 성분을 확인하여 지하 바다의 상태를 유추하게 된다.

얼음 아래 바다의 존재를 확인하는 방법은 분출되는 물로만 알 수 있는 것일까? 레이더를 사용하면 얼음 아래도 직접 살펴볼 수 있다. 지구의 남극대륙 위로는 두꺼운 얼음이 쌓여 있는데 과학자들은 얼음을 투과하는 레이더를 사용해 그 아래 지형이 어떤지를 알아냈다. 그래서 이번 탐사선들에도 얼음을 투과하는 레이더가 탑재되었는데 지하 9~30킬로미터 깊이까지의 얼음과 표면 근처의 녹아 있는 바다 상태 등을 직접 측정한다. 또한 중력과 자기장의 변화를 측정하는 장치들을 이용하여 지하 수십 킬로미터 얼음 아래 바다가 정확히 어디에 위치하며, 어떤 상태로 존재하는지 파악할 예정이다.

JUICE와 유로파클리퍼는 이러한 탐사 장비들로 얼음 위성의 바다를 살펴보는 비슷한 미션을 수행하는데, 조금 더 집중해서 관측하는 위성은 서로 다르다. JUICE는 가니메데 탐사를 진행하는데, 가니메데만 공전하면서 연구를 진행하여 지구의 달이 아닌 다른 행성의 위성을 공전하는 최초의 인공 물체가 된다. 유로파클리퍼는 유로파에 집중하여 50번 정도 저공으로 지나가며 탐사한다.

이렇게 얼음 위성을 관측한 탐사선들은 2035년 말에 JUICE, 2034년 말에 유로파클리퍼가 미션을 각각 종료하게 되고, 이후 모두 가니메데에 충돌하여 임무를 마친다. 그럼 목성의 위성들에는 이번을 마지막으로 더 이상 탐사선이 가지 않는 걸까? 앞서 설명했듯 이번 미션 가운데 미래의 탐사선이 직접 위성에 내려서 조사를 진행하도록 착륙지를 미리 촬영하는 계획이 있음을 우리는 안다. 즉, NASA에서는 다음 탐사로 유로파에 착륙하는 유로파랜더Europa Lander를 준비 중이다. 얼음 위에서 보는 것이 아닌, 내려서 얼음을 채취해 성분을 알아보고 가능하다면 얼음 아래 바다까지 직접 탐사하는 것을 목표로 한다.

만약 이번에 JUICE와 유로파클리퍼가 진짜로 생명의 흔적을 발견한다면, 조만간 직접적으로 생명체를 찾기 위해 얼음 아래 바다를 살펴볼 탐사선을 보내지 않을까? 그리고 정말 지구가 아닌 다른 곳에서 생명체를 발견한다면, 이 거대한 우주에 우리만이 아니라는 아주 중요한 점을 깨닫게 되지 않을까 생각한다. JUICE와 유로파클리퍼가 목성에 도착할 몇 년 뒤의 시간이 많이 기다려진다.

허블텐션

이재형

천문학

우리는 어디서 왔고, 우리는 무엇이며, 우리는 어디로 가는가.

_ 폴 고갱

인류가 지구 외의 천체에 처음 발을 디딘 지 반 세기, 그사이 다양한 연구와 기술 개발을 통해 차근차근 우주에 대한 우리의 지평을 넓혀가고 있다. 마침 2023년 8월, 인도의 찬드라얀 3호가 달 남극에 착륙하면서 우주 진출에 대한 기대감을 높였다. 또한 제임스웹우주망원경을 필두로 최신 망원경은 계속해서 우주의 놀라운 모습을 새롭게 보여주며 대중의 이목을 집중시키고 있다. 한국도 이러한 정세에 발맞춰 한국형 발사체, 다누리 탐사선 등으로 우주개발에 박차를 가하는 중이다.

그렇다면 우주를 연구하는 분야에는 어떤 것이 있을까? 우주와 연관된 산업이 늘어남에 따라 다양해졌지만 전통적으로는 크게 두 가지가 있다. 하나는 우주를 활용할 기술을 개발하는 우주과학이고 다른 하나는 우주와 천체, 그 자체를 연구의 대상으로 하는 천문학이다. 이 글에서는 후자에 대한 이야기를 다루려고 한다.

천문학의 세부 분야는 우주의 크기만큼이나 무궁무진하다. 우주에 있는 모든 것이 연구 대상이니 당연하다. 그럼 천문학자들은 이러한 다양한 연구를 통해 무엇을 알아내고 싶은 걸까? 이에 대한 답은 한국천문연구원 앞 비문에 새겨진 글이 압축해서 말해준다.

우리는 우주에 대한 근원적 의문에 과학으로 답한다.

사람에 따라 이견이 있겠지만 일반적으로 대중이 궁금해하는 '우주에 대한 근원적 의문'은 크게 두 가지로 귀결된다. 아마도 '우주의 시작과 끝은 무엇인가'와 '우리는 혼자인가'일 것이다. 우리에게 조금 더 익숙한 쪽은 《코스모스》의 주제인 두 번째 질문이겠지만 여기서는 전자에 대해 알아보려고 한다.

표준 우주론

우주의 규모와 역사는 우리의 인식 범위를 아득히 초월하기 때문에 시작과 끝을 직접 알 길은 없다. 대신 사람들은 우주에 대한 다양한 관측 결과를 바탕으로 이를 설명할 수 있는 이론인 우주론을 만들어 우주를 이해하고자 했다. 현재의 우주론은 우주가 한 점에서 시작했다는 빅뱅 이론이 기반이다. 1900년대 초까지 우주는 정적인 상태로 항상 같은 모습이라고 여겨졌다. 하지만 외부은하들을 관측해보니 거리가 멀수록 멀어지는 속도가 더 빨랐고, 우주가 팽창하고 있다는 허블-르메트르 법칙이 등장한다.

우주가 과거와 미래에 같은 규칙을 따른다고 가정했을 때 미래로 갈수록 우주가 커진다면 반대로 과거로 갈수록 우주는 점점 작아지게 된다. 그리고 어느 한 시점에는 우주가 한 점에 모여 있었을 것이라 추측할 수 있다. 당시로서는 파격적이고, '우주가 펑 하고 터졌다는 것인가Big Bang?'라는 비웃음을 샀지만 관측 자료가 늘어날수록 결과는 이를 지지했고 결국 '빅뱅 이론'이 전면에 등장하게 된다.

하지만 이 우주론에는 여전히 설명할 수 없는 부분이 있었는데, 이때 인플레이션 이론 등을 추가하며 빅뱅 이론을 보완해나가는 방향으로 발전해왔다. 관측 기술이 발전하면서 우주가 단순히 팽창하는 것이 아니라 시간이 흐를수록 팽창 속도가 더 빨라지는 가속 팽창을 한다는 것이 밝혀졌고, 이를 효과적으로 설명하기 위해 1990년대 말에는 무엇인지 정체를 알 수 없는 암흑물질과 암흑에너지가 도입되었다. 그리고 이들이 우주의 95퍼센트를 차지하는 ΛCDM 모델이 많은 관측 사실을 설명하면서 표준우주론으로 받아들여지고 있다.

그럼에도 여전히 ΛCDM 모델로 해결되지 않는 문제가 산재해 있다. 그리고 관측 기술이 고도화됨에 따라 설명이 어려운 부분은 더 두드러진다. 대표적인 것이 허블상수(H_0)의 측정값이다. 허블상수의 단위는 'km/s/Mpc'으로 1메가파섹($1Mpc = 3 \times 10^{19}km$) 거리의 은하가 멀어지는 속도를 뜻한다. 허블상수는 우주가 얼마나 빠르게 팽창하고 있는지 알려주고 역수를 취하면 우주의 나이를 나타내므로 우주의 팽창 역사를 담은 중요한 지표다. 허블이 처음 측정했을 시에는 500km/s/Mpc이었다가 관측 기술이 발달함에 따라 50~100km/s/Mpc의 값으로 통용되었다. 이후 2000년대에 들어서 다양한 방법으로 측정하면서 현재 67~75km/s/Mpc까지 낮아진 상태다.

허블상수를 측정하는 방법은 크게 두 가지다. 하나는 가까운 우주에서 거리와 속도를 정밀하게 측정하는 것이고, 다른 하나는 먼

우주(초기 우주)에서의 물질 분포와 현재의 분포를 비교하여 우주의 역사에 걸쳐 얼마나 확장되었는지를 측정하는 것이다.

허블상수 측정 방법 ❶ 우주 사다리

첫 번째 방법으로 허블상수를 구하는 단계는 다음과 같다.

1. 천체의 시선속도를 측정한다.
2. 천체의 거리를 측정한다.
3. 거리와 시선속도 사이의 관계를 구한다. 그래프에서 기울기가 허블상수가 된다.

허블상수를 구하는 전통적인 방법으로 천체까지의 거리를 정확하게 측정하는 것이 핵심이다. 어떠한 사물의 거리를 가장 정확하게 재는 방법은 당연하게도 잘 정의된 자를 이용하는 것이다. 하지만 물리적인 자는 일정 크기 이상 제작하는 것이 불가능하다. 그래서 사람들은 실체가 없는 자를 만들었다. 요즘은 측량할 때 빛을 이용하는 것을 쉽게 볼 수 있다. 빛의 속력은 진공상태에서 항상 속도가 일정하며, 지구를 1초에 7바퀴 반 돌 수 있기 때문에 지구 내에서는 매우 정밀한 거리 측정이 가능하다.

하지만 우주로 나가면 어떨까? 지구에서 가장 가까운 천체인 달까지는 빛의 속도로 1.2초가 걸린다. 이 정도면 그래도 무난하다. 실제로 달까지의 정확한 거리는 아폴로 미션 시 설치한 반사판에 레이저를 쏜 뒤 이 빛이 돌아오는 시간을 측정하여 알아내고 있다(이를 통해 달이 조석 진화에 의해 매년 약 3.8센티미터씩 멀어지고 있다는 것도 증명했다!). 달보다 먼 태양계 천체까지는 빛의 속도로 얼마나 걸릴까? 태양까지는 약 8분 20초가 걸리고 화성이 가장 멀리 있을 때는 20분, 태양계 행성 중 가장 먼 해왕성은 4시간이 넘게 걸린다. 그나마 태양계 내에서는 하루 안에 신호를 주고받을 수 있으니 해봄 직하다. 하지만 태양계 밖으로 나가면 가장 가까운 별은 약 4광년 떨어져 있다. 오늘 신호를 보내도 왕복 시간을 고려하면 8년 후에나 회신을 받을 수 있는 것이다.

은하 단위로 나가면 우리은하의 형제 안드로메다은하는 250만 광년 떨어져 있다. 운 좋게 신호를 주고받더라도 먼 후손이 받게 될 것이다. 문제는 또 있다. 아주 강력한 레이저를 쏘아도 우리 쪽으로 다시 돌아오려면 반드시 적절한 각도의 반사판이 필요한데 먼 천체에 이것을 설치하는 것은 불가능하다. 따라서 우주에서 자를 이용하는 방법은 일찌감치 포기하도록 한다.

그렇다면 다른 방법은 무엇이 있을까? 바로 기하학을 이용하는 것이다. 고등학교 과학 시간에 연주시차라는 개념이 등장하는데 이것이 대표적인 기하학적 접근 방법이다. 지구가 공전함에 따라 비교적 가까운 별은 멀리 있는 배경 별에 대해 위치가 달라져 천구에 투영된다. 기차를 타고 갈 때 멀리 있는 산은 멈춰 있는 것처럼, 가까운 나무는 매우 빠르게 움직이는 것처럼 보인다. 내가 움직였을 때 대상을 보는 시야각이 가까울 때 더 많이 변하기 때문이다. 마찬가지로 지구가 공전해서 위치가 바뀔 때 가까운 별은 시야각이 많이 변하고 멀리 있는 별은 미세하기 달라져 천구상에서 가까운 별의 위치가 이동하는 것처럼 보인다. 이 달라지는 각도를 재면 삼각함수를 이용하여 별까지의 거리 측정이 가능하다. 하지만 멀리 있는 천체일수록 이 각도가 작아지면서 측정하는 일이 점점 묘연해진다. 따라서 이 연주시차를 이용한 방법도 우주론적 거리 측정에는 부적합하다.

하지만 기하학은 여전히 거리를 재는 데서 강력한 도구다. 예를 들어 메이저를 이용하면 멀리 떨어진 천체의 거리도 측정할 수 있다. 메이저는 마이크로파 영역의 레이저이므로 전파망원경으로 관측이 가능하다. 전파망원경은 간섭계VLBI를 활용하여 광학망원경에 비해 매우 정밀한 분해능을 얻을 수 있는 장점이 있기 때문에 메이저 관측을 통해 천구상에서 미세한 거리의 측정이 가능해진다. 대표적으로 NGC 4256(M106) 은하의 거리가 이와 같은 방법으로 측정되었다. NGC 4256의 중심부에는 블랙홀 원반에 위치한 메이저가 관측되는데, 블랙홀 원반의 크기는 질량에 따라 결정되므로 블랙홀 중심에서 원반까지의 물리적인 거리는 간단한 계산으로 알 수 있다. VLBI 관측으로 은하 중심부와 메이저 사이의 각거리 측정을 하면 한 변의 길이와 두 꼭지점의 각도를 알 수 있으므로 하나의 삼각형이 정의되고 각 변의 길이도 정확하게 알 수 있다. 특히 NGC 4256은 망원경을 통해서 개개의 별을 관측할 수 있기 때문에 아래에서 언급할 별을 이용한 거리 측정 방법을 검증하는 데에도 큰 역할을 한다.

마지막으로 소개할 방법은 별의 특성을 이용한 것으로, 가장 많이 활용된다. 우주에서 오는 빛의 대부분은 별에서 발생하고, 별은 정해진 물리법칙에 따라 빛을 낸다. 따라서 우리가 관측하는 별이 어떤 별인지만 알아낼 수 있으면 그 별에서 내는 정확한 에너지량을 알아낼 수 있다. 대표적으로 활용되는 별은 세페이드 변광성, TRGB, Ia형 초신성으로 이들은 절대등급이 잘 알려져 있으며 거의 일정하다. 세페이드 변광성과 TRGB는 개수가 많아 관측이 용이하지만 밝지 않기 때문에 일정 거리 이상을 측정하기는 어렵다. 이와 달리 Ia형 초신성은 별 하나가 은하 전체가 내뿜는 에너지를 내므로 아주 먼 거리에서 측정이 가능하여 거리를 잴 때 가장 강력한 도구다. 하지만 언제 어디서 관측할 수 있을지 알 수 없는 한계가 있다. 최근에는 관측 기술이 발달하여 전체 하늘을 24시간 모니터링하며 초신성이 터지는 것을 주목하고 있다.

속도는 상대적으로 측정하기가 수월하다. 천체의 시선방향 속도는 분광 관측을 했을 때 나타나는 선스펙트럼으로 알아낼 수 있다. 선스펙트럼은 원자를 구성하는 전자가 바닥상태와 들뜬상태를 오갈 때 에너지(빛)를 내거나 흡수하면서 생긴다. 각 원소의 원자가 보유할 수 있는 전자의 수와 에너지준위가 정해져 있기 때문에 같은 원소는 항상 같은 파장대에서 선이 관측된다. 그런데 관측하는 원자가 빠르게 움직이면 문제가 발생한다.

구급차의 사이렌 소리가 접근할 때와 멀어질 때를 비교해보면 전자일 때 더 높은 소리가 나고 시끄럽게 느껴진다. 이것은 다가오는 파동은 파장이 짧아지고(높은 소리), 멀어지는 파동은 파장이 길어지는(낮은 소리) 도플러효과 때문이다. 빛도 파동의 성질을 가지고 있으므로 마찬가지 현상이 일어나며, 다가올 때는 실제보다 파장이 짧은 푸른빛으로, 멀어질 때는 파장이 긴 붉은빛으로 보인다. 따라서 실험실과 천체에서 측정한 원소의 선스펙트럼 위치를 비교하면 이 천체가 우리의 시선방향으로 얼마나 빠르게 다가오고 멀어지는지 알아낼 수 있다. 따라서 천체가 분광이 가능한 수준의 밝기를 가졌다면 속도 측정에는 큰 변수가 없다.

이렇게 은하까지의 거리와 시선속도로 도출된 허블상수는 가장 최신 값으로 H_0=73.04±1.04km/s/Mpc을 제시하고 있다.

허블상수 측정 방법 ❷ 우주배경복사

허블상수를 측정하는 두 번째 방법은 아래와 같다.

1. 우주배경복사가 출발했을 당시의 음향밀도파 크기sound horizon size를 정의한다.
2. 우주의 시간대에 따라 이 크기를 측정한다.
3. z=0(현재)에서의 값을 도출한다.

우주를 전파로 보면 모든 방향에서 약 2.7K 온도의 21센티미터 수소선이 관측된다. 이것을 우주배경복사라고 하며 우주가 등방하고 균일하다는 빅뱅 이론의 예측에 부합한다. 우주배경복사는 우리가 볼 수 있는 가장 오래된 빛이므로 이때부터 더 이상 스스로 멀어지지 않는 초기 우주의 흔적이 있다면 이후에 멀어진 거리는 우주 팽창에 의한 것이라고 볼 수 있다. 우주 초기 고온의 플라스마는 미세한 요동을 일으켰는데 이 파동을 따라 물질들이 이동했다. 그러다가 급격하게 우주의 온도가 식으며 물질들이 그 위치에 멈추게 되는데 이 흔적을 BAObaryonic acoustic oscillation라고 부르며, 현재 은하들이 이루는 거대 구조에도 영향을 미친다.

일정 범위 안에 있는 은하끼리 서로의 거리를 모두 구하여 히스토그램을 그리면 특정 거리에서 수가 늘어나는데 이것이 그 시점에서의 음향밀도파 크기가 된다. 이것을 과거에서부터 현재까지 모두 구하면 우주가 어떻게 팽창해왔는지 파악할 수 있다. WMAP과 Planck는 우주배경복사에서 우주 초기의 미세한 요동을 관측하는 것을 주요 목적으로 하며, 가장 최근 도출한 허블상수 측정치는

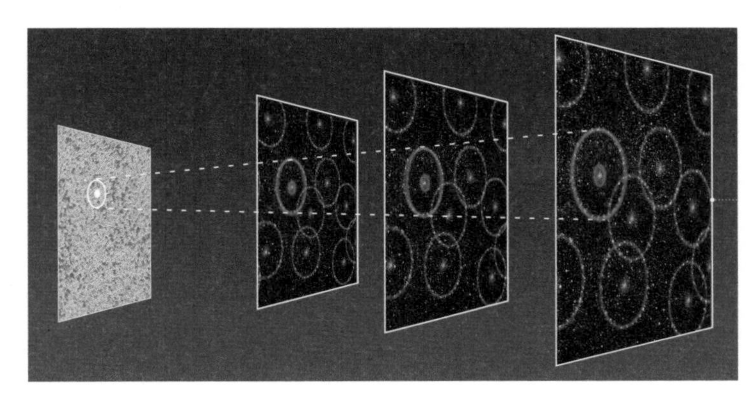

⇡ BAO 개념도.

$H_0 = 67.66 \pm 0.42 km/s/Mpc$이다.

허블텐션

위 두 방법으로 구한 허블상수는 완전히 독립적인 측정으로 서로 영향을 끼치지 않는다. 문제는 두 측정값이 일치하지 않는다는 것인데, 이것을 허블상수를 둘러싼 논쟁이란 의미에서 허블텐션이라고 부른다. 물론 초기에 측정했던 값에 비하면 이 정도 차이는 큰 문제가 아니라고 생각할 수 있다. 실제로 초기에는 각각의 측정값에 오차가 커서 오차 범위 내에서 용인할 수 있는 수준이었고, 기술이 개선되고 자료가 쌓이면 둘 차이가 점점 한 점으로 수렴할 것이라 생각했다. 하지만 관측을 거듭할수록 둘의 차이는 명확해졌고 현재에 와서는 5σ(시그마) 이상 차이가 나면서 완전히 다른 값을 주장하고 있다.

각각의 그룹은 자신의 측정치가 맞는다고 말하며, 이러한 팽팽

한 줄다리기는 2010년 Planck 위성의 결과가 나오며 더 격화되었다. 이후 다양한 방면으로 교차 검증이 이루어졌음에도 타협점은 보이지 않는 상황이다. 이에 일각에서는 ΛCDM 모델의 근간인 암흑물질과 암흑에너지에도 의문을 갖기 시작했다. 대표적인 암흑물질의 대체 이론인 MOND Modified Newtonian Dynamics는 꾸준히 연구되고 있으며, 암흑에너지가 아닌 제5의 힘을 주장하는 이론도 고개를 들었다. 물론 이러한 대체 이론들은 ΛCDM 모델이 설명하지 못하는 일부 현상에 잘 들어맞기는 하지만 다른 사안까지 확장되고 있지는 못하다.

하지만 분명 허블텐션은 현실이며 기존의 이론만으로는 설명할 수 없는 지적 구멍이 있는 상황이다. 이를 헤쳐 나가며 ΛCDM 모델이 더욱 공고한 입지를 다질지, 새로운 물리 이론이 나올지 기대되는 국면이라고 할 수 있다. 이에 대한 답을 얻기 위해 다양한 차세대 관측 장비도 속속 준비 중이다. 제임스웹우주망원경을 비롯하여, 2023년에는 유럽우주국의 유클리드가 발사되었고, NASA에서도 로만우주망원경을 추가로 발사할 예정이다. 지상에는 20~30미터급 망원경이 3기 건설 중이며, 루빈천문대 역시 방대한 측광 자료를 수집할 준비를 하고 있다. '우리가 어디에서 왔고 어디로 가는지' 더욱 흥미진진해진 우주 진화 이야기에 주목해보도록 하자.

목성과 토성의 위성 경쟁

박대영

천문학

2023년 10월 말 기준, 국제천문연맹International Astronomical Union, IAU 산하 소행성센터Minor Planet Center, MPC에 공식적으로 등록된 목성과 토성 위성은 각각 95개와 146개다. 태양계 8개 행성에 속한 위성이 모두 285개니 두 행성은 전체의 약 85퍼센트에 해당하는 위성을 보유하고 있는 셈이다.

수많은 위성을 거느리고 있는 행성답게 두 행성 간 위성 발견 경쟁은 치열했다. 17세기 초반 갈릴레이Galileo Galilei의 목성 위성 발견과 17세기 중반 하위헌스Christiaan Huygens의 토성 위성 발견으로 촉발된 위성 경쟁은 지금까지 400년 넘게 이어지고 있다. 특히 21세기 이후 관측 장비와 기술 발전에 힘입어 새로운 위성이 무더기로 발견되면서 두 행성 사이의 경쟁은 엎치락뒤치락 역전에 역전을 거듭 중이다.

위성의 정의

'위성natural satellite'이란 행성이나 왜소행성 또는 소행성 둘레

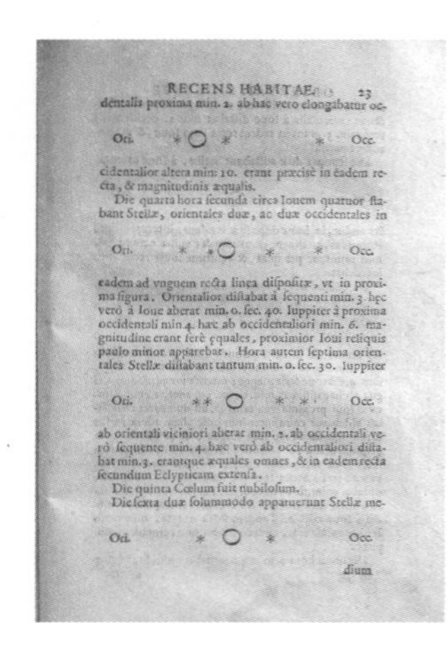
RECENS HABITAE. 23

dentalis proxima min. 2. ab hac vero elongabatur oc-

Ori. * ○ * * Occ.

cidentalior altera min: 10. erant præcisè in eadem re-
cta, & magnitudinis æqualis.

Die quarta hora ſecunda circa Iouem quatuor ſta-
bant Stellæ, orientales duæ, ac duæ occidentales in

Ori. * *○ * * Occ.

eadem ad vnguem recta linea diſpoſitæ, vt in proxi-
ma figura. Orientalior diſtabat à ſequenti min. 3. hęc
verò à Ioue aberat min. 0. ſec. 40. Iuppiter à proxima
occidentali min 4. hæc ab occidentaliori min. 6. ma-
gnitudine erant ferè ęquales, proximior Ioui reliquis
paulo minor apparebat. Hora autem ſeptima orien-
tales Stellæ diſtabant tantum min. 0. ſec. 30. Iuppiter

Ori. ** ○ * * Occ.

ab orientali viciniori aberat min. 2. ab occidentali ve-
rò ſequente min. 4. hæc verò ab occidentaliori diſta-
bat min. 3. erantque æquales omnes, & in eadem recta
ſecundum Eclypticam extenſa.

Die quinta Cœlum fuit nubiloſum.

Die ſexta duæ ſolummodo apparuerunt Stellæ me-

Ori. * ○ * Occ.

dium

⋯ 갈릴레이가 1610년에 출판한 《별 메신저》. 그는 이 책에서 목성을 도는 4개의 천체를 '메디치의 별'이라고 표현했다.

를 도는 천체를 말한다. 태양계는 수성과 금성을 제외한 모든 행성에 위성이 있다. 지구를 도는 달을 포함해 현재까지 공식적으로 확인된 행성 위성 수는 모두 285개다. 행성 외에도 명왕성, 에리스**Eris**, 하우메아**Haumea**, 마케마케**Makemake**, 콰오아**Quaoar** 등 왜소행성과 디디모스**Didymos**, 이다**Ida** 등과 같은 소행성에도 위성이 발견되었다. 2023년 10월 말 기준, 이들 천체를 돌고 있는 위성 수는 공식적으로 모두 524개다.

위성을 뜻하는 또 다른 용어인 '달**moon**'은 지구의 달에서 유래했다. 천동설적 우주관을 가졌던 16세기까지만 해도 달은 행성과 같은 지위로 취급됐다. 따라서 현대의 '위성=달'이라는 개념은 존재하지 않았다. 달이 지구의 위성이라고 인식했던 최초의 사람은 코페르니쿠스**Nicolaus Copernicus**였다. 그는 1543년 뉘른베르크에서 출판한 《천구의 회전에 관하여**De revolutionibus orbium coelestium**》에서 지동설적 관점으로 달의 운동을 설명하면서 위성의 개념을 도입했다. 하지만 현대적 개념인 '큰 천체를 도는 작은 천체'의 의미로 위성이라는 용어를 처음 사용한 사람은 케플러**Johannes Kepler**였다. 갈릴레이는 자신이 발견한 천체에 대해 위성이라고 부르지 않았지만, 케플러는 1610년에 발표한 소논문에서 갈릴레이가 발견한 천체를 위성이라고 명확히 표기했다.

엎치락뒤치락 경쟁의 역사

1610년 1월, 갈릴레이는 자신이 직접 만든 망원경을 사용해 우연히 목성에서 가니메데Ganymede, 이오Io, 칼리스토Callisto, 유로파Europa 등 4개의 위성을 발견했다. 그의 목성 위성 발견은 목성 바깥을 도는 또 다른 행성 토성에도 위성이 존재할 수 있음을 의미했다. 수학자이자, 광학자, 천문학자였던 네덜란드의 하위헌스가 50배율짜리 굴절망원경을 사용해 토성 고리 주변에서 첫 번째 위성 타이탄Titan을 발견한 것은 갈릴레이 위성이 발견된 지 45년이 지난 1655년 3월 15일이었다. 이 발견은 두 행성 간 경쟁의 서막을 알리는 출발점이 되었다.

최초 위성은 목성에서 발견되었으나 초기 위성 발견 경쟁에서 한발 앞서 나간 것은 토성이었다. 카시니Giovanni Cassini가 1671년에 이아페투스Iapetus를 발견한 것을 시작으로 1672년에 레아Rhea, 1684년에 테티스Tethys와 디오네Dione 등 4개를 추가로 발견해 토성 위성이 5개로 늘었기 때문이었다. 이후에도 1789년 2개, 1848년 1개, 1899년 1개 등 20세기 이전까지 토성에는 모두 9개의 위성이 발견되어 1892년이 돼서야 5번째 위성이 발견된 목성을 여유 있게 따돌렸다. 토성은 17세기 중반에서 19세기 말까지 약 250년간 위성 최다 보유 행성 지위를 유지했다.

20세기 초, 목성에서도 속속 새로운 위성이 발견되면서 상호 경쟁이 다시 시작되었다. 페리네Charles Dillon Perrine는 1904년과 1905년에 목성에서 6번째와 7번째 위성 히말리아Himalia와 엘라라Elara를 발견했고, 멜롯Philibert Jacques Melotte은 1908년에 8번째 위성 파시파에Pasiphae를 발견했다. 6년 후인 1914년 7월 21일, 니콜슨Seth Barnes

Nicholson이 9번째 위성인 시노페Sinope를 발견하면서 오랜 기간 2인자에 머물던 목성이 토성과 동률을 이루게 되었다. 거기에 그치지 않고 니콜슨은 24년 후인 1938년 7월 6일과 30일, 윌슨산 천문대에서 목성의 10번째 위성 리시테아Lysithea와 11번째 위성 카르메Carme를 연속으로 발견했다. 마침내 목성은 1684년 이후 처음으로 토성과의 경쟁에서 앞서며 태양계 최다 위성 보유 행성의 지위를 차지하게 되었다. 이후 1979년까지 목성에서 6개의 위성이 추가로 발견되어 모두 17개가 되었고 토성에서는 1898년 9번째 위성 발견 이후 약 70년 만에 2개가 새로 발견되어 11개의 위성을 거느린 행성이 되었다.

토성이 다시 추격의 고삐를 당긴 것은 1980년에 6개의 위성이 한꺼번에 발견되면서부터다. 1980년 3월, 픽 뒤 미디 천문대의 라케스Pierre Laques와 르카슈Jean Lecacheus가 12번째 위성인 헬레네Helene를 발견했고 파스쿠Dan Pascu 등은 13번째 위성 칼립소Calypso를, 4월에는 스미스Bradford A. Smith 등이 14번째 위성 텔레스토Telesto를 발견했다. 한편 그해 10월, 토성에 접근한 무인 우주탐사선 보이저 1호도 아틀라스Atlas, 프로메테우스Prometheus, 판도라Pandora 등 3개의 위성을 연속으로 발견함으로써 두 행성 간 위성 수는 17개로 다시 균형을 이루게 되었다. 이후 약 10년간 새로운 위성이 발견되지 않으면서 잠시 쉬어가던 경쟁은 1990년 7월 보이저 2호가 촬영한 사진에서 18번째 토성 위성 판Pan이 발견되면서 다시 토성의 우위로 돌아섰다.

새로운 위성 발견의 시대

2000년은 목성과 토성 위성 발견에 있어서 전환점이 된 해였다. 필름에 비해 월등히 뛰어난 감도와 넓은 시야를 가진 CCD('CCD Charge Coupled Device', 즉 전하결합장치는 뛰어난 양자 효율과 선형적 정보 저장성, 사용의 편리성으로 필름 건판을 대신해 천문 관측에서 광범위하게 사용되는 디지털 이미지 검출 장치로, 현재 디지털카메라 등에 폭넓게 사용되고 있다) 카메라를 사용한 집중 탐색 관측이 수행되면서 목성과 토성으로부터 멀리 떨어져 있는 불규칙 위성과 크기가 작아 발견하기 어려웠던 위성들이 무더기로 발견되었기 때문이었다.

2000년 11월에 위성 사냥꾼으로 잘 알려진 셰퍼드Scott Sheppard와 그의 동료 주윗David Jewitt은 마우나케아에 있는 하와이대학 2.2미터 UH88 망원경과 8K CCD 카메라를 사용해 목성에서 10개의 새로운 위성을 한꺼번에 발견했다. 그리고 이들 중 1개가 공식적으로 등록돼 목성 위성은 토성과 같은 18개가 되었다. 한편 같은 해 글래드먼Brett Gladman 관측팀은 캐나다-프랑스-하와이 3.6미터 CFHT 망원경을 사용해 토성에서 위성 11개를 발견했고, 홀맨Matthew Holman이 갈리아 그룹(토성의 불규칙 위성 중 토성과 같은 방향으로 공전하는 위성 그룹 중 하나)을 대표하는 알비오릭스Albiorix를 발견하는 등 2000년에만 12개의 새로운 토성 위성이 발견되었다. 이로써 토성 위성 수는 모두 30개가 되어 목성의 18개를 여유 있게 따돌렸다. 하지만 목성도 곧바로 반격을 시작했다. 셰퍼드와 주윗은 2001년 12월에 CFHT 망원경을 사용해 11개의 목성 위성을 발견했으며 2002년 10월에 1개, 2003년 2월에도 18개를 추가로 발견했다. 그뿐만 아니라 글래드먼 관측팀도 CFHT 망원경을 사용해 목성에서 4개의 위성을 독자적으로 발견하고 셰퍼드와 공동으로 2개의 위성을 추가로 발견했다. 2000년부터 2003년 사이, 4년 동안 무더기로 발견된 목성 위성은 모두 46개였으며 이 중 1개(S/2003 J24로 2021년에 목성 위성으로 등록되었다)를 제외한 45개가 소행성센터에 순차적으로 등록돼 2004년 기준 목성 위성은 63개가 되어 다시 토성을 여유 있게 앞질렀다.

토성의 추격은 2003년부터 다시 시작되었다. 2003년에 셰퍼드 관측팀이 새로운 위성 1개를 발견한 것을 시작으로 2004년에 무려 48개의 위성을 무더기로 발견했다. 또한 카시니 탐사선도 토성 근처에서 3개의 위성을 추가로 찾음으로써 2004년에만 모두 51개의 위성이 발견되었다. 다만 2004년에는 카시니 탐사선이 발견한 3개의 위성만이 공식적으로 등록되어 목성과의 격차를 좁히지는 못했다. 이후 토성에서는 2005년 3개, 2006년 19개, 2007년 9개, 2008년과 2009년 각각 1개씩을 새롭게 발견되는 등 5년 사이 모두 33개가 추가되었다. 2003년부터 2009년까지 토성에서 발견된 위성은 총 85개였으며 이 중 32개가 공식적으로 등록되어 63개인 목성을 1개 차이로 추격했다.

추격을 허용했던 목성은 2010년 베일렛Christian Veillet과 제이콥슨Robert Jacobson 등에 의해 각각 1개, 셰퍼드 관측팀에 의해 2011년 3개, 2016년 4개, 2017년 9개, 2018년 4개 등 꾸준히 숫자를 늘렸다. 이 기간에 발견된 22개 위성 중에서 16개가 추가로 등록되어 목성은 모두 79개의 위성을 거느린 대식구가 되었다. 목성은 2010년부터 2018년까지 새로운 위성 발견이 없었던 토성을 17개 차이로 따돌렸고, 2002년부터 2018년까지 최다 위성 보유 행성의 지위를 유지했다. 하지만 애슈턴Edward Ashton 관측팀이 토성 주변에서 2019년에 21개, 2020년에 10개 등 31개의 위성을 새로 발견했고 그중 20개의 위성이 공식적으로 등록되어 토성은 82개의 위성을 가진 최다 위성 보유 행성으로 또다시 등극했다. 목성으로부터 빼앗겼던 왕좌의 지위를 21년 만에 되찾게 된 순간이었다. 그러자 2021년과 2022년에 셰퍼드가 목성에서 9개의 위성을 새롭게 발견했고, 2023년 2월에는 이전에 발견되었으나 공식적으로 궤도가 확인되지 않았던 위성 13개(2023년 2월에 공식적으로 등록된 13개 목성 위성은 셰퍼드가 2016년에 발견한 2개, 2018년에 발견한 2개, 2021년에 발견한 6개, 2022년에 발견한 3개의 위성이다)가 추가로 등록되면서 목성은 95개로, 83개의 토성을 다시 앞질렀다. 그러나 1등의 순간은 잠시였고, 토성 또한 그동안 등록되지 못했던 63개(2023년 5월에 새롭게 추가된 토성 위성 63개는 셰퍼드가 2004년에 발견했던 15개의 위성과 2005년에 발견한 2개, 2006년에 발견한 11개, 2007년에 발견한 5개의 위성과 애슈턴이 2019년에 발견한 20개, 2020년에 발견한 10개의 위성이 포함된 것이다) 위성이 2023년 5월 소행성센터 전자 공람에 게시됨으로써 토성은 3개월 만에 위성 최다 보유 행성의 지위를 되찾았다.

위성 발견과 공식 등록

초기 목성과 토성 위성의 발견은 천체망원경을 이용한 육안 관측으로 이루어졌다. 하지만 육안 관측은 정밀도가 떨어지고 관측 가능한 등급에 한계가 있어 19세기 말 사진 촬영에 의한 관측을 수행하기 전까지 목성은 5개, 토성은 8개의 위성만이 발견됐다. 천체망원경에 사진 건판을 사용하면서부터 더 어두운 위성을 찾을 수 있었는데 2000년대 고감도 광시야 CCD를 사용하기 전까지 20개의 위성을 추가로 발견되었다. 무인 탐사선에 의한 발견은 보이저호와 카시니호에 의해 모두 13개가 있었다. 가장 많은 발견은 2000년대 들어 카이퍼벨트 내 해왕성 통과 천체Trans-Neptunian object, TNO를 탐색하는 과정에서 이루어졌다. 고감도 광시야 CCD 카메라와 적응광학Adaptive Optics,• 시프트 앤드 스태킹Shift & Stacking•• 등의 촬영 기법으로 24등급보다 어두운 지름 2~3킬로미터의 위성을 다수 발견할 수 있었다.

| 관측 방법에 따른 위성 수 |

행성	육안	사진 건판	CCD 카메라	탐사선
목성	5	13	74	3
토성	8	7	121	10
합계	13	20	195	13

⇡ 목성의 바깥 위성과 궤도.

새로운 위성이 발견되면 후속 관측을 통해 위성인지 아닌지에 대한 검증 과정이 진행된다. 위성의 이동 방향과 속도, 위치, 겉보기

• 별빛은 지구 대기를 통과하면서 산란되고 흔들리는데 이는 정밀한 관측에 방해가 된다. 적응광학은 레이저 빔을 사용해 대기의 상태를 파악해 보정해주는 장치다.

•• 움직이는 천체의 이동 방향으로 여러 장의 사진을 촬영한 후 하나로 합치는, 어두운 천체를 밝게 찍는 기법이다.

밝기 등 수집된 관측 자료를 사용해 궤도요소•를 구하고 새로 발견된 천체가 계산을 통해 얻은 궤도를 따라 이동하는지 확인한다. 이후 여러 관측자의 추가 관측과 궤도요소 보정을 통해 최종 궤도가 확정되면 공식적인 이름을 부여하고 위성으로 등록한다. 모행성과 같은 방향으로 공전하면서 궤도경사각이나 이심율이 크지 않으면 검증 작업이 빨리 이루어져 발견부터 등록 기간까지의 시간이 짧다. 그러나 위성이 모행성으로부터 멀리 떨어져 있고 긴 타원형 궤도를 갖는 등 복잡한 궤도요소를 가지면 발견부터 확인 과정이 매우 오래 걸릴 수도 있다. 일례로 셰퍼드가 2004년부터 2007년 사이에 발견했던 위성 33개는 2023년이 되어서야 공식적으로 소행성센터에 등록될 정도였다.

목성과 토성 위성의 종류

목성을 도는 95개 위성 중 8개는 규칙 궤도 위성, 87개는 불규칙 궤도 위성으로 분류된다. 규칙 궤도 위성은 크기가 크며 목성과 같은 방향으로 공전을 한다. 또한 원형에 가까운 궤도를 돌고 목성 적도에 대해 궤도경사가 거의 수평이다. 이런 이유로 인해 목성이 만들어지면서 함께 생성된 것으로 추정한다. 4개의 갈릴레이 위성과 메티스Metis, 아드라스테아Adrastea, 아말테아Amalthea, 테베Thebe 등 목성 안쪽 궤도를 도는 4개가 여기에 포함된다.

불규칙 궤도 위성은 대부분 크기가 작고 목성 적도 궤도면으로

• 특정 궤도를 도는 천체의 궤도를 결정하기 위해 필요한 변수를 말한다. 이심률(e), 궤도 장반경(a), 근일점 편각(ω), 평균 근점이각(M), 궤도경사각(i), 승교점 경도(Ω) 등의 요소로 구성되어 있다.

부터 멀리 떨어져 있으며 길쭉한 공전궤도를 가진다. 공전 방향과 분포 위치 등 궤도의 특성에 따라 유사한 그룹으로 분류하고 가장 큰 위성을 대표하여 그룹명을 짓는다. 불규칙 궤도 위성은 소행성이나 혜성이 목성 궤도에 포획되었거나 상호 충돌로 작게 부서져 만들어졌을 것으로 추정한다.

| 목성 위성의 분류 |

구분	종류	공전 방향	위성 수	특징 및 분포 위치
규칙 궤도 위성	갈릴레이 위성 Gallean	순행	4	목성 위성 전체 질량의 99.997% 차지
	아말테아 그룹 Amalthea Group	순행	4	목성 안쪽 궤도에 위치
불규칙 궤도 위성	히말리아 그룹 Himalia Group	순행	9	궤도 장반경 1,100~1,200만km, 궤도경사 27~29°, 이심률 0.1~0.21°
	카르포 그룹 Carpo Group	순행	2	궤도 장반경 1,600~1,700만km, 궤도경사 44~59°, 이심률 0.19~0.69°
	테미스토 Themisto	순행	1	불규칙 위성 중 가장 안쪽 궤도를 돌며 그룹으로 분류되지 않은 위성
	발레투도 Valetudo	순행	1	불규칙 순행 위성 중 가장 바깥쪽 궤도를 도는 위성
	카르메 그룹 Carme Group	역행	30	궤도 장반경 2,200~2,400만km, 궤도경사 164~166°, 이심률 0.25~0.28°
	아나케 그룹 Anake Group	역행	26	궤도 장반경 1,900~2,200만km, 궤도경사 144~156°, 이심률 0.09~0.25°
	파시파에 그룹 Pasiphae Group	역행	18	궤도 장반경 2,200~2,500만km, 궤도경사 141~157°, 이심률 0.23~0.44°

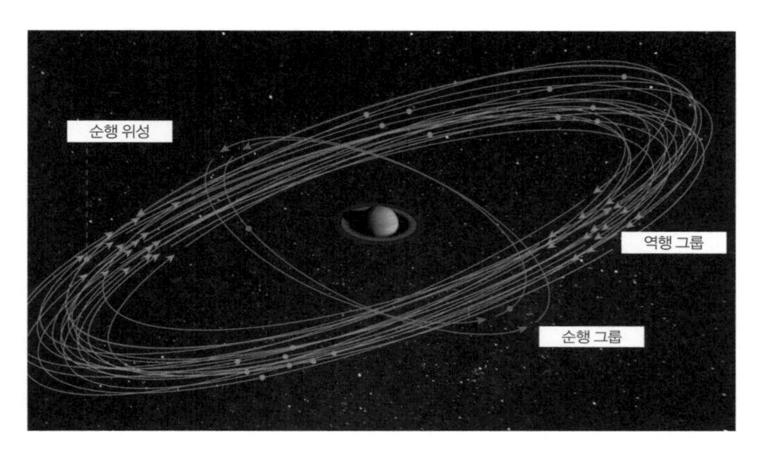

↑ 토성 위성과 궤도 분포.

토성 위성 역시 목성과 비슷하게 공전 방향, 위치, 이심률, 궤도 장반경 등의 특성에 따라 분류한다. 단, 목성처럼 종류별 구분이 명확하지는 않다. 초기에 발견되었던 타이탄, 레아, 디오네, 테티스 등과 같은 대부분의 큰 위성은 토성 E고리를 경계로 내부와 외부 거대 위성으로 구분한다. 2000년대 이후 발견된 작고 어두운 위성은 거의 불규칙 궤도 위성으로 토성과 반대 궤도를 도는 노르드 그룹Norse Group이다. 이들 위성은 13~16등급 사이의 겉보기등급을 가지고 있다. 단, 불규칙 궤도 위성 중 이누이트 그룹Inuit Group과 갈리아 그룹Galic Group은 토성과 같은 방향으로 공전한다.

| 토성 위성의 분류 |

종류	구분	공전 방향	위성 수	특징 및 분포 위치
규칙 궤도 위성	고리 소위성 Ring Moonlets	순행	1	토성 B고리에서 발견된 매우 작은 위성
	목동 위성Shepherd Satellites	순행	4	토성 고리 내외를 넘나드는 작은 위성
	공동 궤도 위성 Co-orbitals	순행	2	궤도를 서로 공유하며 도는 위성
	거대 내위성 Inner Large	순행	4	토성 E고리 안쪽을 도는 거대 위성
	알키온 위성Alkyonides	순행	3	미마스와 엔켈라두스 사이 궤도를 도는 위성
	트로이 위성 Trojan	순행	4	테티스와 디오네의 라그랑주점(L4)에 위치한 위성
	거대 외위성 Outer Large	순행	4	토성 E고리 바깥을 돌고 있는 거대 위성
	이누이트 그룹 Inuit Group	순행	13	궤도 장반경 1,100~1,800만km, 궤도경사 40~50°, 이심률 0.15~0.48°
불규칙 궤도 위성	갈리아 그룹 Galic Group	순행	9	궤도 장반경 1,600~1,900만km, 궤도경사 35~40°, 이심률 0.53°
	노르드 그룹 Norse Group	역행	100	궤도 장반경 1,200~2,400만km, 궤도경사 136~175°, 이심률 0.13~0.77°
	특이 순행 위성	순행	2	불규칙 위성 중 이누이트와 갈리아 그룹에 속하지 않은 순행 위성

더 작은 위성 탐색과 앞으로의 경쟁

2000년부터 시작된 광시야 CCD 탐색은 목성이나 토성으로부터 멀리 떨어져 있으며 크기가 작아 관측이 어려웠던 수많은 불규칙 궤도 위성을 발견하는 계기가 되었다. 셰퍼드, 글래드먼, 애슈턴과 같은 전문 위성 사냥꾼들이 사용한 장비는 구경 2미터에서 8미터 망원경•과 가시광 영역 카메라였다. 이들은 목성 지름 2킬로미터 이상, 토성 지름 3킬로미터 이상 되는 불규칙 궤도 위성 200여 개를 찾아냈다. 나아가 이들은 현재 발견된 불규칙 궤도 위성보다 최소 10배에서 최대 100배까지 더 많을 것으로 추정되는 작고 찾기 어려운 위성을 탐색할 생각을 한다. 하지만 현재 이들의 도전은 관측 장비의 한계에 부딪히고 있다.

현재 칠레에 건설 중인 루빈천문대Vera C. Rubin Observatory는 구경 8.4미터 망원경과 40개의 보름달이 들어갈 수 있는 초광각 CCD가 장착될 예정이다. 이 시스템을 사용한다면 최대 24.5등급까지 관측할 수 있어 목성 주변을 돌 것으로 추정되는 지름 1킬로미터 미만의 작은 불규칙 궤도 위성 탐색이 가능하게 된다. 또한 NASA에서 추진 중인 2.4미터 크기 로만우주망원경Roman Space Telescope은 적외선 영역에서 겉보기등급 27.7에 해당되는 지름 0.3킬로미터 크기 위성 1,000여 개를 찾아낼 수 있을 것으로 추정된다.

애슈턴은 지름 약 2.8킬로미터 크기 수준에서 목성과 토성의 불규칙 궤도 위성 분포를 시뮬레이션해본 결과 토성이 목성보다 3배 이상 많은 불규칙 궤도 위성을 거느리고 있을 것이라고 주장했다. 이는 토성에 더 많은 위성이 포획되었으며, 이들 간 충돌이 빈번히 발생했음을 시사한다. 만일 이 분석이 정확하다면 앞으로의 위성 경쟁에서 토성이 한발 앞서 나갈 수 있을 것이다. 하지만 목성은 토성

• UH88 망원경(구경 2.2미터), CFHT 망원경(구경 3.6미터), CTIO 망원경(구경 4미터), 팔로마 망원경(구경 5.1미터), 스바루 망원경(구경 8.2미터) 등을 사용했다.

보다 거리가 가까워, 같은 크기를 가진 위성이라면 발견될 가능성이 더 높다. 목성과 토성의 최다 위성 보유 경쟁은 새롭게 등장할 더 뛰어난 장비와 관측 기술을 이용한 진검 승부를 통해 진정한 승자가 가려질 것이다.

우주를 보는 더욱 강력한 눈

조재일

전파천문학

전파는 전자기파의 일종으로 자외선보다 파장이 긴, 진동수 3KHz부터 3THz까지를 일컫는다. 스코틀랜드의 물리학자인 제임스 클러크 맥스웰이 1867년 전자기파 이론을 제시하면서 전파의 존재를 최초로 예상했다. 이후 독일의 물리학자 하인리히 헤르츠Heirich Hertz가 전파를 실험으로 입증했다. 하지만 아이러니하게 정작 전파를 발견한 헤르츠는 전파의 실용성을 깨닫지 못했다. 그는 전파의 활용성에 대해 질문을 받으면 “아마 아무것도 없을 겁니다”라고 답하곤 했다.

이후 이탈리아의 전기공학자 굴리엘모 마르코니Gulielmo Marconi는 헤르츠의 전파 이론을 바탕으로 무선전신을 발명했고 1901년에는 대서양을 사이에 두고 무선통신에 성공했다. 이러한 업적을 인정받아 1909년 노벨물리학상을 수상한다. 그 뒤 기술의 발전으로 소리를 전파로 전달할 수 있어 라디오방송이 시작되었고 영상까지 전달하는 텔레비전방송도 가능해졌다. 결국 전자공학 기술과 우주과학의 발전으로 위성통신과 휴대전화, Wi-Fi, NFC 등이 개발되어 우리 실생활에 매우 중요한 부분을 차지하게 되었다.

전파천문학의 태동

자연적으로도 전파는 발생한다. 번개가 칠 때나 모든 흑체에서 정도의 차이가 있지만 확인 가능하다. 그리고 천체에서 다른 종류의 전자기파와 함께 전파가 발산된다. 이렇게 천체로부터 오는 전파를 수신하여 해당 천체를 연구하는 것이 전파천문학이다. 많은 훌륭한 발견이 그러하듯 최초로 하늘에서 오는 전파를 검출한 것은 우연이었다. 벨전화연구소는 갓 입사한 신입 전파 기술자에게 대서양 횡단 음성 전송 단파에서 잡음을 잡는 임무를 부여했다. 하지만 알 수 없는 잡음이 약 24시간마다 반복되는 걸 알아낸 뒤 이것이 태양으로부터 온다고 추측했다.

계속된 분석으로 이 주기가 24시간이 아니라 23시간 56분인 것을 알아내고 그 원인이 무엇인지 몰라 친구인 천체물리학자 앨버트 멜빈 스켈렛Albert Melvin Skellett에게 물어봤더니 그가 23시간 56분은 항성시로, 지구가 한 번 자전할 때마다 하늘에 고정된 천체로부터 받는 전파 신호라고 알려주었다. 그리하여 1933년 그 기술자는 자신의 안테나를 궁수자리 은하수 중심으로 두었을 때 잡음이 가장 세다는 것을 확인했다.

이 기술자는 전파천문학의 선구자 또는 아버지라고 불리는 칼 잰스키Karl Jansky다. 이후에 밝혀지기로 잰스키가 발견한 전파 신호는 우리은하 중심부의 블랙홀에서 발산된 것이다. 잰스키는 우리은하에서 오는 전파를 좀 더 조사해보려고 했으나, 벨연구소는 그를 다른 프로젝트로 전출시켜버렸다. 이로써 잰스키의 전파천문학 연구는 여기서 멈추고 말았다. 하지만 그의 업적을 기리기 위해 전파 세기인 플럭스 덴서티Flux Density의 단위를 Jy(잰스키)로 정하게 되었다.

⟵ 잰스키가 사용한 최초의 전파망원경(위)과 그로트 레버가 만든 9미터 포물면 안테나(아래).

전파천문학의 발전

잰스키의 성과에 영향을 받아 미국의 전기공학자인 그로트 레버Grote Reber는 1937년 자신의 집 뒷마당에 9미터 포물면을 가진 안테나를 설치했다. 이는 천문학적 목적을 가진 안테나(전파망원경) 중 두 번째이고 포물면을 가진 것으로는 첫 번째다. 레버는 잰스키의 관측 결과를 확인했고 최초의 '전파 하늘 지도'를 만들면서 처음으로 백조자리 ACygnus A, 카시오페이아 ACassiopeia A와 같은 대표적인 전파원을 발견한다.

우주에 가장 많은 원소는 수소다. 핵에 양성자 하나와 그 밖에 전자 하나로 이루어진 가장 단순한 원자인 중성 수소를 천문학에선 HI이라고 말한다. 하지만 이 중성 수소는 양성자와 전자의 스핀 방향에 따라 에너지 레벨이 약간 차이 나는데, 스핀 방향이 같을 때보다 반대일 때 에너지가 약간 낮다. 모든 물리현상이 그러하듯 중성

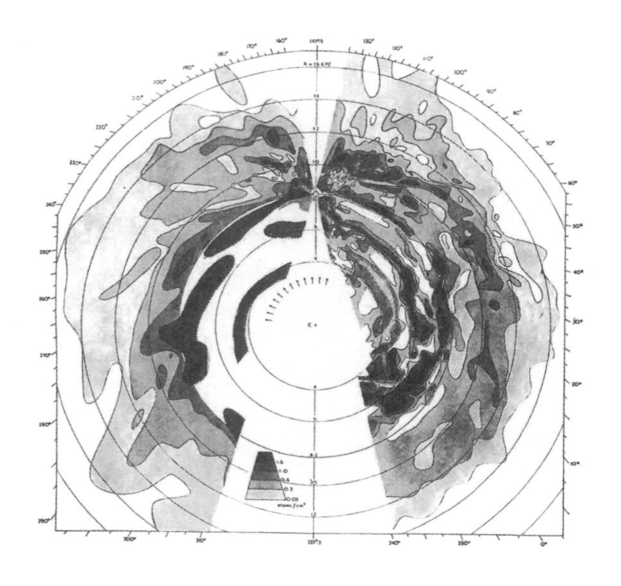

⇡ 우리은하 중성 수소 분포도.

수소도 에너지가 높은, 스핀이 같은 방향에서 반대인 방향으로 바뀐다. 바뀌면서 에너지 차이에 해당하는 전자기파가 발생하는데, 그것이 바로 21센티미터 파장(주파수 1.4204GHz)을 가지는 전파의 형태로 발산하는 것이다.

이 현상을 처음 예측한 사람은 1944년 네덜란드 천문학자 헨드릭 헐스트**Hendrik C. van de Hulst**다. 이후 관측적으로 해럴드 이언**Harold Ewen**과 에드워드 퍼셀**Edward Mills Purcell**이 HI 선을 발견한 것은 1951년이 되어서야 가능했다. 최종적으로 우리은하의 중성 수소 지도를 완성하여 우리은하가 나선 팔이 있는 나선은하라는 것을 밝혀냈다.•

• 국립과천과학관은 우리나라 과학관 중 유일하게 전파망원경을 보유한 곳으로

↑ 펜지어스와 윌슨이 우주배경복사를 발견한 홀름델 혼안테나.

전파망원경으로 이뤄낸 최대 발견 중 하나는 우주배경복사일 것이다. 빅뱅 이후 38만 년 후 플라스마 형태의 우주는 우주가 팽창함에 따라 온도가 낮아져 마침내 양성자와 전자가 결합한다. 이때 광자가 빠져나오는데, 우주가 계속 팽창함에 따라 파장이 길어져 현재 전파의 형태로 관측할 수 있다. 이것이 바로 우주배경복사다. 이는 1948년 랠프 알퍼Ralph Alpher와 로버트 허먼Robert Herman이 이론적으로

2020년에 성능 개선 사업을 통해 국내에서 유일하게 중성 수소를 관측할 수 있게 되었다. 이를 활용해 매일 우리은하의 중성 수소를 관측하는 프로그램인 '전파로 본 우주'를 운영 중이며, 2021년부터 매해 중학생 이상 학생과 성인을 대상으로 원격 관측 제안서를 모집한다. 선정된 팀은 원격 관측과 데이터 처리 분석을 통해 연구 활동을 해오고 있다.

처음 제시했다. 마침내 1964년, 아노 펜지어스Arno Penzias와 로버트 윌슨Robert Wilson이 우연히 우주배경복사를 최초로 발견하게 된다.

벨연구소에서 근무하던 펜지어스와 윌슨은 위성통신을 위해 만들어진 6미터의 혼안테나를 시험하는 도중 미지의 잡음이 계속 검출되는 것을 알아차렸다. 이 잡음을 없애기 위해 망원경 내 비둘기 둥지와 배설물까지 제거했으나 없어지지 않았다. 동시에 불과 60킬로미터 떨어진 프린스턴대학에서 로버트 디케Robert Dicke와 동료들은 우주배경복사를 검출하기 위해 준비하고 있었다. 펜지어스와 윌슨으로부터 연락을 받은 디케는 그 잡음이 자신이 찾던 우주배경복사였다는 것을 알려주었고, 이듬해 이론적인 부분은 디케와 그 동료가, 관측적인 부분은 펜지어스와 윌슨이 각각 논문으로 발표하게 되었다.

1978년에는 펜지어스와 윌슨이 우주배경복사를 발견한 공로로 노벨물리학상을 받게 되었다. 이로써 정상우주론과 빅뱅우주론의 싸움은 빅뱅우주론의 승리로 끝나게 된다. 이후 COBE, WMAP, Plank와 같은 우주망원경의 관측으로 우주배경복사는 2.7K 흑체복사를 하고 있음을 알게 되었다. 그리고 더 정밀한 분석을 통해 우주의 나이는 138억 년이고 우주는 4.9퍼센트의 일반 물질, 26.8퍼센트의 암흑물질과 68.3퍼센트의 암흑에너지로 이루어졌다고 예측할 수 있었다.

전파망원경의 혁명

천문학자들은 더 먼 천체를 더 자세히 관측하기 위해 새로운 기기를 개발한다. 이는 전파천문학자도 다를 바 없다. 전파망원경의 성능은 집광력과 분해능으로 표현된다. 집광력은 빛을 얼마나 많이 모을 수 있느냐고 분해능은 얼마나 가까이 붙어 있는 것을 별개로 식별할 수 있느냐다. 이 집광력과 분해능은 망원경 크기와 밀접한 관계가 있는데, 집광력은 지름의 제곱에 비례하고 분해능은 지름에 반비례한다. 즉 망원경은 크면 클수록 좋다는 뜻이다.

분해능은 관측하는 대상의 파장과도 관련 있는데, 파장이 짧을수록 분해능은 좋아진다. 하지만 전파 관측의 경우 다른 빛보다 파장이 기므로 좋은 분해능을 가지기 위해서는 망원경을 크게 만들 수밖에 없다. 현재 세계에서 가장 큰 전파망원경은 중국 구이저우성에 위치한 FAST Five-hundred-meter Aperture Spherical Telescope다. 이 망원경의 크기는 지름 500미터로 면적은 축구장 30개를 합친 것에 해당한다. 하지만 크게 만드는 데는 한계가 있다. 그래서 개발된 것이 간섭계다.

여러 대의 망원경으로 같은 대상을 동시에 관측하면 그 망원경이 떨어진 거리만큼의 성능을 발휘하는 것이다. 이러한 간섭계를 처음으로 사용한 사람은 1946년 제2차 세계 대전에 썼던 레이더를 활용한 호주의 루비 페인 스콧 Ruby Payne-Scott과 린지 매크레디 Lindsay McCready였다. 이와 독립적으로 케임브리지대학의 마틴 라일 Martin Ryle은 1946년에 전파간섭계를 만들어 관측에 성공하게 된다.

이는 전파천문학의 혁명과도 같은 것으로, 라일은 1974년에 노벨물리학상을 받게 되었다. 라일과 노벨물리학상을 공동 수상한 앤터니 휴이시 Antony Hewish 또한 전파간섭계 개발에 공헌을 했지만 결정적인 이유는 중성자별이 고속으로 자전하면서 전파를 발산하는 펄서 pulsar를 최초로 발견한 것이다. 실은 펄서를 처음 발견한 사람은 휴이시의 대학원생인 조슬린 벨 Jocelyn Bell이었다. 휴이시의 노벨상 수상에 대한 논란이 있었지만 결국 벨은 노벨상위원회의 결정을 받아들였다.

이제 전파망원경 간섭계의 세상이 열렸다. 우리나라에는 한국 천문연구원이 운용하는 KVNKorean VLBI Network(한국우주전파관측망)이 있다. KVN은 지름 21미터 망원경이 연세대학교, 울산, 제주에 설치되어 남한 크기만 한 전파망원경 성능을 발휘한다. 평창에 추가로 1대를 설치하는 중인데 완공되면 더욱 뛰어난 기능을 보여줄 것이다. 그리고 미국 뉴멕시코주에 있는 VLAVery Large Array가 있다. 25미터 크기의 안테나가 Y 자 형태로 27대 설치되어 있고 한 변을 최대 21킬로미터까지 늘릴 수 있다. 이 망원경은 1997년에 개봉한 영화 〈콘택트〉의 배경으로 나와 유명해졌고, 이 영화는 주인공인 조디 포스터가 베가에서 오는 외계 신호를 VLA로 검출하면서 벌어지는 이야기를 다룬다.

다음으로 유명한 전파간섭계는 칠레 아타카마사막 해발고도 5,000미터에 위치한 ALMAAtacama Large Millimeter/submillimeter Array다. ALMA는 12미터 24대와 7미터 12대로 구성되어 있으며, 우리나라를 포함해 7개 나라가 국제적으로 공동 운용한다. 그리고 2019년 전 세계의 이목을 집중시킨 연구 성과를 발표한 EHTEvent Horizon Telescope를 빼놓을 수 없다. 이 망원경은 4개 대륙과 하와이, 총 8개의 전파망원경으로 이루어져 있다.

2019년 4월, 65개 기관의 300명 이상의 인원으로 구성된 EHT 국제 공동 연구팀은 거대타원은하 M87 중심부의 초대질량블랙홀을 인류 최초로 촬영했다고 밝혔다. 후속 연구로 2021년 3월에는 이 블랙홀의 편광 관측 영상을 공개했다. 이어 2022년 5월에 우리은하 중심부의 궁수자리 A 블랙홀 영상을 공개했다. 궁수자리 A 블랙홀은 M87 블랙홀보다 훨씬 가까이 있지만 질량이 작아 관측이 어려웠다.

우주를 보는 더욱 강력한 눈

EHT는 업그레이드되어 차세대 EHTNext Generation EHT, ngEHT로 변모할 것이다. 먼저 현재 참여하는 망원경 수를 2배가량 늘릴 계획이다. 추가되는 것이 꼭 대형 망원경일 필요는 없다. 기존의 망원경이 충분히 크고 고감도이기 때문에 6~10미터 크기의 망원경 추가로도 높은 질의 데이터를 얻는 데 충분할 것이다. 그리고 궁극적으로는 우주에 망원경을 올려 보내 ngEHT의 크기를 대폭 키울 수 있다. 기존의 EHT는 1.3밀리미터 파장만 사용했다. 하지만 ngEHT는 0.87밀리미터 파장도 포함해 사진과 동영상을 촬영할 것이다.

이를 위해서는 참여하는 모든 망원경을 대폭 업그레이드해야 한다. 이렇게 두 파장대를 관측하게 되면 데이터 용량이 엄청나게 늘어난다. ngEHT의 저장 속도는 EHT의 1초당 64Gbyte보다 4배 더 빠른 256Gbyte가 될 것이다. 방대한 데이터를 처리하기 위해선 한곳으로 모아야 되는데 EHT의 경우 가장 빠른 방법은 하드디스크에 담아 비행기로 옮기는 것이다. 하지만 훨씬 많은 데이터를 안전하고 빠르게 전송하기 위해 우주 레이저 통신을 개발 중이다. 그뿐 아니라 데이터를 처리하고 분석할 기술도 향상시켜야 한다. 그리하여 최종적으로 EHT보다 100배 더 빠르게 데이터 결과를 얻는 것을 목표로 한다.

또 다른 계획 중인, 아니 건설 중인 전파간섭계는 SKASquare Kilometer Array가 있다. 이와 같은 새로운 전파망원경의 초창기 제안은 1980년대 말 당대 최고의 전파망원경 VLA의 10주년 기념 행사가 열린 뉴멕시코에서 이루어졌다. 우주의 나이가 1억 살 때 최초의 별이 탄생한 시점을 볼 수 있고, 10억 살 때 은하가 생겨난 시기를 볼

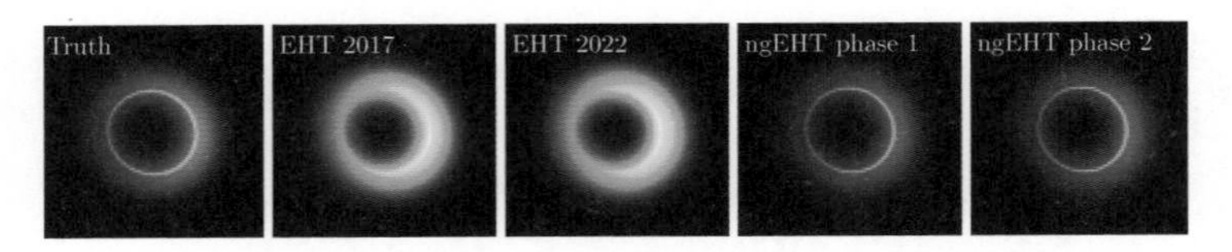

↑ 왼쪽부터 이상적인 조건의 블랙홀, EHT가 촬영한 블랙홀, ngEHT의 시뮬레이션 이미지.

수 있으며 암흑에너지에 의해 우주가 가속 팽창하는 것을 밝혀내기 위해서는 많은 전파천문학자가 놀랍게도 공통적으로 유효면적이 1제곱평방미터는 되는 전파망원경이 필요하다고 했다.

이는 우주의 기원과 운명에 관한 근본적인 질문뿐 아니라, 지구와 같은 외계 행성이 어떻게 만들어지는지, 시공간 중력 왜곡 발견과 우주자기장의 기원, 블랙홀의 형성과 성장과 같은 물음에도 답해주리라 기대한다. 이후 수년간 과학자와 공학자 들은 기술 도서를 발간하기도 하고, 2005년에는 6개의 잠정적인 SKA 기술을 이끌어냈다. 또한 실무진과 위원회가 만들어지고 국제 협력 기구를 설립하는 협약이 이루어졌다.

2000년대에 본격적으로 망원경 설치 부지 선정을 시작하게 되었다. 2011년 11월 부지 선정 완료, 망원경 디자인 확정, 견고한 지휘 조직 설립, 세 목적을 가지고 SKA 조직 위원회가 세워졌다. 2012년에는 남아프리카공화국과 호주가 망원경 건설 부지로 정해졌고 2013년에는 국제 디자인 컨소시엄이 설립됐으며 전 세계 수백 명의 엔지니어가 후속 디자인을 확정했다. 2015년, 영국 맨체스터의 조드럴 뱅크에 SKA 천문대 국제 본부가 문을 열었다. SKA의 건설과 운영을 다루기 위한 범국가 조직으로서 국제 협상이 이때 시작되어 4년 뒤 2019년 3월, 7개 국가를 대표하는 인사들이 협정서에 드디어 사인을 했다.

⇡ SKA-mid, SKA-low의 아티스트 개념도.

이로써 SKA 천문대는 유럽남반구천문대 이후 천문학계에서 두 번째로 범국가적 조직이 되었다. 확장된 SKA 천문대 국제 본부가 2019년 7월에 출범했다. 그해 12월에는 최종 망원경 디자인이 통과됐으며 건설과 운영 계획의 평가에 대한 리뷰를 마쳤다. 2021년에는 예산 1.34억 유로를 획득하고 2022년 말까지 5억 유로를 배정받았다. 우리나라 한국천문연구원 또한 2023년에 SKA 천문대 가입 협약을 추진하고 있다.

SKA의 두 관측지인 남아프리카공화국과 호주에는 각각 다른 종류의 망원경이 설치된다. 우선 남아프리카공화국에는 'SKA-mid'라는 중간 주파수대역인 350MHz에서 15.3GHz를 197개의 접시형 안테나로 관측하며, 호주에서는 'SKA-low'라는 낮은 주파수대역인 50MHz에서 350MHz를 나무처럼 생긴 안테나 13만 72개로 수신한다.

2022년 12월, 건설 공사를 시작했다. 2023년까지 유효면적의 10퍼센트를 완성할 예정이며 2030년까지는 전체 면적을 완공할 계획이다. 안테나 사이의 최대 거리는 남아프리카공화국이 150킬로미터, 호주가 65킬로미터다. 각 사이트에서 만들어지는 데이터도 엄청나다. SKA-low가 있는 머치슨에서 처리 시설이 있는 퍼스까지는 수백 킬로미터나 떨어져 있는데 1초당 8Tbyte를 전송하고, SKA-mid가 있는 카루 사막에서 케이프타운까지 1초당 20Tbyte를 전송해야 한다. 1년간 SKA 천문대에서 획득하는 데이터는 자그마치 300Pbyte일 것으로 예상한다.

앞으로 만들어질 ngEHT와 SKA는 우주에 대한 인류의 새로운 도전이다. 우주에 대한 이해를 한층 더 넓힐 것이며 깊게 파헤칠 것이다. 우주에 대한 근본적인 질문인 최초의 별과 은하는 언제 어떻게 태어났는지, 우주는 영원히 가속 팽창을 할 건지, 우리 지구와 같은 행성은 또 없는지, 나아가 생명체는 우리밖에 없는지 등에 대한 정답은 아닐지라도 힌트는 줄 수 있지 않을까. 과학적 측면뿐 아니라 방대한 데이터를 처리하는 기술의 발전도 있으리라 예상한다. 엄청난 데이터를 고속 전송하고 처리하는 기술은 다른 분야에서도 적용될 수 있다.

멈출 수 없는 소행성 탐사

안인선 우주과학

샘플 귀환 작전

2023년 9월 24일 미국 유타 사막 한복판에 외계에서 온 물질이 떨어졌다. 모든 것이 계획적이었다. 소행성 탐사선 오시리스-렉스OSIRIS-Rex는 지구로부터 10만 킬로미터 떨어진 의도한 위치에서 샘플 반환 캡슐Sample Return Capsule, SRC을 의도한 속도로 방출했다.

오시리스-렉스는 지구근접소행성 베누101955 Bennu의 표면에서 흙과 자갈 샘플을 채취하고, 2년 4개월간 23억 킬로미터를 비행하여 지구로 돌아오는 중이었다. 모선에서 분리된 캡슐은 우주 비행 4시간 만에 성공적으로 캘리포니아 해안 상공 대기권에 진입했다. 총알보다 빠른 속도로 하강하는 캡슐은 지구 중력의 32배에 달하는 압력과 섭씨 3,000도에 육박하는 마찰열을 견뎌냈다. 내부에 담긴 외계의 물질은 지구 대기 성분에 노출되지 않도록 밀봉되어 있었고, 차폐 시스템에 의해 캡슐 외부에 작용하는 고열과 고압으로부터 보호되었다. 두 종류의 낙하산을 순차적으로 펼쳐 떨어지는 속도를 늦추어가며 샘플 반환 캡슐은 13분 후 그레이트 솔트레이크 사막의 무

↑ 유타 시험 훈련장에서 오시리스-렉스 수석 연구원과 복구팀원들이 검게 그은 샘플 반환 캡슐에 조심스럽게 다가가는 모습.

인 지역 58 × 17제곱킬로미터 면적 목표 범위 내에 착륙했다.

이곳은 미 국방부 유타 시험 훈련장으로 항공기 접근이 금지된 곳이며 이상적인 캡슐 착륙 장소였다. 대형 트럭 타이어 크기인 캡슐의 하강과 착지는 착륙 목표 지역 밖에서는 육안으로 확인하기 어렵다. 모선에서 캡슐이 방출되는 모습은 모선의 장착 카메라로 확인할 수 있었다. 이후에는 항공기와 지상 장비가 캡슐의 위치를 추적하는 데 동원되었다. 먼저 지상 레이더가 지구 대기권으로 진입하는 캡슐을 확인하고, 적외선 장비가 지구 대기와의 상호작용에서 발생하는 캡슐의 열 신호를 추적했다. NASA의 헬리콥터에 탑재된 광학 카메라로 볼 수 있을 만큼 캡슐의 고도가 낮아진 이후부터는 NASA TV에서 캡슐의 최종 하강과 착륙 모습을 실시간으로 중계했다.

캡슐의 정확한 착륙 좌표를 레이더로부터 수신한 오시리스-렉스 복구팀은 20분이 지나지 않아 착륙 지점에 도착했다. 복구팀은 7년을 기다려온 캡슐을 잘 포장하여 유타 시험 훈련장에 임시 설치

⇠ 오시리스-렉스 복구팀 과학자들이 휴스턴의 존슨 우주센터 청정실 내부에 있는 글러브박스에서 샘플 용기의 뚜껑을 제거하는 모습.

⇡ 오시리스-렉스OSIRIS-Rex는 프로젝트의 목적을 나타내는 단어들, 기원Origin, 분광학적 해석Spectral Interpretation, 자원 확인Resource Identification, 보안Security, 표토 탐사체Regolith Explorer의 조합으로 이루어진 임무명이다. 넓은 범위의 임무 중 핵심인 베누의 샘플을 채취하는 작업 단계에서 태양전지 패널이 Y 자 형태로 접혀 올라가고 TAGSAM 장치가 수직 아래로 뻗어 나온다. 이 모습을 형상화한 임무 로고(위)와 아티스트의 개념도(아래)다.

된 청정실로 옮긴 다음, 온몸을 감싸고 5시간에 걸친 분해와 포장 작업을 했다. 캡슐이 우주 공간에서 지구 대기를 통과하여 지상에 착륙하기까지 샘플을 보호하는 데 필요했던 여러 요소를 제거하고, 밀봉 상태의 샘플 용기를 분리하여 포장하는 것이다. 캡슐을 여는 순간부터 샘플 용기에는 질소 가스를 연속적으로 흘려 보낸다. 질소는 샘플을 산소와 습기, 기타 지구 환경 오염으로부터 보호하는 불활성기체다. 아폴로호가 달에서 가져온 샘플을 보호하는 데도 질소가 사용되었다.

항공 운송에 적합하게 포장된 샘플 용기와 캡슐 구성 요소는 다음 날 휴스턴에 있는 NASA 존슨 우주 센터Johnson Space Center로 수송되었다. 베누 샘플이 영구적으로 보관될 존슨 우주 센터에는 베누 샘플 전용 청정실이 있고, 내부엔 용기에 맞게 제작된 글러브박스glove box를 갖추었다. 이곳에서 오시리스-렉스가 배달한 베누의 표면 샘플은 관리·저장되고, 앞으로 수십 년 동안 샘플 분석에 대한 번뜩이는 아이디어를 가진 전 세계 과학자에게 배포될 것이다.

소행성에서 샘플을 가져와야 하는 이유

소행성에서 채취한 샘플의 귀환은 이번이 처음은 아니다. 이 분야의 선두 주자로 나선 일본이 2010년 하야부사 1호의 소행성 이토카와 샘플 귀환에 성공하고, 그로부터 10년 후 하야부사 2호가 채취한 소행성 류구의 샘플 회수에 성공했다. 류구에서 온 샘플의 양은 1그램이 안 되는 미량이지만 과학적 가치는 매우 높다. 소행성은 행성들이 형성되던 원시 태양계에서 행성의 재료, 즉 빌딩 블록이었다. 행성을 이루지 못한 잔해가 현재 화성과 목성 사이 주소행성대

main asteroid belt를 비롯한 태양계 원반 이곳저곳에 소행성의 형태로 남아 있는 것이다. 이런 소행성의 일부가 떨어져 나와 우주 공간을 떠돌다 지구 표면에 떨어진 운석은 그야말로 자연적인 소행성 샘플이다. 그러나 운석은 지구의 대기를 통과할 때 고온, 고압을 견딜 수 있는 물질만 남은 상태인 데다, 발견되기까지 지상에서 공기, 물, 생물의 영향을 받아 화학적 변성이 진행된다. 본래의 특성을 파악하는 데 한계가 있는 샘플인 것이다. 하지만 소행성의 표면 아래 물질을 직접 채취하여 지구의 대기와 환경적 오염 요인에 노출시키지 않은 상태로 보존 시설까지 가져가 분석한다면 태양계 형성 초기의 물질 구성과 상태에 대한 정보를 얻을 수 있다. 소행성 샘플 귀환은 태양계의 화석을 성공적으로 발굴하는 작업인 것이다.

과학자들은 지난 3년간 류구의 샘플을 분석, 연구하여 걸출한 성과들을 발표했다. 류구의 샘플에서 산소 동위원소 함량을 측정한 결과, 지구를 비롯해 태양계 안쪽에 물을 전달한 것이 소행성이라는 입장을 지지하는 증거를 제시한 것도 그중 하나다. 가장 큰 관심을 끌었던 류구 샘플의 연구 결과는 2023년 3월 세계적인 학술지 《네이처 커뮤니케이션스》에 발표된 우라실의 검출이었다. 우라실은 생명체의 기본 요소인 RNA를 구성하는 염기 중 하나이기 때문이다. 이 연구는 생명 발현 이전 단계의 주요 분자들이 류구를 비롯한 탄소질 소행성에서 일반적으로 형성되어 원시 지구로 전달될 수 있다는 사실을 강력하게 제안하는 것이다.

천문학자들은 표면 물질의 구성을 나타내는 스펙트럼의 특성에 따라 소행성을 크게 분류한다. 발견된 전체 소행성의 75퍼센트는 탄소가 풍부한 C형 소행성, 17퍼센트는 규산염, 규소 화합물이 많은 S형 소행성, 나머지는 철이나 니켈 등 금속을 상대적으로 많이 포함한 M형 소행성으로 나뉜다. 그 외 어디에도 포함되지 않는 다양한 소행성이 존재한다. 이 중 탄소질 소행성이라고도 하는 C형은 주로 주소행성대의 바깥쪽에 분포하며 물을 함유하고 있다. 이는 탄소질 소행성이 태양계 형성 초기 원시 가스 구름의 태양으로부터 먼 지역에서 응축된 원시 물질로 구성되었다는 의미다. 탄소질 소행성인 류구의 샘플에서 지구의 물과 생명체 관련 물질의 기원에 대한 연구 결과를 얻는 것은 기대했던 바다. 같은 맥락에서 NASA의 소행성 샘플 반환 임무의 대상으로 베누가 선정되었던 것이다. 베누와 류구는 탄소질 소행성이라는 공통점과 함께 몇 가지 흥미로운 물리적 차이와 스펙트럼의 차이가 존재하기 때문에, 두 소행성의 데이터 비교를 통해 탄소질 소행성의 기원과 진화에 대한 통합적인 해석을 기대해볼 수 있다.

탄소질 소행성은 반사율이 낮아 관측이 쉽지 않은 대상이지만, 지구근접소행성인 베누가 지구에 가까운 경로를 지나는 동안 지상망원경과 우주망원경으로 비교적 자세하게 관측할 수 있었다. 덕분에 얻은 베누의 특성과 운동 양상에 대한 정보를 기반으로 오시리스-렉스 탐사선의 작업 설계가 이루어졌다. 그 결과 로봇 팔과 샘플 수집 헤드로 구성된 TAGSAM**Touch-And-Go Sample Acquisition Mechanism** 장치가 설계되었다. 복잡한 기동이 필요한 착륙을 하지 않고 탐사선이 2미터 길이의 로봇 팔을 뻗어 소행성과 접촉하고 약 5초간 샘플을 채취한 뒤 소행성에서 멀어지는 방식을 선택한 것이다. 로봇 팔 끝에 장착된 샘플 수집 헤드가 소행성 표면에 닿는 순간 고압 질소 가스가 분사되고 표면의 먼지와 자갈이 공기 필터 모양의 샘플 흡입구로 유입된다.

TAGSAM으로 수집해야 하는 베누의 샘플 목표량은 60그램이었다. 샘플 반환에 성공한 현재, 목표치 이상의 시료를 샘플 수집 헤드 외부와 헤드 안쪽 일부에서 분리하여 수집했다. 아직 샘플 수집 헤드 내부에는 분리해내지 못한 더 많은 양의 시료가 남아 있다. 글러브 박스 안에서 장갑을 낀 포트로 하드웨어를 사용해 샘플을 추출하는 작업은 더디고 어렵지만, 오염을 차단하는 이런 노력은 매우 중요하다.

아폴로프로그램을 통해 얻은 월석과 월면토에 대한 분석 연구는 현재 진행형이다. 1970년대 당시에는 불가능했던 분석 기술이 추후 개발되어 적용되는 것이다. 소행성 샘플의 경우도 다르지 않다. 샘플 반환 임무는 탐사선의 성능에 제한되지 않고, 미래 과학기술의 가능성까지 포함시키는 열려 있는 탐사 방법이다.

가까이 다가오는 소행성들

2020년 10월 오시리스-렉스의 TAGSAM이 닿은 베누의 표면은 예상과 다르게 단단하지 않고 푹신했다. 샘플링을 마치고 소행성에서 멀어지기 위해 추진 점화를 했을 때는 표면 물질이 모래 폭풍처럼 튀어 올랐다. 예측하지 못한 위험 요소였다. 소행성 베누의 표면 상태에 대한 좀 더 정확한 이해가 필요하다. 베누는 현재로선 지구위협소행성이 아니지만 2182년 9월 24일 지구에 충돌할 확률이 2,700분의 1이다. 아주 미미한 확률이더라도 만약 베누가 지구에 충돌할 경우에는 1,200메가톤의 에너지가 발생할 것이다. 이에 대비하여 나사는 다트DART 임무와 같은 방식으로 우주선을 충돌시켜 소행성의 궤도를 바꾸는 계획을 구상한다.

우주선이 소행성 표면에 충돌했을 때의 영향력은 소행성의 물질 밀도와 표면 특성에 따라 달라진다. 또한 베누를 포함한 잠재적 위협 소행성에 대한 야르콥스키 효과Yarkovsky effect를 측정하고 이 효과에 기여하는 소행성의 특성을 연구하는 것은 지구 방어를 위해 필수적이다. 야르콥스키 효과는 소행성이 태양으로부터 흡수한 에너지를 방출하는 데 나타나는 방향에 대한 불균형이 오랜 시간 누적되어 소행성의 궤도를 변화시키는 효과다. 행성의 중력이나 다른 소행성과의 충돌 이외에도 잠재적 위협 소행성의 궤도 예측에 고려되어야 하는 요소다. 따라서 오시리스-렉스가 베누의 궤도에서 선회하며 밝혀낸 베누의 자전과 운동 특성, 표면 물질 분포 그리고 수집된 샘플의 물리, 화학적 특성 연구를 통해 알게 될 정보들은 소행성의 궤도 변화 연구에 중요한 자료가 된다.

캡슐을 지구에 배달하는 것까지 성공한 탐사선은 오시리스-렉스로서의 임무를 완수하고, 또 한 번 엔진을 발화하여 지구로부터 멀어졌다. 이제 이 탐사선은 오시리스-아펙스OSIRIS-APEX라고 명명된 제2의 임무 수행을 위한 항로에 들어선 것이다. 새로운 조사 대상은 2029년 지구에 초근접하는 소행성 아포피스99942 Apophis다. 평균 지름 370미터의 아포피스는 2029년, 지구와 달 사이 거리의 10분의 1보다 가깝게 지구를 스쳐 지나간다. 이와 같은 지구와의 조우가 소행성의 궤도와 회전율, 표면 상태에 어떤 영향을 미치는지 관찰하기 위해 오시리스-아펙스는 초근접 이벤트가 일어나기 직전 아포피스의 궤도에 들어가 비행하게 된다.

한국천문연구원의 소행성 연구자들도 정지궤도 안쪽으로 다가오는 아포피스를 소행성 탐사 절호의 기회로 보았다. 누리호를 이용해 탐사선을 소행성 궤도로 보내는 계획을 제안했으나 2022년 4월 예비 타당성 조사 대상 선정에서 탈락하여 무산되었다. 300미터가 넘는 천체가 약 3만 킬로미터 가까이로 스쳐가는 1,000년에 한 번

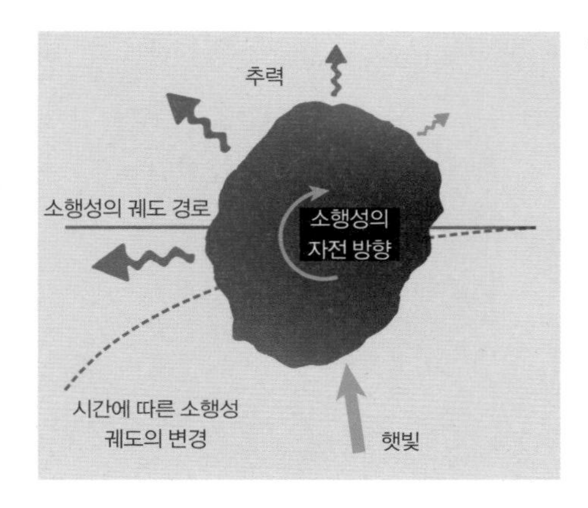

야르콥스키 효과. 햇빛이 천체에 흡수되었다가 방출될 때 그 천체에 추력이 된다. 베누와 같이 회전하는 소행성에 햇빛이 비치면 태양을 향한 낮 쪽이 뜨거워진다. 소행성이 회전함에 따라 태양을 등진 밤 쪽은 식으면서 열을 방출한다. 이 적은 양의 추력은 장시간에 걸쳐 소행성의 궤도를 변경할 수 있다.

일어날 희귀한 사건을 직접 탐사할 기회를 놓친 것이다.

과학적 기대

2022년 발사될 예정이었으나 공정상의 문제로 연기되었다가 2023년 10월 13일, 드디어 미지의 세계를 향해 지구를 떠난 또 하나의 소행성 탐사선이 있다. 이 프시케 탐사선은 2029년에 주소행성대에서 5년에 한 번 태양 주위를 도는 같은 이름의 소행성 프시케16 Psyche에 도착한다. 프시케는 도착 후 최소 26개월 동안 소행성 주위를 돌며 탐사 임무를 수행한다. 소행성 프시케는 불규칙한 모양이지만 만약 구형이라면 지름이 226킬로미터 정도되는 큼직한 소행성이다. 지금까지 레이더와 광학 관측 결과를 이용하여 2개의 뚜렷한 분화구 모양이 보이는 3D 모델을 만들었지만, 탐사선이 도착하여 실제 모습을 보아야 정확하게 알 수 있다. 현재 이 소행성에 대해 아는 것은 레이더 반사파가 다른 소행성에서 오는 것보다 밝다는 점, 측정되는 밀도가 암석과 금속의 중간쯤이라는 점, 레이더 관

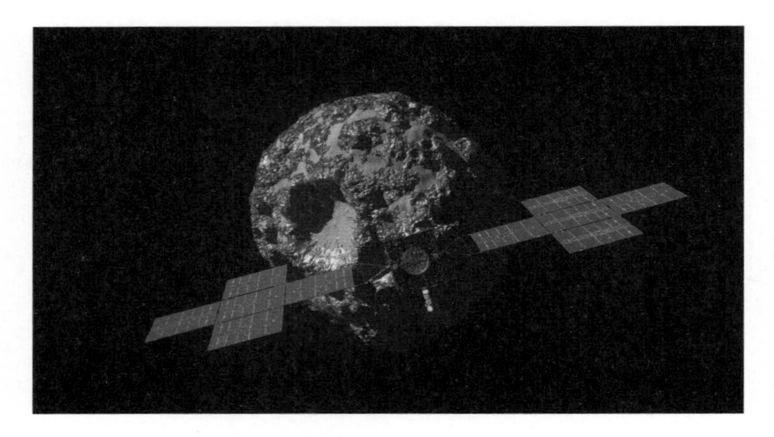

⇡ 금속이 풍부한 소행성 프시케를 선회하는 NASA의 탐사선 프시케의 모습을 나타낸 아티스트의 개념도.

측과 열 관성 측정을 통해 얻은 소행성 전체 부피의 30~60퍼센트가 금속으로 구성되었다는 점 정도다.

과학자들은 탐사 대상인 프시케가 소행성 가운데 드문 금속형이고, 태양계 암석형 행성들의 핵core의 구성 물질과 유사하다는 점에 주목한다. 현대 기술이 닿을 수 있는 지구 내부는 깊이 약 12킬로미터에 지나지 않는데, 지구의 핵은 3,000킬로미터보다 더 깊은 곳에 있다. 대기압 300만 배의 압력과 섭씨 5,000도가 넘는 고온 상태의 지구 핵은 어쩌면 화성 표면보다도 훨씬 어려운 탐사 대상일지 모른다. 이런 현실을 고려할 때 금속이 풍부한 소행성 프시케는 원시 태양계의 미행성체가 격렬한 충돌을 겪으면서 남겨진 핵 부분일 수 있고, 이 가설이 맞는다면 철과 니켈로 이루어진 지구 중심 핵과 유사한 대상을 탐사할 절호의 기회인 것이다. 그러나 이번 탐사의 과학팀은 '가설이 틀렸음을 증명하는 것도 과학에서는 가장 흥미로운 일'이라고 입장을 밝혔다. 익숙한 경험에 기반한 가설보다 예상하지 못한 새로운 대상을 만나게 될 것을 기대하는 것이다.

기술적인 부분에서는 철저하게 예측하고 작은 오차까지 수정해 정확하게 진행하지만, 탐사 대상이 보여주는 과학적 사실에 대해서는 예측의 틀에 매이지 않고 개방적으로 접근하는 태도가 대조적이다. 이런 태도 덕분에 우주의 변방 지구라는 행성에서 더디지만 태양계와 생명체, 우주 생성의 비밀을 탐구해나갈 수 있는 것 아닌가.

조선의 천문 기기 혼천의 복원

남경욱

고천문학

제16회 세계동아시아과학사학회가 독일 프랑크푸르트 괴테 대학에서 2023년 8월 21일부터 25일까지 닷새간 성황리에 개최되었다. 세계 각국의 400명이 넘는 학자가 150개의 섹션에 참석해 전통 시대부터 근현대까지 동아시아의 과학기술에 대해 열띤 발표와 토론을 펼쳤다. 이번 학술대회 주제는 '동아시아에서 과학, 기술, 의학의 위기와 얽힘Crises and Entanglements Science, Technology and Medicine in East Asia'이었다. 팬데믹, 지구온난화, 환경오염 등 현대사회가 맞닥뜨린 여러 위기를 진단 및 해결하기 위해 동아시아의 과학, 기술, 의학의 역사적 성찰을 모색하는 자리를 마련한 것이다. 동아시아 과학사에 대해 이토록 많은 세계의 학자가 관심을 가지고 연구한다는 점이 놀라웠다.

국립과천과학관에서는 나와 천문우주팀 박대영 팀장이 참석했다. 공식적으로 세계동아시아과학사학회에 참여한 첫 과학관 직원이 아닐까 싶다. 우리는 지난 2년 동안 한국천문연구원, 충북대학교와 공동으로 연구해온 '19세기 남병철의 혼천의 복원 연구On the restoration model of Nam Byoung-chul's armillary sphere in the 19th century Korea' 발표를 준비했다. 2022년 10월 국립중앙과학관에서 개최한 국제 과학관 심포지엄에서도 이 연구의 일부 성과를 발표한 바 있다. 하지만 이렇게 세계 각국의 동아시아 과학사 전문가 앞에서 영어로 발표하려니 부담이 느껴졌다.

우리는 19세기 중반 조선에서 남병철이라는 학자가 저술한 《의기집설儀器輯說》에 소개된 '혼천의' 복원 연구를 소개했다. 아무래도 연구팀의 구성이 국립과천과학관, 한국천문연구원, 충북대학교이니 과학적, 교육적 측면에 포인트가 맞춰졌다. 그런데 참석한 학자들은 이 천문 관측 기기가 가지는 역사적, 사회적 측면에 더 많은 관심을 보였다. 발표 후 토론 시간에 들어온 질문과 논평은 '왜 19세기 조선에서 혼천의라는 천문 관측 기기를 개발했고 사회적, 역사적으로는 어떠한 영향을 끼쳤는지'에 집중되었다. 아차 싶었다. 우리가 천문의기 복원에 치중해 연구를 진행하다 보니 숲을 보지 못했다는 것을 그제야 깨달았다. 하지만 이를 밝힐 만한 별도의 사료가 존재치 않는 한 우리는 명확한 답을 찾을 수 없었다. 아마도 이렇지 않았을까 짐작만 할 뿐. 이제라도 우리의 연구를 복기하며 함께 답을 찾아보려고 한다.

조선을 대표하는 천문학자이자 수학자

혼천의를 개발한 남병철南秉哲, 1817~1863이 어떤 사람인지에서부터 시작해보자. 일반인에게는 잘 알려지지 않은 인물이지만, 동아시아 과학사 연구자에게 남병철은 그의 동생 남병길南秉吉, 1820~1869과 함께 19세기 조선을 대표하는 천문학자이자 수학자로 인정받고 있다. 남병철은 1837년(헌종 3년) 21세에 과거 급제해 헌종과 철종으로부터 총애를 받으며 규장각 대교, 전라도·평안도 관찰사, 예조·이조·형조·병조 판서를 두루 거쳐 1859년에는 홍문관 대제학까지 오른 고위 관료다. 그는 학문적으로도 폭이 넓고 깊어 지식인들로부터 '세상만사에 두루 통달한 유학자 통유通儒'로 칭송받았다. 특히 남병철은 당시 중국의 선진적인 학술과 서양의 과학기술을 접하며 천문학과 수학에 심취했다.

1859년 관상감 제조를 맡은 이후 남병철은 말년까지 천문학과 수학 관련 저술 편찬에 열정을 기울였다. 대표적인 저술로는 천문기기의 제조법과 사용법을 설명한 《의기집설》(1850년대), 천문 역산서인 《추보속해推步續解》(1862년)와 《회회력법回回曆法》(1860년대), 수학서인 《해경세초해海鏡細艸解》(1861년) 그리고 서양 점성술 관련 서적인 《성요星要》(1860년대) 등이 있다. 남병철은 학파나 나이뿐 아니라 신분이나 지위에 구애받지 않고 교우 관계를 맺었다. 10년 연상인 박규수朴珪壽, 1807~1877와 친한 관계를 맺었으며, 산학자 이상혁李尙爀, 1810~? 등 중인 계층 전문가와도 개방적인 태도로 교류했다. 정리해보면 남병철은 폭넓은 학문적 관심사와 교우 관계를 통해 서양 천문학을 객관적이며 깊이 있게 섭렵했고, 동아시아 전통 천문학을 계승·발전시키려고 시도한 19세기 조선의 대표적인 지식인으로 평가할 수 있다.

남병철이 편찬한 《의기집설》은 어떤 책일까? 별도의 서문이 없어 어떤 의도인지, 언제 발간되었는지는 알 수 없다. 다만 《의기집설》에 인용한 책들을 분석해보면, 남병철이 천문학과 수학과 심취해 있던 1850년에서 1855년 사이에 편찬한 것으로 보인다. 《의기집설》은 천문 기기에 대해 전문적으로 서술한 조선시대 유일한 책이라고 할 수 있다. 1445년 세종대 이순지가 편찬한 《제가역상집》

과 1796년 관상감에서 출판된 《국조역상고》에도 천문 관측 기기에 대한 언급은 있지만, 천문 관측 기기만 집중적으로 서술하고 있지는 않다.

《의기집설》의 구성을 보면 그 특징이 더욱 잘 나타난다. 상권에는 '혼천의'에 대해서만 서술한다. 혼천의의 역사와 특징, 제작법, 사용법과 수학적 계산법 등 100페이지가 넘는 분량으로 아주 자세하게 설명했다. 하권은 17세기 서양 과학이 조선에 전래된 이후 만들어진 8개의 천문 관측 기기에 대해 기술되어 있다. 서양의 아스트로라브Astrolabe라고 불리는 천문 기기인 혼개통헌의, 아스트로라브보다 좀 더 간단히 만든 간평의, 자명종인 험시의, 적도 해시계인 적도고일구의, 성반인 혼평의, 지구 모양을 형상화한 지구의, 북두칠성의 구진성을 이용해 절기와 시각을 측정하는 별시계 구진천추합의, 2개의 표를 세워 절기와 시각을 측정하는 해시계 양경규일의 그리고 구면 직각형을 이용해 계산하는 양도의가 소개되었다. 각각의 천문 기기에 대한 역사, 제작법, 사용법을 상세히 설명한다. 여기서 4개의 천문의기는 19세기 조선에서 제작된 것을 참고했다. 혼평의와 지구의는 박규수가 제작한 것을, 양경규일의는 산학가 이상혁이, 그리고 양도의는 동생 남병길이 제작한 천문 기기를 참고하여 집필했다.

《의기집설》과 혼천의

《의기집설》에서 상권 전체를 할애해 아주 상세히 설명하는 혼천의는 무엇일까? 혼천의는 기원전 2세기 한나라 때부터 사용되던 중국의 대표적인 천문 기기다. 유교의 경전 중 하나인 《서경》의 〈순

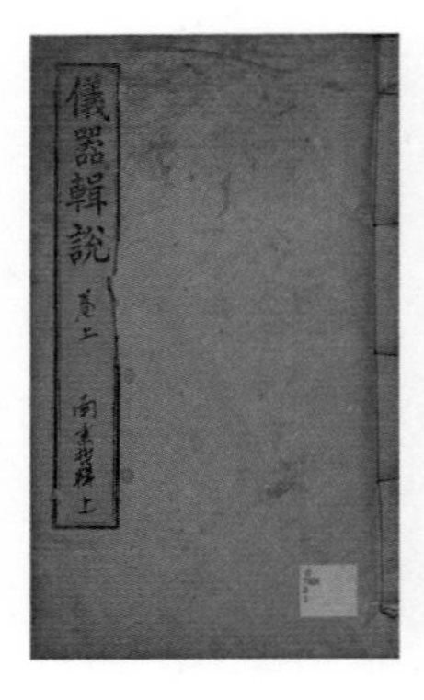

儀器輯說目錄
卷上
渾天儀
卷下
渾蓋通憲儀
簡平儀
驗時儀
赤道高日晷儀
渾平儀
地球儀

↕ 《의기집설》 표지와 목차, 《서경》의 선기옥형 그림.

전〉에는 "선기옥형(혼천의)으로 일월오성을 바로 잡으셨다"라고 기록되어 있어 오래전부터 사용한 천문 기기임을 증명한다. 우리나라에서는 1433년 세종대 이천과 장영실이 혼천의를 제작한 기록이 있다. 조선 후기에 들어서는 유학자들이 《서경》을 공부하며 하늘의 구조를 이해하기 위해 직접 혼천의를 만들기도 했다. 유학자로 잘 알려진 이황李滉, 1501~1570, 송시열宋時烈, 1607~1689, 배상열裵相說, 1760~1789 등이 제작한 혼천의가 현존한다.

혼천의는 시계에 연결되어 태양과 달의 위치를 보여주는 천문 시계로도 만들어졌다. 우리가 잘 알고 있는 1만 원권 뒤에 그려진 혼천의가 바로 1669년 송이영宋以潁, ?~?이 제작한 혼천 시계의 혼천의 부분이다. 18세기 홍대용洪大容, 1731~1783이 자명종 혼천 시계를 만들었다는 기록도 남아 있다. 이렇게 조선 후기 혼천의는 천문 관측 기기가 아니라 주로 교육용이나 하늘을 표상화한 천문 시계로 제작되어 쓰였음을 알 수 있다.

그렇다면 19세기 남병철이 고안한 혼천의는 어떤 특징을 가지

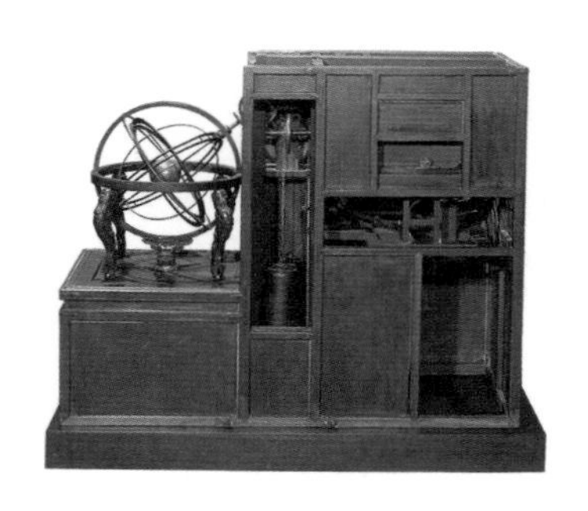

↕ 송이영의 혼천 시계.

고 있을까? 남병철은 《의기집설》 〈혼천의〉 '혼천의설'에 "역대 각종 혼천의의 제작 방법을 보편적으로 살펴 복잡한 부속품은 제거하고 간단한 부속품은 보강하여 새로운 혼천의를 제작하려고 한다"라고 의도를 밝혔다. 그러고는 자신이 개발한 혼천의의 구조를 5겹 8환•으로 구성했다고 설명한다. 남병철이 제시한 구조와 특징을 정리해보면 아래 표와 같다. 그는 "제작과 관측의 편리함을 고려해 새로운 혼천의를 설계·제작했다"고 강조한다.

| 남병철의 혼천의 구조와 특징 |

5겹	8환	특징
1겹	1권 지평환과 받침대	북극축과 수평 맞추기, 가장 밖에 위치
2겹	2권 자오환	하늘의 경도와 위도를 상징함, 1겹 안쪽에 위치
	3권 천상적도환	
3겹	4권 삼신환	태양, 달, 오행성, 별들의 운행을 나타냄, 2겹 안쪽에 위치
	5권 유선적도환	
	6권 황도환	
4겹	7권 재극환	적극축, 황극축, 천정축 선택 기능, 3겹 안쪽에 위치
5겹	8권 사유환	관측 기능, 4겹 안쪽에 위치

• 《의기집설》 '혼천의설' 원문 "오중팔권五重八圈"을 현대 용어에 맞추어 "5겹 8환"으로 번역했다.

우리 연구팀은《의기집설》에 설명된 혼천의 '제작법'을 중심으로 각 구조를 이해하고 복원용 도면을 작성했다. '제작법'은 '자오환, 천상적도환, 삼신환, 유선적도환, 황도환, 재극환, 사유환, 규형, 통광표, 측성표, 지시도표' 총 12개로 나누어 설명한다. 우리의 혼천의 제작법 연구 과정을 '자오환'으로 예를 들면 다음과 같다.

① 원문: 子午圈 脊面畫中線, 是爲子午正線. 兩側面, 各畫周天度數. 自南北極起初度, 至中腰九十度作齡, 以受天常赤道圈子午線之相交.
② 해석: 자오환 등면에 가운데 선을 그리는데 이를 자오정선子午正線이라고 한다. 양쪽 측면에는 각각 주천도수周天度數를 그린다. 남북극에서 초도初度를 시작하여 가운데 90도에 눈금을 새기는데, 천상적도권의 자오선이 서로 교차하는 곳을 받치게 한다.
③《흠정의상고성》(1756년) 등 참고 문헌 참조.
④ 복원 도면 제작.

'제작법'에 설명된 12개 각 부품의 복원 도면을 제작하고, 최종 조립한 도면을 완성했다. 복원 도면 제작에서 가장 어려웠던 부분은 각 부품의 크기와 치수 설정이었다.《의기집설》에는 혼천의 치수에 대해서 별다른 언급이 없었다. 우리 연구팀은 18세기 말 관상감에서 공식적으로 편찬한《국조역상고》(1796년)에 소개된 천문 관측 기기 '적도경위의'의 크기를 참고하기로 했다. '적도경위의'는 가장 밖에 있는 '자오규'의 크기를 약 80센티미터로 잡았다. 이를 적용해 남병철의 혼천의 '자오환'의 크기를 약 81센티미터로 하고 나머지 부품은 이에 기준해 작동 가능하도록 '삼신환 73.4센티미

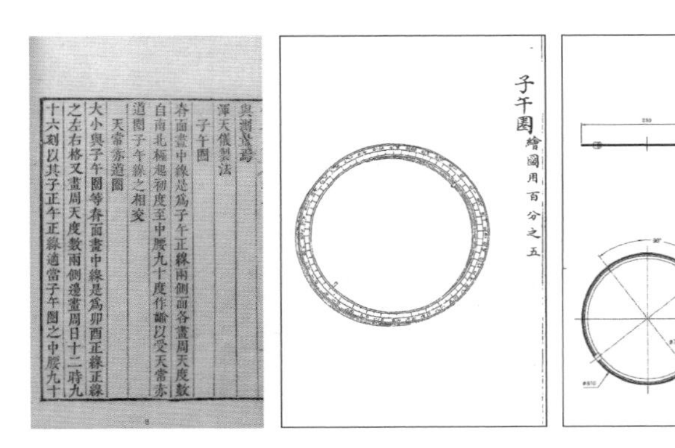

⇡《의기집설》〈혼천의〉'제작법'과《흠정의상고성》참조, 번역과 참고 문헌을 기초로 복원 도면 제작.

터', '재극환 65.4센티미터' 등 각 환의 치수를 잡았다. 이렇게 제작한 복원 도면을 기초로 MDF와 아크릴을 활용해 2분의 1 혼천의 축소 모형 2본을 제작했다.

혼천의 복원 모형 검증을 위해 2차 연도(2023년)에는《의기집설》〈혼천의〉'사용법'을 연구했다. 복원 모델인 이 혼천의를 가지고 남병철이 제시한 '사용법'에 따라 시연해보면 분명 제대로 만들었는지 확인할 수 있을 것으로 기대했다. '사용법'에는 '혼천의 설치', '북극 고도 측정', '각 계절 해가 뜨고 지는 시각' 등 총 21종의 '사용법'과 이와 연계한 '수학적 계산법'을 제시한다. 우리 팀은 '사용법'에 집중해 복원 모델을 검증하는 데 집중했다. 21종의 '사용법'을 특징별로 분류하여 '혼천의 설치, 천체의 위치 측정, 시각 측정, 기타'로 나눴다.

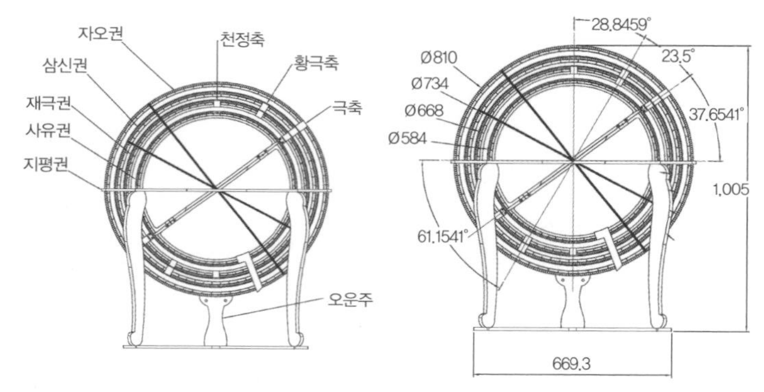

혼천의 조립 구성 도면과 각 부품의 크기 및 치수, 2분의 1 축소 모형(MDF).

| 《의기집설》 〈혼천의〉 '사용법' 분류표 |

구분	사용법	비고
설치	세팅, 사유환 사용법 남북진선 · 북극출지도 적도 고도 측정	자오환 구조 변경

위치 측정	태양의 황도 궤도, 태양의 적도경위도 · 지평경위도와 편도, 달과 별의 적도경위도 · 황도경위도 지평경위도와 편도, 두 별 사이의 거리	
시각 측정	태양의 입출입 · 주야 길이 · 절기 · 박명 시각, 달과 별의 입출입 시각 · 편도	재극환 구조 변경
기타	황도와 백도의 거리, 황도와 적도의 각도 변환	

'제작법'과 같은 방식으로 《의기집설》 '사용법'의 ① 원문 해석, ② 복원 모델 시연, ③ 복원 모델 검증 또는 구조 변경을 진행했다. '사용법' 연구를 통해 우리 팀은 복원 모델 중 두 가지 구조 변경이 필요함을 확인했다. 첫째가 '북극출지도' 사용법을 시연하며 자오환 구조를 기존의 고정형에서 움직일 수 있는 슬라이딩 방식으로 바꾸었다. 관측 위도에 따라 북극 고도를 변경하는 것이 필요하다고 판단했기 때문이다. 둘째, '박명 시각• 측정'에서 재극환 극축 변환 장치를 황극축에 설치할 때 삼신환과 사유환의 축을 독립적으로 작동할 수 있도록 구조를 변경했다. 박명 시각 측정 시 황도환이 움직일 때 사유환이 움직이지 않게 해야 하기 때문이다.

'사용법' 연구가 아주 세부적인 내용이라 이해하기가 쉽지 않다. 그렇지만 꼭 짚고 넘어가고 싶은 이 연구의 성과는 다음과 같다. 첫째, '사용법' 시연을 통해 복원 모델 구조를 검증하거나 수정할 수 있었다. 둘째, 남병철이 이 혼천의를 가지고 무엇을 하려고 했는지

• 《의기집설》 '혼천의설' 원문 '몽영시각'을 '박명 시각'으로 번역했다. 박명 시각twilight은 해가 지고 나서도 어느 정도 밝은 상태를 유지하는 시간을 말한다. 서울 기준으로 천문박명 시간은 하지 44분, 동지 32분 정도다.

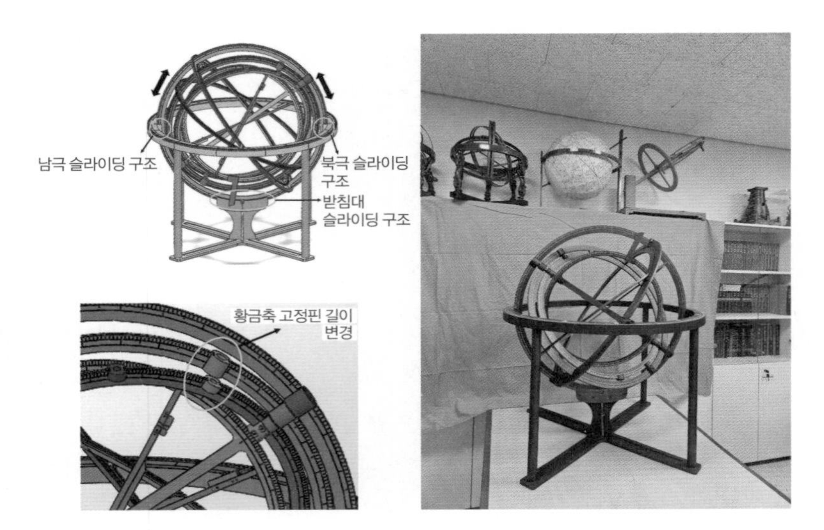

⫶ 자오환 슬라이딩 구조, 재극권, 황극축 고정핀 길이 변경 작업과 최종 혼천의 복원 모델.

도 짐작할 수 있었다.

'사용법' 연구 결과를 반영해 최종 1 대 1 크기 복원 모델을 제작했다. 철로 제작한 지름 80센티미터 자오환을 가진 남병철의 혼천의 복원 모델은 이렇게 완성되었다. 앞으로 우리 연구팀은 복원 모델을 가지고 실제 천문 관측을 해보고, 과학관이나 천문대에서 활용할 만한 교육 프로그램도 개발할 예정이다.

이제 처음 우리의 질문으로 돌아가보자. 19세기 중반 조선에서 고위 관료였던 남병철이 혼천의를 개량하려고 했던 목적은 무엇일까? 그것도 당시 주로 교육용이나 천문 시계로 활용되었던 혼천의를 개량하여 천문 관측 기기로 복귀시키려 했던 이유는 어디에 있을까? 그리고 이 혼천의가 당시 지식인이나 사회에 준 의미는 무엇일까? 어떤 질문에도 우린 여전히 명확한 답을 찾지 못했다. 서양 과학기술이 조선을 비롯해 동아시아를 휩쓸던 19세기 중반, 당시 통유로 불릴 만큼 박학다식한 남병철은 동양의 전통을 발전적으로 계승하려 하지 않았나 조심스럽게 추측해본다.

남병철은 중국에서 유행하던 고증학 학풍을 받아들여 '혼천의설'에서 혼천의의 역사를 고증했다. 그리고 유교 경전인 《서경》에 기록된 고대 천문 관측 기기인 '혼천의'를 되살렸다. 유학자 남병철에게 혼천의는 단순히 하늘을 관측하는 기기를 넘어 '천명天命' 즉 하늘의 뜻을 살피는 상징물이었을 것이다. 더욱이 그는 적도좌표계, 황도좌표계, 지평좌표계를 쉽게 변환할 수 있는 '재극환'이라는 장치를 고안해 동서양 천문학을 아우르는 혼천의로 개량하려 했다.

서양 과학의 우수함이 정밀한 관측과 논리적인 수학에 있다고 확신한 남병철은 혼천의를 통해 서양 과학의 기교와 동양 과학의 도리를 융합하려고 하지 않았을까? 그가 개량한 혼천의로 정밀하게 하늘을 관측해 명징한 하늘의 이치를 밝힌다면, 곧 동서양 모든 인간이 지켜야 할 윤리와 도덕 즉 '천명'을 깨달을 수 있다고 믿지 않았을까 싶다. 이는 마치 17세기 중반 반사망원경과 프리즘을 고안해 하느님이 창조한 완벽한 우주의 원리를 발견하고, 이를 통해 신학적 개혁을 추구하려 했던 영국 과학자 아이작 뉴턴의 시도와도 맥락이 닿아 보인다. 이번에 개최된 제16회 세계동아시아과학사학회에 참가해 과거 동아시아 과학기술의 역사를 성찰하며 지금의 과학기술이 우리에게 어떤 의미를 주는지 되새겨보는 계기가 되었다.

수학

CHAPTER 4

이산수학계 난제, 칸-칼라이 추측 증명
조합 대수기하학, 수학을 개척하다

이산수학계 난제, 칸-칼라이 추측 증명

강성주

수학

2022년은 한국 수학계에 큰 족적이 남은 해다. 2022년 2월에 있었던 국제수학연맹International Mathematical Union 총회에서 대한민국의 수학 국가 등급이 최고 단계인 5그룹으로 승격되었다는 소식이 가장 먼저 들려왔다. 4년에 한 번씩 열리는 국제수학연맹 총회는 전 세계 수학계의 중심부 역할을 하며, 대한민국은 1981년 1그룹 국가로 국제수학연맹에 가입한 이래 41년 만에 5그룹이 되었다. 5그룹에 속한 국가는 미국, 일본, 독일 등 총 12개국으로 대한민국은 이 5그룹에 속한 그 어느 나라보다 짧은 기간에 5그룹 승격을 이루었다. 한국 수학자들의 초청 강연 실적과 SCI 수학 논문 출판, 국제수학올림피아드 입상 성과 등으로 판단하며, 수학 연구 및 교육 현황이 이제는 전 세계 최고 수준임을 공식적으로 입증받은 것이었다.

그 뒤 얼마 지나지 않은 4월, 당시 미국 스탠퍼드대학의 박진영 연구교수(현 미국 뉴욕대학 쿠랑 수리과학 연구소 교수)가 이산수학계의 난제라고 불리던 칸-칼라이 추측Kahn-Kalai Conjecture을 증명했다는 소식이 왔다. 그리고 7월 허준이 교수의 필즈상 수상 사실이 전해지면서, 찬란했던 대한민국 수학계의 2022년은 아름답게 마무리되었다. 박진영 교수와 허준이 교수 모두 늦게 수학자의 길을 걷기 시작했지만 그 누구보다 큰 성과를 내고 있기에 한 번쯤은 그 공적을 돌이켜볼 필요가 있다고 생각한다. 따라서 이 장에서는 박진영 교수가 증명한 칸-칼라이 추측이 무엇이고, 과연 어떻게 증명했는지를 알아보고자 한다.

박진영 교수가 증명해낸 난제는 간단히 말해 기대-임곗값 추측이라고 할 수 있다. 이 난제는 처음 제기한 미국 럿거스대학의 제프 칸Jeff Kahn 교수와 이스라엘 히브리대학의 질 칼라이Gil Kalai 교수의 이름을 따서 칸-칼라이 추측이라고 부른다. 시작은 2006년으로 거슬러 올라간다. 칸 교수와 칼라이 교수는 어느 날, 불가능해 보이지만 잘 생각하면 수학적으로 해결할 수 있을 것 같은 문제에 대해 고민하기 시작했다. 무작위 이산離散 구조에서 과연 특정한 구조가 나타날 수 있는가? 그렇다면 그러한 특정 구조가 나타나는 시점은 언제인지에 대한 고민이었다.

쉽게 설명해보자면 모래를 한 줌 움켜쥐고 바닥에 흩뿌렸을 때, 특별한 형태가 나올 수 있을까? 예를 들면 완벽한 원이나 하트 모양이 나올 수 있을지에 대한 질문이었다. 그렇다면 어떤 경우에 완벽한 원 또는 하트 같은 특정한 모양이 나타나는가를 자연스럽게 고민하게 된다. '어떤 경우'라는 바로 이 지점을 수학적 또는 과학적인 용어로 '임곗값threshold'이라고 부르며, 때때로 이해를 돕기 위해 '문지방threshold'이라는 용어를 사용하기도 한다. 따라서 칸-칼라이 추측을 '기댓값 문지방 정리Expectation Threshold Theorem'라고도 부른다.

앞선 예시에서 설명했듯이 칸-칼라이 추측은 무작위 이산 구조에서 '임곗값'과 '기대-임곗값expectation threshold' 사이에 어떠한 연관성을 가졌는지, 이 둘 사이에 긴밀한 관계가 있는지 확인하고자

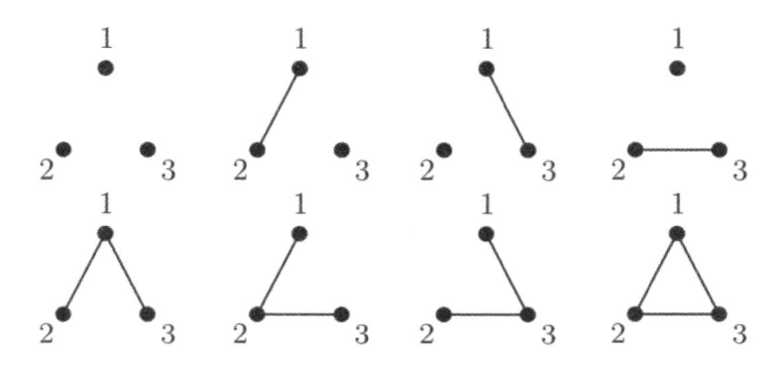

⇡ 이산 구조의 예시. 이 그림에서 불연속적으로 분포하는 객체인 각 꼭짓점으로부터 그들 사이의 관계를 나타내는 모서리를 다양하게 이어 각 객체 사이의 관계를 나타낸 것이다. 이처럼 이산 구조는 불연속적인 객체와 그들 사이의 관계를 나타내는 추상적인 수학적 구조를 의미한다.

하는 것이다. 여기서 우리가 조금 더 명확하게 알고 들어가야 할 용어는 바로 '이산 구조discrete structures'와 '임곗값'이다.

먼저 임곗값은 특정한 변화가 나타나기 시작하는 경계의 값으로 정의할 수 있다. 예를 들면 액체 상태의 물이 고체인 얼음으로 변하기 시작하는 임곗값은 섭씨 0도, 기체 상태의 수증기로 변하기 시작하는 임곗값은 섭씨 100도다. 이런 특별한 변화가 나타나는 기준이 되는 지점에서의 값이 바로 임곗값이다. 그리고 '이산 구조'는 연속적이지 않은, 불연속적인 어떠한 객체와 그들 사이의 관계를 나타내는 추상적인 수학적 구조를 의미한다. 정의를 읽었을 때 머릿속에 잘 그려지지 않겠지만 위의 그림을 보면 쉽게 이해할 수 있을 것이다.

이렇게 이산 구조로 되어 있는 예시 그림에서 꼭짓점 개수를 n, 각 점을 이어주는 모서리가 존재할 확률을 p라고 가정할 경우 존재하는 그래프를 우리는 $G_{n,p}$라고 정의할 수 있다. 다시 말해서 2개의 변수 n과 p에 의해 결정되는, 그래프로 이루어진 확률이 존재하는

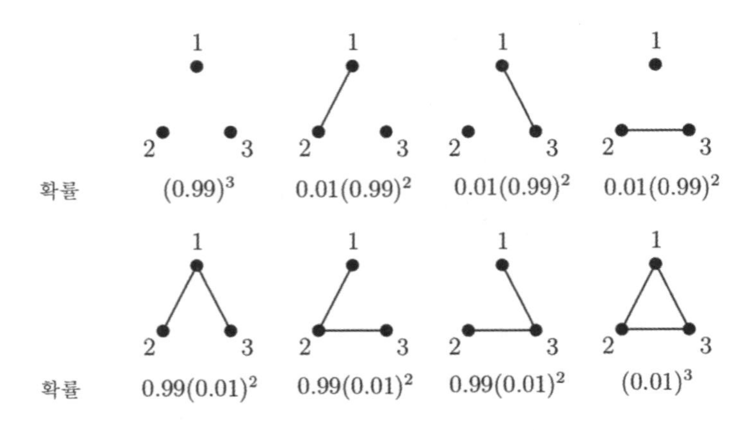

꼭짓점이 3개이고, 모서리가 생길 확률이 0.01인 이산 구조의 확률 분포도.

공간이라고 볼 수 있는 것이다. 가장 간단한 경우의 예를 들어보면, n=3이고 p=1/2일 때, 각 모서리가 존재할 확률이 1/2이고 서로 독립적으로, 다시 말해서 한 모서리의 존재 여부가 다른 모서리의 여부에 전혀 관여하지 않고 있기 때문에 209쪽 그림의 8가지 경우가 각각 1/8의 확률로 존재하게 된다.

그런데 어떠한 이유로 인해 모서리가 나타날 확률이 극히 드물어서 1/2이 아닌 1/100의 확률, 즉 0.01의 확률로 나타난다고 가정을 해보자. 그렇다면 모서리가 생기지 않을 확률은 99/100, 다시 말해 99퍼센트인 0.99다. 그렇다면 209쪽 그림의 맨 처음 경우처럼 세 꼭짓점을 연결하는 모서리가 생기지 않을 확률은 (0.99×0.99×0.99), 즉 $(0.99)^3$으로 표현할 수 있다. 그렇다면 두 번째, 세 번째, 네 번째의 경우처럼 1개의 모서리만 생길 확률은 각각 (0.01×0.99×0.99), 즉 $0.01(0.99)^2$으로 나타낼 수 있다. 이렇게 $G_{3,0.01}$의 확률 분포는 위의 그림과 같이 나타낼 수 있다.

간단한 예제에서 확인한 것처럼, 무작위 이산 구조를 가진 그래프는 같은 모양을 가지더라도 그러한 경우가 생기는 확률에 따라서 확률 분포로 존재한다는 것을 확인했다. 따라서 이산 구조의 연구에서는 자연스럽게 확률론적 도구가 많이 사용될 수밖에 없다.

자, 우리는 이제 '기댓값 문지방 정리' 즉 칸-칼라이 추측을 이해하기 위해 필요한 기본 개념을 갖추었다. 칸과 칼라이 교수는 이렇게 무작위로 만들어지는 이산 구조에서 앞서 언급했듯 완벽한 원이나 하트 모양과 같은 특별한 구조가 나타나는 임곗값도 존재할 것으로 생각했지만, 그 값을 찾는 것 역시 굉장히 어려울 거라고 예상했다. 그래서 어쩔 수 없이 특별한 구조가 나타날 임곗값을 근삿값으로라도 찾아보려고 시도했으며 이렇게 추정한 값이 실제 임곗값과 비슷하리라 추측했다. 이게 바로 칸-칼라이 추측, 즉 기댓값 문지방 정리의 핵심이다.

실제 칸-칼라이 추측은 무작위 이산 구조와 그래프에서 다양한 구조가 어떻게 나타나는지에 대해 매우 광범위한 확률로 표현하는 것이다. 그렇다면 이산 구조의 예를 확장해 꼭짓점의 개수, 즉 n이 100개라고 가정해보자. 이때 두 꼭짓점을 연결하는 모서리가 생길 확률인 p가 증가하면서 매우 신기한 현상이 발견되기도 한다. 마치 물이 섭씨 0도에서 얼음이 되는 것처럼 갑작스럽게 그래프 내에서 새로운 구조가 나타나는 것을 확인할 수 있다. 그 구조가 정사각형이 될 수도 있고, 삼각형이 될 수도 있고, 때로는 별 모양이 될 수 있는 것처럼 특정 구조가 나타날 수 있다. 이렇게 특이한 구조가 나오기 시작하는 지점이 바로 임곗값이며, 각각의 수많은 경우에 대응되는 무수히 많은 임곗값이 존재한다.

수학자들이 주로 관심을 두는 주제는 바로 이렇게 다양한 값의

n과 p가 주어졌을 때, 그래프 $G_{n,p}$를 99퍼센트 이상의 확률로 만족하는 성질은 무엇이 있을까라는 질문에 대한 답이다. 다시 말해 전형적으로 나타나는 구조는 무엇인지에 관한 궁금증이다. 쉽게 설명하자면, 수학자들은 각자 관심이 있는 특성 또는 구조가 나타나는 임곗값을 구하고 싶어 한다. 하지만 대부분의 경우 실제 임곗값을 구하는 것은 둘째 치고, 임곗값의 근사치를 추정하는 것조차 매우 어려웠다. 그래서 수학자들은 임곗값을 대강이라도 구하고자 하는 쉬운 계산법을 찾아 사용하기도 했다. 이렇게 쉬운 방법으로 구한 추정치의 임곗값을 '기대-임곗값'이라고 불렀고, 수학자들은 이렇게 찾은 기대-임곗값이 실제 임곗값과 비슷하기만을 바랄 수밖에 없었다. 물론 이 기대-임곗값 또한 실제 특별한 구조 또는 특성이 나타나는 임곗값과 크게 차이가 나지 않을 것으로 생각했으나, 실제로 증명할 방법을 찾지 못하고 있었다.

칸과 칼라이 교수의 기대-임곗값과 임곗값이 비슷할 거라는 추측은 사실 너무 대담한 것이었다. 그래서 수학적으로 증명이 쉽지 않아 보였고, 오히려 희망 사항에 가까웠다. 만약 칸-칼라이 추측이 증명된다면, 앞선 예시처럼 단순히 무작위 그래프뿐 아니라 무작위 숫자 배열이나 보다 광범위한 시스템에도 적용할 수 있기에, 활용성이 대단하다. 쉽게 구할 수 있는 기대-임곗값만으로도 실제 임곗값이 필요한 수많은 문제를 해결할 수 있기 때문이다.

박진영 교수는 럿거스대학에서 제프 칸 교수의 지도 아래 박사학위를 받았다. 그리도 당시에 이미 이 어려운 난제의 약한 버전, 즉 특별한 경우인 '선형 칸-칼라이 추측'을 증명했고(2019년), 수학계 최고 저널 중 하나인 《수학 연보Annals of Mathematics》에 게재했다. 하지만 일부 특수한 경우를 증명한 것이었고 일반적인 경우(즉 수학에서는 단조 성질monotone property을 갖는 모든 경우)에 적용되는 완벽한 증명을 위한 아이디어는 지난 2022년 3월 밤에 떠올리게 되었다.

여기서 말하는 단조 성질이란 주어진 순서를 모두 보존하는 성질을 의미한다. 여러분이 등산로를 따라 걷고 있다고 가정하자. 단조 증가의 속성을 가진 등산로는 시작점부터 끝점까지 오르막길만 있어서 등산객이 이동하는 동안 높이는 전혀 감소하지 않는 경우다. 따라서 등산객은 적어도 같은 높이를 유지하거나 높아지는 경향이 있다. 칸-칼라이 추측에서 의미하는 단조 성질은 앞서 들었던 무작위 그래프의 예시에서 모서리를 추가하더라도 임곗점이 변하지 않는 특성을 말한다. 박진영 교수와 당시 박사 과정 학생이었던 팸Huy Tuan Pham 연구원은 하룻밤 사이에 이 단조 성질을 포함한 칸-칼라이 추측의 증명을 완성할 매우 획기적인 방법을 떠올렸고, 고작 일주일 만에 6페이지 분량의 논문을 완성했다.

이 논문에서 박진영 교수와 팸 연구원이 떠올린 방법은 바로 '덮개'라는 개념을 사용하는 것이었다. 이 덮개는 특정한 속성을 보유한 모든 개체에 해당 집합 중 하나가 포함된 집합 모음을 의미한다. 박진영 교수는 목표로 한 특이한 구조를 절대로 만들 수 없는 무작위 집합의 덮개가 있다고 가정하고, 이를 이용해 거꾸로 가능한 임곗점을 찾는 방식으로 증명을 해냈다.

어떤 영화의 평점과 실제 그 영화의 재미나 가치가 일치함을 증명해본다고 가정하자. 기존의 방법에서는 평점이 잘 나온 영화를 보면서, 영화 속에 평점을 높이는 재미있고 가치 있는 부분이 많이 들어 있는지를 확인하는 방식으로 증명하려고 시도해왔다. 하지만 영화는 너무 많이 개봉하기 시작했고, 개인적인 취향에 따라 평점과 영화의 재미가 확실하게 일치한다는 보장을 하기가 불가능해졌다.

그 가운데 떠올린 새로운 방식이 바로 일반적으로 평점을 내는 5개의 별이 아니라, 반대로 재미없는 영화만 거르는 것이다.

영화에서 관객이 공통적으로 재미없어하거나, 흥미를 못 느끼는 부분만 골라내, 짧은 스틸 컷으로 만들어서 개봉되는 영화에 이러한 부분이 얼마나 포함되어 있는지를 보고, 피해야 할 영화를 골라내기 시작했다. 이제 실제로 재미없는 영화를 확실하게 제외할 수 있으니, 제외되지 않은 영화가 적어도 재미가 없지 않음을 증명한 것이다. 원래 시도하던, 그리고 많은 분야에서 사용되던 기존의 증명 방법은 일부 특이한 구조나 특성이 나올 가능성을 구하는 데 초점을 맞추었다면, 박진영 교수의 증명법은 특이한 구조를 만들 가능성이 없는 작은 덮개를 만들고, 작은 덮개들을 통해 나올 수 있는 전체 구조를 설명한 것이다.

카네기멜런대학의 수학과 교수인 앨런 프리즈Alan Frieze 교수는 박진영 교수와 팸 연구원의 증명에 대해 "이 추측의 증명은 매우 길며 복잡할 수밖에 없다고 생각했던 이론들이 갑자기 사라지면서 갑자기 일상의 너무나 사소한 일에도 적용할 수 있을 정도로 단순해졌다"고 언급했다. 이 칸-칼라이 추측에 대한 증명이 담긴 6페이지 논문이 얼마나 간단하고 우아하게 쓰였는지 확인할 수 있는 대목이다. 그렇게 짧은 시간 안에 떠오른 아이디어로 작성한 논문은 2022년 3월 31일, 논문 사전 공개 사이트인 '아카이브'에 올라갔고, 그 효과와 영향력은 엄청났다. 난제의 증명 소식은 전 세계 수학자에게 급속히 퍼졌으며 칼라이 교수는 논문이 게재된 뒤인 4월 2일, 자신의 블로그에 축하 메시지를 올리기도 했다.

박진영 교수의 연구 성과와 함께 주목받았던 것은 그녀의 발자취다. 한국에서 용강중학교와 세종과학고등학교에서 7년간 교사로 근무하다가, 늦은 나이에 미국으로 유학을 가서 이뤄낸 성과였기 때문이다. 박진영 교수는 자신의 수학 인생을 소개하는 영상에서 다음과 같이 이야기했다.

> "수학 공부를 다시 시작했을 때, 나는 너무 나이를 먹지 않았나? 내가 너무 수학을 늦게 시작한 것은 아닌가? 지금까지 수학을 충분히 공부하지 못한 것은 아닐까 걱정했다. 그리고 내가 너무 느린 것 같아 화가 났다."

당시 럿거스대학의 박사과정 연구원으로 있던 박진영 교수는 자신의 지도교수였던 칸 교수에게 고민을 털어놓았다. 그러자 그는 이렇게 조언했다고 한다.

> "빠른 것도 좋지만, 그보다 더 중요한 것은 '깊이'다."

이 말을 듣고 박진영 교수는 마음을 가다듬어 진심으로 깊은 수학의 세계로 뛰어들 열망과 자신감이 생겼다고 한다. 이제 박 교수 연구팀은 기대-임곗값과 실제 임곗값 사이에 발생하는 간격의 의미를 정확하게 이해하고 줄이기 위해 노력하고 있다. 실제로 여러 변수를 많이 고려해야 하는 단조 성질의 임곗값을 정확히 구하는 것은 현실적으로 불가능하다. 대신 기대-임곗값의 상한선upper bound을 구하는 방법이 이미 알려져 있고, 이를 이용해 많은 단조 성질을 가진 경우에 대해 기대-임곗값의 근사치를 구할 수 있다. 다만 '무엇'의 기댓값을 계산해야 기대-임곗값의 올바른 값을 정할 수 있는지를 찾는 것이 가장 중요한 문제다. 앞서 언급한 209쪽 그림의 가장 단순한 예시에서는 삼각형의 개수에 대한 기댓값을 계산해냄으로써 기대-임곗값을 구할 수 있음을 증명한 것이다. 따라서 박진영 교수의 연구는 이 단조 성질 전체를 아우를 통합적인 방법을 제시해 기대-임곗값과 실제 임곗값의 차이가 크지 않음을 증명한 것이다.

마지막으로 흥미로운 점 하나는 칸-칼라이 추측에 의해 유도되는 모든 결과는 앞서 박진영 교수팀이 2019년에 증명한 이 추측의 약한 버전인 선형 칸-칼라이 추측에 의해 이미 모두 유도가 가능하다는 것이다. 칸-칼라이 추측은 이 선형 칸-칼라이 추측보다 훨씬 더 일반적인 경우를 포함하고 있지만, 반드시 칸-칼라이의 추측을 이용해야만, 다시 말해 선형 칸-칼라이 추측만으로는 그 기대-임곗값을 구할 수 없는 단조 성질을 가진 임곗값은 현재까지 보고된 적이 없다.

예를 들면 아인슈타인이 발견한 등속운동을 하는 경우에만 적용되는 특수상대성이론과 이를 포함하는 일반상대성이론 가운데 현재까지 가속운동을 해서 일반상대성이론을 적용해야 하는 경우가 발견되지 않았다는 것과 비슷한 상황이다. (물론 실제로는 일반상대성이론과 특수상대성이론은 다르게 적용되어야 한다!) 따라서 실제로 약한 버전인 선형 칸-칼라이 추측과 조금 더 일반적인 경우라고 볼 수 있는 칸-칼라이 추측이 서로 동치, 즉 같은 것이 아닌가 하는 추측도 있다. 하지만 두 가지 모두 박진영 교수의 연구팀에서 증명되었기 때문에 앞으로 많은 연구에서 임곗값을 찾는 데, 널리 활용될 거라고 생각한다.

조합 대수기하학, 수학을 개척하다

강성주 수학

물리학에서 보이지 않는 양자의 세계를 해석하는 양자역학을 통해 미시 세계의 미스터리를 푸는 것처럼, 수학은 인간의 가장 기본적인 문제 해결 방법인 동시에, 다른 영역에서 찾아볼 수 없는 독특한 질문과 답을 제시한다. 우리가 일상에서 마주치는 가장 단순한 질문에서 우주의 근본 원리를 설명하는 복잡한 이론에 이르기까지, 수학은 보이지 않는 세계의 언어로 작동한다. 그러나 매년 10월, 전 세계의 주목받을 만한 연구와 성과를 기리는 노벨상에는 수학 부문이 포함되어 있지 않다. 그 이유에는 여러 추측이 있지만 확실한 증거는 없다. 대신 수학자에게는 노벨상의 권위에 결코 뒤떨어지지 않는 상이 있는데 바로 필즈상이다. 흔히 '수학계의 노벨상'으로 불리며 4년에 한 번, 4명의 수학자에게 수여된다.

필즈상은 수학 분야에서 뛰어난 업적을 인정받은 젊은 수학자에게 주는 가장 명예로운 상으로 꼽히며, 1936년 캐나다의 수학자 존 찰스 필즈John Charles Fields에 의해 설립되었다. 국제수학연맹 총회가 열리는 해에 만 40세 미만의 수학자에게 주어지며, 기존의 우수한 연구 업적을 기릴 뿐 아니라 앞으로 수학계에 기여할 바에 대한 인정도 포함된다. 필즈상은 수학이라는 분야가 인류 지식의 한계를 확장하고 있음을 보여주는 의미이기도 하다. 복잡한 문제 또는 난제를 해결하고 새로운 이론을 개발하며 기존의 수학적 접근을 혁신적인 방법으로 확장한 수학자에게 주어진다고 보면 된다. 앞서 언급했듯이 노벨상에 해당하는 수학상이 없다는 점을 감안하면, 수학계의 최고 영예인 것이다. 1936년부터 2022년까지 총 64명의 필즈상 수상자는 지속적으로 수학의 발전을 이루어나간 선구자로 인정받았다. 또한 수학의 영역을 넘어 과학기술 여러 분야에까지 영향을 미쳤다. 따라서 필즈상 수상자는 자신들의 발견으로 세계를 더욱 폭넓게 이해할 수 있는 창을 열었고, 그들의 업적은 다음 세대의 수학자들에게 끊임없는 영감과 교훈을 제공한다.

2022년 7월 5일, 핀란드에서 세계수학연맹 총회가 열렸고 필즈상 시상 역시 함께 이루어졌다. 앞서 말한 것처럼 수학계뿐 아니라 다른 여러 분야에도 영향을 미칠 젊은 연구자로, 프린스턴대학의 허준이 교수가 이 상을 받았다. 한국 최초의 수상이자 우리나라 수학계의 경사였다. 늦게 수학을 시작했지만 짧은 기간에 큰 성과를 낸 허준이 교수에게 많은 사람의 이목이 집중되었다.

허준이 교수의 연구 분야는 조합 대수기하학combination algebraic geometry이다. 즉 대수기하학을 통해 조합론의 문제를 해결하는 것이다. 허준이 교수는 사칙연산을 바탕으로 기하학적인 대상을 연구하는 대수기하학의 방법론을 이용해 조합론에서 난제라고 일컬어졌던 리드Read 추측과 호가Hoggar 추측을 비롯해 다수의 난제를 해결한 공로로 필즈상을 받았으며 이를 통해 조합 대수기하학이라는 새로운 수학의 분야를 창시했다고 일컬어진다. 그렇다면 허준이 교수가 개척한 조합 대수기하학이란 과연 무엇인가?

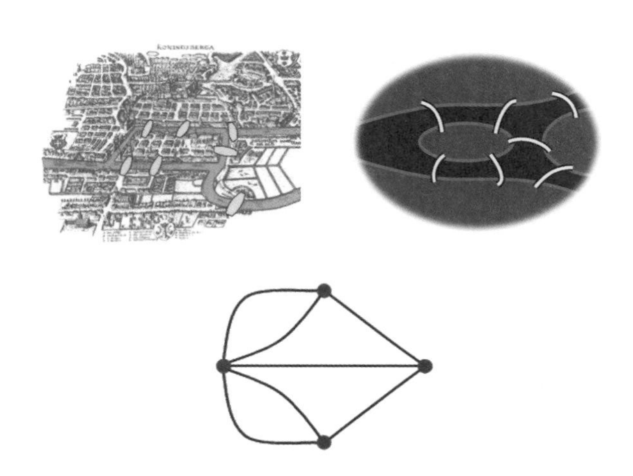

쾨니히스베르크의 7개 다리를 그래프로 바꾸어놓으면 다리를 건너는 경우의 수를 찾는 과제가 한붓그리기 문제로 바뀌어 홀수 점의 수를 세어 해결할 수 있다.

조합 대수기하학은 조합론과 대수기하학을 융합하여 허준이 교수가 새로 개척한 학문이다. 먼저 조합 대수기하학이 무엇인지 알려면 조합론을 먼저 살펴봐야 한다. 조합론combinatorics은 1개씩 셀 수 있는 구조를 가진 수학적 대상을 다루는 분야로 쉽게 이야기하면 경우의 수를 따지는 수학의 한 갈래라고 할 수 있다. 중고등학교에서 한 번쯤 다루어봤을 문제로 예를 들어 '주사위 2개를 던졌을 때, 그 합이 6이 나오는 경우의 수를 구하시오'처럼 특정 값이 나오는 경우의 수, 또는 위의 그림처럼 '쾨니히스베르크의 7개의 다리를 모두 건너는데 어떤 다리도 두 번 건너지 않게 할 수 있을까?'와 같이 주어진 조건을 만족하는 것을 단순화시켜 수를 세는 문제에 대한 탐구를 의미한다.

그렇다면 대수기하학이란 무엇일까? 곡선이나 곡면 등의 기하학적 대상과 대수적 방정식 사이의 관계를 연구하는 분야다. 말로 설명하면 어렵지만 이미 모두가 중고등학교 수학 시간에 다뤄봤을 1차 다항식으로 표현이 가능한 직선이나 평면 또는 2차 다항식으로 표현이 가능한 타원 또는 쌍곡선 등의 도형 방정식이 모두 대수기하학에 속한다.

이 두 가지를 합친 조합 대수기하학은 수학에서도 비교적 새롭지만 어려운 분야로, 조합론과 대수기하학에 모두 능통한 수학자만이 시도할 수 있는 매우 난도가 높은 융복합 학문이다. 일반적으로 수학자들은 난제를 추측의 형태로 제시하곤 하는데 허준이 교수는 대수기하학의 직관을 바탕으로 조합론의 오래된 다수의 난제를 해결하여 조합 대수기하학의 아이콘으로 자리 잡았다. 대부분의 수학자가 평생 하나의 난제를 풀기도 힘든데, 허준이 교수는 필즈상을 수상할 자격이 되는 만 40세가 되기도 전에 총 11개의 난제를 해결하며 필즈상 수상에 이견이 없는 능력을 가졌음을 증명했다.

그렇다면 허준이 교수가 해결한 주요 난제에 어떤 것이 있는지 살펴볼 텐데, 실제로 수학은 생활과 매우 밀접하다. 항상 사용하는 지도나 내비게이션에도 미적분을 이용해 도착 시간과 예상 시간을 찾아낸다. 또한 얼마 전 우리가 겪었던 코로나 바이러스의 전파 과정 속 예상 감염자와 백신 접종을 통해 확산을 막는 추정에도 당연히 수학이 들어 있다. 이처럼 일상에서 접하는 많은 문제를 연구하는 것이 수학자의 의무이기 때문에 이러한 관점에서 아래의 난제를 바라본다면, 수학에 어려움을 느끼더라도 조금이나마 매력적으로 비치지 않을까 희망해본다. 허준이 교수가 풀어낸 많은 문제가 난제인 만큼 내용과 해결 과정이 쉽지는 않겠지만 여기서는 앞서 언급한 리드 추측과 호가 추측에 대해 최대한 쉽게 알아보도록 하자.

⇡ 1852년 프랜시스 구드리가 제안한 4색 문제. 평면 지도의 모든 나라를 단 네 가지 색만 이용하여 전부 구분할 수 있는지를 증명하는 문제로, 당대 유명한 수학자인 드모르간Augustus De Morgan이 도전하면서 유명해졌다. 처음으로 컴퓨터를 이용해 증명에 성공한 난제로 가능한 모든 경우의 수를 직접 확인해 풀었다.

먼저 위의 그림을 보자. 1852년 영국의 식물학자 프랜시스 구드리Francis Guthrie는 연구를 위해 영국 지도를 펴서 구획을 나누던 중 네 가지 색만으로 인접한 지역끼리 서로 겹치지 않게 칠할 수 있음을 깨달았다. 이후 다른 모든 나라도 그러한지 궁금해졌다. 이것이 유명한 4색 문제로, 그림과 같은 평면 지도에 여러 나라가 있을 때, 단 네 가지 색만 써서 모든 나라를 구분할 수 있는지를 묻는다. 100년이 넘게 많은 수학자가 이 문제를 증명하기 위해 노력했지만 실패했고, 이 문제는 1976년 볼프강 하켄Wolfgang Haken과 케네스 아펠Kenneth Appel이 컴퓨터를 이용해 증명했다.

이 4색 문제는 앞선 쾨니히스베르크의 다리 문제처럼 점과 선으로 이어진 그래프로 바꾸어 생각하면 좀 더 간단하다. 각 나라를 점으로 표현하고 인접한 두 나라를 선으로 연결하여 지도를 단순화한 그래프로 만들 수 있다. 예를 들어 아프리카에 인접한 4개의 국가가 있을 경우, 각 나라를 점으로 표현하고 선으로 연결하면 사

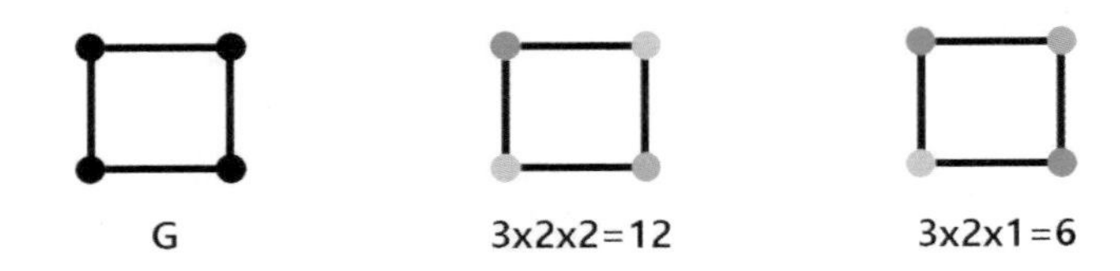

↑ 세 가지 색을 사용할 때, 꼭짓점 하나의 색을 정하면 인접한 두 꼭짓점의 색이 같은 경우는 3 x 2 x 2=12가지가 나온다. 그리고 인접한 두 꼭짓점의 색이 다른 경우는 3 x 2 x 1=6가지의 방법이 되므로 총 18가지의 방법이 있다.

각형이 그려진다. 이런 식으로 그림을 그래프화하면 대수기하학을 이용해 다항식으로 표현할 수 있는데, 이렇게 4색 문제에 자극을 받아 탄생한 것이 바로 채색 다항식Chromatic Polynomial이다. 1932년 조지 버코프George Birkhoff와 해슬러 휘트니Hassler Whitney가 정의한 함수인 채색 다항식은 어떤 그래프에서 이웃한 꼭짓점을 서로 다른 색으로 칠할 때, q개 이하의 색을 사용하여 칠하는 방법의 수를 나타낸 식이다. 일반적으로 $X_G(q)$로 표현하는데 여기서 G는 그래프의 종류, 그리고 q는 사용하는 색깔의 개수를 의미한다. 예를 들어 보자. 위 그림과 같은 사각형 모양의 그래프 G가 있다. 이때 $X_G(3)$의 값은 총 18가지가 된다. 따라서 $X_G(3)=18$이 된다.

이렇게 q의 수를 점점 증가시켰을 때, 일반적인 경우 채색 다항식의 공식은 다음과 같음을 확인할 수 있다.

$$X_G(q) = q^4 - 4q^3 + 6q^2 - 3q$$

위에서 확인한 것처럼 이런 채색 다항식 같은 구조의 문제를 해결할 때는 양 끝점이 같은 색인 경우와 다른 색인 경우를 나누어서 생각하는 방법이 유용한데, 모든 그래프 G에 대해 함수 $X_G(q)$가 다항식 함수임을 알 수 있다. 이때 우리가 주목해야 하는 것은 다항식 계수의 절댓값이다. 다시 말해 4차항 계수의 절댓값인 1, 3차항 계수의 절댓값인 4, 2차항 계수의 절댓값인 6, 1차항 계수의 절댓값인 3 그리고 마지막으로 상수항의 계수인 0까지 계수만 놓고 배열해보면 다음과 같은 패턴을 확인할 수 있다.

$$1 \leq 4 \leq 6 \geq 3 \geq 0$$

마치 능선처럼 계수의 값이 증가하다가 감소하는 것을 알 수 있다. 즉 증가, 감소를 반복하거나 감소하다 증가하는 것은 관찰되지 않는 것이다. 여기서 알 수 있는 것이 바로 리드와 호가의 추측이다. 리드 추측은 1968년 영국의 수학자인 로널드 리드Ronald Read가 제시한 조합론 문제로, 채색 다항식의 계수의 절댓값은 증가하다가 감소할 수 있지만, 감소하다가 증가하거나 증가와 감소를 반복할 수는 없다는 것이다. 그리고 리드 추측은 이후 호가 추측으로 발전되었는데, 호가 추측은 채색 다항식의 계수의 절댓값에 로그를 취하면 그 값을 그린 그래프는 아래로 오목한, 마치 산등성이와 같은 모양을 하고 있다는 추측이다. 수학자들은 이러한 성질을 로그-오목성이라고 부른다.

놀랍게도 연관성이 없어 보이는 다른 조합론의 문제에서도 로그-오목성은 쉽게 관측된다. 메이슨-웰시 추측이 바로 이러한 문제를 대변하는데, 메이슨-웰시 추측은 유한차원의 벡터공간에 포함된 벡터 집합의 특성다항식의 계수들은 로그-오목성이 있다는 추측이다. 특성다항식은 앞서 예시로 삼았던 채색 다항식처럼 벡터공간에서 정의된 집합의 특성을 다항식으로 표현한 방정식이다. 이처럼 메이슨-웰시 추측을 비롯해서 강한 메이슨 추측, 또 리드 추측이 그래프의 채색 다항식 성질에 대한 추측이라면 로타 추측은 그래프뿐 아니라 벡터공간에 있는 유한집합의 특성다항식까지 포함하는 일반적인 상황으로 범위를 확장한 추측까지 모두 특성다항식의 계수가 로그-오목이라는 것을 묻고 있다.

이를 설명하기 위해서는 매트로이드Matroid라는 개념을 알아야 한다. 조금은 어렵지만 매트로이드란 앞서 채색 다항식을 정의했던 수학자 중 한 명인 해슬러 휘트니가 1935년에 정의한 개념인데, 그래프와 벡터를 나타내는 집합의 공통적인 특성을 추상화한 개념이다. 조금 쉽게 설명하자면 매트로이드는 어떤 특정 조건을 만족하는 유한집합 내의 부분집합들의 모임이라고 정의할 수 있다. 앞의 예시처럼 점과 점이 모두 연결되어 있을 경우에는 서로가 의존적이라 보는 반면, 연결되어 있지 않을 경우에는 독립적이라고 보는 것과 관련지을 수 있다. 이를 포함하여 브리로스키Brylawski 추측(1982년)과 도슨-콜번Dawson-Colbourn 추측(1984년)은 임의의 그래프와 벡터들의 집합에 대해, 특성다항식의 계수가 로그-오목성을 보이는지에 대한 질문으로 앞서 언급한 모든 추측과 맞닿아 있다.

그렇다면 허준이 교수는 이렇게 많은 추측과 난제를 어떻게 해결한 것일까? 먼저 그는 특성다항식에 혁신적인 방법을 제시했다. 대수기하학의 아이디어를 이용해서 수학의 완전 다른 분야인 조합론에 혁명을 일으켰다고 어느 수학자가 말할 정도였으니, 허준이 교수의 난제에 대한 접근이 얼마나 창의적이고 신선했는지 알 수 있는 대목이다. 앞서 언급한 많은 추측이 모두 하나의 궁금증에서 시작한다.

"자연에서 얻는 수열이 모두 로그-오목성을 가지는 추측이 많은데 그 이유는 무엇일까?"

허준이 교수는 여기서 매우 설득력이 있는 기하학적인 답을 다음과 같이 제시한다.

"나는 자연에서 얻는 모든 로그-오목 수열의 뒤에는 반드시 로그-오목을 설명하는 호지 구조가 존재한다고 믿는다."

조금 어려울 수 있지만 여기에서 말하는 호지 구조란 대수기하학에서 나타나는 다항식으로 표현 가능한 공간이 갖는 가장 근본적인 성질 중 하나다. 앞서 허준이 교수가 한 말을 조금 쉽게 설명하면 자연에서 얻는 모든 로그-오목의 성질을 나타내는 수열의 뒤에는 공간의 특성을 통해 이를 설명하는 이유가 반드시 존재할 것이라는 이야기다. 이렇게 허준이 교수는 일찌감치 리드, 호가, 메이슨-웰시, 로타의 추측을 순차적으로 증명했고 계속해서 2020년, 2021년에 걸쳐서도 다우링-윌슨, 강한 메이슨의 추측을 증명했으며 브리로스키, 도슨-콜번의 추측 등 모두 11개의 추측을 증명해내는 데 성공하면서 2022년 필즈상으로 그 공로를 인정받았다.

허준이 교수는 두 수학의 다른 분야를 연결하는 이론적인 틀을 고안해냄으로써 수학의 영역을 확장했다. 그가 사용하기 시작한 조합 대수기하학을 통해 많은 수학자가 대수기하학적 방법을 사용하여 조합론의 여러 문제를 연구하고 해결할 수 있게 된 것이다. 이 업적의 중요성은 수학 연구 분야 중 조합론에서 매우 자명하다. 조합론에서 매우 오랫동안 해결되지 않았던 난제들을 해결함과 동시에 조합론을 바라보는 새로운 관점을 제시하기 때문이다. 또한 연관이 없어 보이는 분야들 사이에 밀접한 관련성을 발견하면서 서로 이어나가고 융합할 수 있다는 새로운 관점을 수학계에 보여주었다.

또한 이번에 사용된 그래프와 매트로이드의 연구는 인터넷과 정보 통신, 반도체 설계, 교통, 기계학습, 물류 등 셀 수 없을 만큼의 다양한 응용 분야에서 활용 가능하다. 예를 들면 인터넷 사용자를 모두 하나의 꼭짓점으로 치환하여 사용자가 연결되는 형태를 수학적으로 해석해 좀 더 효율적이며 안정적인 인터넷망을 구축할 수 있다. 또 다른 예시로는 검색엔진에서 필요한 키워드를 찾은 뒤 검색어가 들어간 웹페이지를 모두 각각의 점으로 가정하여, 그 점들 사이를 선으로 잇고 그래프 이론을 바탕으로 모든 선에 점수를 매긴다. 이때 우선순위가 가장 높은 검색 결과를 먼저 보여주는 등 무궁무진한 분야에서 적용 및 개척할 가능성이 많다. 수많은 트랜지스터의 집합체인 반도체를 어떻게 효율적으로 연결시킬지, 교통 물류 관점에서 점 하나인 트럭 1대를 효율적으로 이동시킬 경로를 만드는 등 다양하게 활용될 수 있기 때문이다.

그뿐 아니라 대수기하학의 관점에서도 허준이 교수의 연구는 영향력이 막대하다. 일반적으로 대수기하학은 대수다양체 즉, 공간을 다항식으로 표현하는 방법을 거쳐야만 문제를 풀 수 있었는데, 매트로이드를 이용하여 직접 해결할 수 있게 된 것이다. 비유하자면 화성(조합론, 매트로이드)에서 얼음(호지-리만 관계)이 발견이 되어 생명체(기하학적 구조)의 존재 가능성을 암시하는 것과 비슷하다. 이처럼 로그-오목성이 자연의 여러 구조에서 발견되는 것을 보면, 현재까지 우리가 이해해온 기하학은 마치 거대한 빙하의 윗부분에 지나지 않은가 생각할 수 있다.

허준이 교수는 2002년 서울대학교에 수학 전공이 아닌 물리천문 전공으로 입학했다. 당시에는 시인, 기자 등을 꿈꾸다가 학부 3학년이 되어서야 수학에 흥미를 느끼고 재능이 있다는 것을 깨달아 집중하기 시작했다. 그러던 중 1970년 필즈상 수상자인 헤이스케 히로나카 교수가 서울대학교에 부임했는데, 그로 인해 많은 영감을 얻고 서울대학교 수학과학부 대학원으로 진학하게 된다. 하지만 당시 지도교수였던 김영훈 교수는 기하학적인 성향이 강했고, 허준이 교수는 조합론에 매우 큰 관심을 가져 당시 김영훈 교수는 허준이 교수의 유학을 추천했다. 당시의 허준이 교수를 위해서는 최선의 선택이었다. 그는 미국 유학 중에도 석사과정 연구를 계속 이어나갔을 뿐 아니라, 더 확장하면서 좋은 성과를 논문으로 발표했다. 2014년 미국 미시간대학에서 박사 학위를 받기 전부터 이미 전 세계 수학계의 떠오르는 스타로 발돋움하고 있었다.

이후 프린스턴대학 고등연구소, 스탠퍼드대학 연구교수를 거쳐 2023년 현재, 프린스턴대학 수학과 교수로 재직 중이다. 사실 허준이 교수는 뛰어난 능력과 업적을 가지고 있지만 그 진가가 드러나는 곳은 완벽한 강연과 스토리텔링 그리고 시인과 기자를 꿈꿨던 마음이 너무나 잘 보이는 수려한 글쓰기 실력이다. 게다가 주변 사람들에게는 매우 겸손하고 따뜻하여 인격적으로도 존경과 사랑을 받는 보기 드문 수학자다. 하지만 스스로에게 한없이 엄격해서 모든 것이 철저히 확인되기 전까지는 밤잠을 설치는 완벽주의자이기도 하다.

우리나라 수학계는 이제 전 세계 최고 등급으로 인정받을 만큼 높은 수준에 올라왔다. 그에 걸맞게 필즈상 수상자까지 배출했으며 그 수상자가 연구 방면에서도, 인격적으로도 훌륭한 사람이라는 것이 자랑스럽다. 허준이 교수의 필즈상 수상을 계기로 앞으로 많은 학생이 그를 롤모델 삼아 수학자의 꿈을 키워가면 좋겠다. 제2, 제3의 허준이가 나오기를!

과학기술

CHAPTER 5

세계 최대 반도체 메가 클러스터
4차 산업 혁명의 숨은 일꾼, 전지의 미래
시선을 측정하다
오늘의 자율주행
생체 모방 로봇 탐구
인공일반지능의 실제

future science trends

세계 최대 반도체 메가 클러스터

강주환 　　　　　　　　　　　　　　　　과학기술정책

'CHIPS and Science Act of 2022', 미국 반도체 지원법이라 불리는 이 법은 반도체와 첨단 기술 생태계 육성에 총 2,800억 달러, 이 중 반도체 산업에 약 520억 달러(시설 투자 보조금 390억 달러 포함), 한화 68조 원에 이르는 돈을 투자하겠다는 내용을 담고 있다. 미국은 이 지원법을 통해 반도체 공급 패권을 확보하겠다는 의지를 보이고 있는데, 이렇게 많은 돈을 투자하는 이유는 반도체가 모든 산업의 근간이 되는 핵심이기 때문이다. 반도체가 들어가지 않는 전자 제품을 찾는 것이 더 힘들 만큼 반도체는 각종 산업의 필수 요소로 자리 잡았다. 더욱이 정보 통신 기술이 근간인 4차 산업 혁명 시대가 가속화되면 반도체 수요는 더욱 늘어날 것으로 예상되며 반도체의 안정적 공급이 기술 개발만큼 중요해졌다.

전 세계적으로 안정적인 반도체 공급의 중요성이 대두되며 자국에 반도체 제조 시설 투자 유치를 위한 적극적인 행보가 나타나고 있다. 우리나라 또한 2023년 3월, 경기도에 세계 최대 반도체 메가 클러스터를 조성하겠다고 발표했다. 그러나 반도체 클러스터 조성이 이번에 처음 나온 소식은 아니다. 2019년 SK하이닉스는 용인시 원삼면에 차세대 메모리 반도체 생산 공장 4곳을 지으며 반도체 클러스터 조성 계획을 세웠고 현재 행정 절차와 공사가 진행 중이다.

그렇다면 이번 세계 최대 반도체 메가 클러스터 조성은 무엇이 다른 것일까? 우선 용인 시스템 반도체 클러스터 조성이 추가되었다. 첨단 시스템 반도체 제조 공장 5곳을 구축하고, 국내외 소부장 및 팹리스 등 관련 기업까지 유치한다는 계획이다. 이 신규 클러스터와 기흥, 화성, 평택(이상 삼성전자), 이천(SK하이닉스) 등 기존 반도체 생산 단지, 판교의 팹리스 밸리와 용인시 원삼면 반도체 클러스터까지 연계하겠다는 것이 발표의 핵심이라고 할 수 있다.

이곳에는 메모리 반도체-파운드리-팹리스-디자인하우스-소부장이 집적한 클러스터가 만들어질 것으로 예상된다. 또한 다양한 글로벌 변수에도 안정적인 반도체 공급망 구축을 위해 최첨단 기술과 설비를 갖춘 핵심 생산 시설은 국내에, 해외 시장을 공략하는 양산 공장은 해외에 세우는 마더팩토리Mother Factory 전략 또한 추진할 예정이다. 이러한 계획에 발맞춰 2023년 7월에는 용인을 포함해 평택, 구미를 반도체 국가첨단전략산업 특화 단지로 지정하여 도로, 용수, 전력 등 산업 기반 시설 예비 타당성 조사 면제와 인허가 타임아웃제 도입을 통해 신속한 클러스터 조성을 위한 발판을 마련하기도 했다.

그렇다면 클러스터는 무엇이고 반도체 산업에서 클러스터 조성이 필요한 이유는 무엇일까? 클러스터는 하버드대학 마이클 포터Michael E. Porter 교수가 제시한 개념으로 특정 산업 분야의 상호 관련된 기업과 기관의 지리적 집적체를 말한다. 미국의 실리콘 밸리와 할리우드가 대표적인 예라고 할 수 있는데 특히 경제적으로 성장한 선진국에서 관련 기업과 기관을 지역에 집중시키는 사례를 많이 보인다.

클러스터는 관련 기업 간 유기적인 협력 강화, 숙련된 노동력, 고객사 확보를 위한 경쟁 유발 등으로 생산성을 증가시킬 수 있다. 또한 클러스터 내에서 필요한 인력·기술·자본 등에 접근이 용이해 신규 기업 유치와 성장이 유리하다는 장점을 갖춘다. 즉, 클러스터가 가진 다양한 강점을 활용한다면 글로벌 경쟁 시대에서 다른 국가, 다른 기업보다 비교 우위에 설 수 있다.

반도체 산업에서 클러스터 조성이 필요한 이유는 생산 과정의 특성과 연관 지어 설명할 수 있다. 반도체는 크게 저장 기능을 담당하는 메모리 반도체와 정보처리, 연산 기능을 담당하는 시스템 반도체로 구분된다. 사물인터넷, 인공지능, 자율주행 등의 기술이 발전하면서 데이터처리를 담당하는 중앙처리장치CPU, 그래픽처리장치GPU, 애플리케이션 프로세서AP 등 시스템 반도체가 더욱 주목받고 있다. DRAM, NAND 등 표준화된 제품을 대량 생산해 종합반도체기업IDM이 설계부터 생산까지 담당하는 메모리 반도체와 달리 시스템 반도체의 경우 부문별로 특화된 다품종을 소량 생산한다.

이로 인해 개별 칩마다 생산 설비를 갖추기 어려운 특징이 있어 시스템 반도체는 과정별 분업화가 이루어진다. 반도체 생산 시설을 팹Fab이라고 하는데 생산 시설 없이, 즉 팹 없이 반도체 설계만 하는 전문 기업을 팹리스라고 하고 이 설계된 반도체를 생산하는 기업을 파운드리라고 한다. 그리고 팹리스가 설계한 제품을 파운드리 생산 공정에 최적화한 디자인 서비스를 제공하는 기업을 디자인하우스라고 한다. 즉, 팹리스의 설계 도면을 제조용 설계 도면으로 다시 디자인하는 것이다.

다품종 소량 생산 형태로 기술적 다양성을 갖는 시스템 반도체는 주로 설계를 담당하는 팹리스 기업이 주도하게 된다. 우리나라는

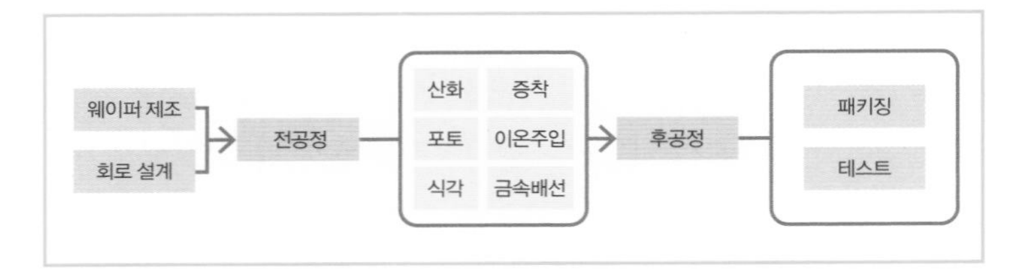

⇡ 반도체 제조 과정.

반도체 위탁 생산 인프라를 확보하고 있지만 세계 팹리스 시장에서 점유율이 매우 낮은데 그 이유 중 하나는 팹리스와 파운드리의 중간 다리 역할을 하는 디자인하우스의 발전이 더뎌서다. 디자인하우스가 있어야 팹리스는 안정적이고 신속한 제품 양산이 가능하기 때문에 주요 글로벌 파운드리는 저마다 파트너십을 통해 디자인하우스 파트너를 확보한다. 대만의 세계적인 디자인하우스 업체 글로벌유니칩GUC과 알칩Alchip이 세계적인 업체가 될 수 있었던 것은 세계적인 파운드리 기업 TSMC와 VCAValue Chain Alliance를 구축하며 높은 수준의 협력 체계를 갖추었기 때문이다.

반도체 생산 과정은 크게 반도체를 설계하고 웨이퍼에 회로를 새겨 칩을 만드는 전공정과 수백 개의 칩을 잘라 포장하는 패키징, 품질을 확인하는 테스트를 합친 후공정으로 나눌 수 있다. 과거에는 반도체 집적회로의 소자 밀도가 2년마다 2배씩 증가한다는 '무어의 법칙Moore's law'에 따라 전공정 기술을 높이는 데 집중했다. 그러나 집적도를 높이기 위한 미세화 기술이 한계에 부딪치며 반도체를 수직 또는 수평으로 연결하는 첨단 패키징 기술 개발 등 반도체 후공정의 중요성이 강조되고 있다. 이를 무어의 법칙을 넘어선 새로운 패러다임, 모어 댄 무어More than Moore라고 부른다.

반도체 후공정 분야의 대표적인 기업인 대만의 ASE가 성장할 수 있었던 것도 앞서 언급한 글로벌유니칩, 알칩처럼 대만이 TSMC를 필두로 한 강력한 생태계를 갖췄기 때문이다. '반도체는 기업과 기업의 경쟁이 아니라 생태계와 생태계의 경쟁이다'라고 말하는 이유는 이러한 생태계가 시스템 반도체 밸류 체인을 담당하는 축들을 지지하며 성장시킬 수 있기 때문이다. 결국 관련 기업들을 집적시켜 유기적인 협력을 도모하고 하나의 생태계를 조성할 수 있도록 하는 클러스터가 필요한 것이다.

해외의 반도체 클러스터 조성은 어디까지 왔을까? 성공 사례로 꼽히는 것 중 하나가 대만의 신주과학단지다. 대만은 미국 실리콘 밸리를 모델로 삼고 수도와의 접근성, 물류 여건, 우수 대학과 연구 기관의 존재 등을 종합적으로 검토하여 1980년 신주에 첨단과학 산업 단지를 조성했다. 신주과학단지에는 반도체, 컴퓨터, 통신, 광전자공학, 정밀기계, 바이오테크놀로지 총 6개의 주요 산업이 있으며, 반도체 산업이 IT산업의 중심이 되면서 다른 부문으로 축적된 지식을 확산시키는 역할을 담당했다.

신주에는 국립칭화대학, 국립교통대학, 국립대만대학 등 대만 최고의 대학이 근접해 신주과학단지에 종사하는 대부분의 연구자를 배출한다. 또한 정부 출연 연구 기관인 공업기술연구원ITRI이 연구개발 협력, 기술 지원 역할을 수행하는 등 산학연이 유기적으로 연계되어 있다. 이런 시스템을 바탕으로 대만의 중소기업들은 전문화에 성공했고 반도체 생산을 공정별로 특화된 중소기업이 맡아서 처리했다. 신주과학단지에서 반도체 산업은 유기적으로 연계된 산학연을 통해 성공할 수 있었던 것이다.

대만은 신주과학단지의 성공을 기반으로 남부과학단지, 중부과학단지를 구축하며 대만 섬 전체를 거대한 실리콘 밸리로 만드는 실리콘 아일랜드 프로젝트Silicon Island Project 전략을 실현했고, 2030년까지 남부 지역에 반도체 소재 클러스터를 추가 조성하며 반도체 생태계를 완성할 목표를 세우고 있다.

반도체 설계 강국이자 반도체 산업 글로벌 시장 점유율 세계 1위 미국도 클러스터 조성을 통한 생태계 구축을 위해 노력하고 있다. 미국의 반도체 제조 공장은 애리조나, 뉴욕, 텍사스에 밀집되어 있는데 삼성전자를 비롯한 인텔, 마이크론, TSMC 등 글로벌 기업이 미국에 신규로 지을 팹 대부분이 이 지역에 설립된다.

이 중 애리조나는 실리콘 밸리와 인접해 필요한 제품과 서비스 공급이 용이하고 지역 대학들이 반도체 인재 양성 시스템을 갖추었으며 TSMC가 애리조나주 피닉스시에 투자 계획을 확정하면서 새로운 반도체 중심지로 주목받는다. 텍사스에는 종합 반도체 기업들의 생산 기지가 집결되어 있으며 특히 삼성전자의 오스틴 공장이 설립된 곳이기도 하다. 텍사스는 일자리를 창출하는 신규 투자자에게 재산세 감면 조치를 시행하여 삼성전자는 약 170억 달러(한화 22조 원)를 투자해 2024년 완공을 목표로 테일러 파운드리 공장을 건설 중이다. 미국은 앞서 언급한 반도체 지원법을 통해 자국 내 외국 반도체 기업 유치를 적극 추진하며 2030년까지 2곳 이상의 첨단 반도체 클러스터 조성을 계획하고 있다.

앞선 사례를 통해 팹리스(미국), 파운드리(대만) 선도 국가들은 클러스터 구축의 필요성에 대해 인지하고 있고, 향후 자국 반도체 산업 성패를 좌지우지할 키로 주목하며 인프라 구축과 해외 기업 유치를 위해 전폭적인 지원을 아끼지 않음을 알 수 있다. 우리나라도 치열한 각축전 속에서 살아남기 위해 반도체 클러스터를 선택했다. 이 전략이 성공하기 위해서는 다양한 난관을 넘어서야 한다. 우리는 시스템 반도체 분야 후발 주자이기 때문에 기술 격차를 따라잡는 일도 중요하지만 선두 주자들이 선점한 고객사와 미래 잠재 고객을 잡기 위한 전략이 필요하다.

또한 대만과 미국 사례에서 볼 수 있듯이 우수한 인력 양성이 뒷받침되어야 한다. 기업에서 요구하는 분야와 실무형 인재 양성을 위해 대학과 대학원의 교육과정 개편, 반도체 계약학과 신설 등이 긴요하다. 좋은 인재, 시설과 더불어 도로, 용수, 전력 등 원활한 인프라 공급도 매우 중요하다. 2021년 삼성전자의 미국 오스틴 공장에서는 겨울 한파로 사흘간 전력 공급이 중단됐는데 이로 인한 피해 금액이 4,000억 원에 이르는 것으로 추산된다.

용인 반도체 클러스터 조성과 기업 투자가 마무리되는 2050년이 되면 10기가와트의 전력 수요가 예상되는데 수도권 전력 수요의 25퍼센트에 맞먹는 수요를 어떻게 충족시킬지도 서둘러 해결해야 할 숙제다. 패권 경쟁에 따른 반도체 공급망 재편, 기술 격차 완화 등 끊임없이 도전을 받는 K-반도체가 수많은 난관을 딛고 성공적인 세계 최대 반도체 메가 클러스터 조성을 통해 대한민국의 위상을 더욱 높여주기를 기대해본다.

4차 산업 혁명의 숨은 일꾼, 전지의 미래

손석준 물리화학

이제 대부분의 사람들이 4차 산업 혁명에 대해 적어도 한 번은 들어봤을 것 같다. 1차부터 4차에 이르는 각각의 산업 혁명 단계는 다양한 방면으로 이야기되곤 하지만, 에너지 또는 동력의 분산 관점에서 살펴보는 것도 의미가 있다.

1차 산업 혁명은 증기기관의 도입으로, 2차 산업 혁명은 내연기관 엔진, 전기의 도입으로 시작되었다. 신기술의 발명과 유입에 따라 제조 시설이 좀 더 자유롭게 위치할 수 있게 되었으며 사람과 물자의 이동도 훨씬 안전하고 빨라졌다. 디지털 혁명인 3차 산업 혁명 때도 전기가 주 에너지원이었으나, 컴퓨터나 각종 전기 기기가 소형화되어 집이나 사무실 같은 작은 공간에서도 물건과 서비스의 생산이 가능해졌다. 게다가 시장에는 유선 전원뿐 아니라 무선 전원을 이용한 기기가 본격적으로 등장하기 시작했다.

첨단 정보 통신 기술이 경제·사회 전반에 융합되어 혁신적인 변화가 나타나는 4차 산업 혁명 시대에는 에너지원이 계속해서 분산되어 무선 전원의 이용이 크게 증가할 것이 분명하다.* 예컨대 4차 산업 혁명 시대의 주요한 기술인 IoT Internet of Things(사물인터넷), 로봇, 자율주행차 등도 결국 BoTBattery of Things(사물배터리)••와 밀접하게 관계될 수밖에 없다.

전지의 발견과 발전

일반적으로 전지는 화학반응을 이용하여 전기에너지를 공급하는 장치로, 에너지를 저장한다. 물리적 현상을 이용하는 태양전지Solar Cell 같은 물리전지와 구분하기 위하여 화학전지라고도 한다. 영어로는 셀cell 또는 배터리battery라고 하는데, 셀은 원래 작은 구분 공간을 의미하지만, 전지에서는 전기화학적 회로(양극-전해질-음극)가 형성된 한 단위체를 말한다. 이러한 셀이 여러 개 모여 하나의 전원 기능을 하는 것을 배터리라고 한다.

인류 최초의 전지로 약 2,000년 전에 만들어진 바그다드 배터리가 많이 언급되기는 하나 과학적으로 공인된 것은 아니다. 공식적인 최초의 전지는 1799년에 이탈리아의 과학자 알레산드로 볼타Alessandro Volta가 구리판과 아연판 그리고 소금물에 적신 종이를 쌓아 만든 볼타전지Voltaic Pile다. 그러나 실제로 사용된 전지는 한참 이후인 1836년에 영국의 화학자 존 프레더릭 다니엘John Frederic Daniell에 의해 발명되었다.

볼타전지와 다니엘전지는 모두 액체인 전해액을 가지고 있어, 사용하다 보면 용액이 흘러나오는 문제가 있었다. 1868년에 프랑

- • 시장조사 기관 SNE 리서치는 이차전지 시장 규모가 2030년까지 2020년의 8배 이상 커질 것으로 예측했다.
- •• 모든 사물에 배터리가 에너지원이 되어 인터넷을 통해 다양한 기기를 연결하는 것을 뜻한다.

스 전기기술자 조르주 르클랑셰Georges Leclanché는 건전지Dry Cell의 원형인 '르클랑셰전지'를 발명했는데, 이후 독일 발명가 카를 가스너Carl Gasner가 전해액에 석고 가루를 넣고 풀처럼 만들어 전해액이 새는 문제를 해결했다. 이것이 세계 최초의 건전지가 되었으며, 1890년대 후반에 대량 생산되면서 널리 보급되었다.

한편, 1859년에는 프랑스 물리학자 가스통 플랑테Gaston Planté는 납축전지lead-acid battery를 개발했는데, 이는 최초로 충전이 가능한 이차전지secondary battery였다. 이차전지는 한 번 사용하고 나서 충전을 통해 원래의 전지 상태로 되돌릴 수 있어 여러 번 사용이 가능한 전지, 즉 충전지rechargeable battery를 일컫는다. 이와 달리 일차전지primary battery는 한 번 화학반응이 일어나서 방전되고 나면 일반적인 방법으로는 원래 상태로 돌리기 어려운 전지를 말하며, 건전지처럼 대부분 1회 사용 후 폐기하게 된다. 플랑테전지는 전지 용량 대비 무겁고, 중금속인 납과 위험 물질인 황산을 사용한다는 단점이 있었다. 그러나 다른 전지들에 비해 훨씬 안정적이어서 널리 쓰였는데, 우리가 자동차 엔진 룸에서 볼 수 있는 검은색의 네모난 배터리는 바로 이 납축전지다.

이차전지는 이후에 개량을 거듭해 니켈(Ni-Cd) 카드뮴 배터리, 니켈 금속수소화물(NiMH) 배터리 등으로 발전했으며, 현재 대표적인 이차전지Li-ion battery로 리튬이온전지가 사용된다. 리튬이온전지가 시장에 정식 출시된 것은 1991년의 일인데, 처음에는 소형 전기 기기의 건전지를 대신하다가 21세기 들어 스마트폰의 대중화와 함께 빠르게 이차전지 시장을 잠식했다. 한편 리튬전지의 기초연구는 1970년대 석유파동 때부터 시작되었으며, 2019년 스웨덴 노벨상위원회는 미국의 존 구디너프 교수와 스탠리 휘팅엄 교수, 일본의 요시노 아키라 교수를 노벨화학상 수상자로 선정했다. 이로써 이 들 세 과학자는 리튬이온전지 개발에 크게 이바지한 공로를 40여 년이 지나 인정받았다.

리튬이온전지와 전기차

이차전지는 기존의 건전지 대신 사용되거나 유선 전기 제품을 무선 전기 제품으로 대체해나가는 과정에서 시장에 확산되었지만, 본격적으로 사람들에게 관심을 얻게 된 것은 전기차가 출시되면서부터라고 할 수 있다.

전기차가 내연기관차보다 뒤에 발명되었다고 생각하는 사람이 많지만, 사실 전기차의 역사가 더 오래되었다. 최초의 내연기관차는 1886년 독일의 카를 벤츠Carl Benz가 만든 '모터바겐Motorwagen'이라고 본다. 이와 달리 전기차는 1830년대에 미국의 토머스 대븐포트Thomas Davenport와 스코틀랜드의 로버트 데이비드슨Robert Davidson이 만든 것 또는 1834년 스코틀랜드의 발명가인 로버트 앤더슨Robert Anderson에 의해 발명된 원유전기마차crude electric carriage를 그 시초로 보는데, 두 전기차 모두 일차전지를 이용해 작동되었다. 내연기관차보다 전기차가 먼저 등장했지만, 1900년도 초반 이후에는 내연기관 관련 기술들의 발전과 대량생산 체제의 도입 그리고 이를 떠받칠 수 있는 대규모 유전 개발이 이루어지면서 이후 100여 년간 내연기관차의 시대가 되어버렸다.

한편, 1970년대에 세계적인 석유파동을 겪으면서 시장에서는 다른 동력원을 가지는 자동차의 필요성을 인식하기 시작했다. 리튬전지의 연구가 1970년대에 시작된 것도 그 때문이다. 그 후 전기차가 재등장한 것은 1990년대 환경오염과 그로 인한 기후변화 문제가 불거지면서다. 각국 정부가 탄소 배출과 연비 규제에 나서면서 내연기관차가 시장에서 퇴출당할 위협을 받기 시작했기 때문이다.

1996년 미국의 GM사는 납축전지 및 니켈 금속수소화물 전지를 사용한 전기차 EV1을 출시했다. 충분히 실용적이었지만 높은 생산 비용과 부족한 이차전지 기술 때문에 상업적으로는 실패했다. 10여 년이 지난 2008년에 미국의 테슬라사는 최초로 전기 스포츠카인 로드스터를 출시했는데, 이 차는 리튬이온전지를 사용하여 한 번 충전으로 약 400킬로미터(제로백 3.7초, 최고 시속 201킬로미터)를 달릴 수 있었다. 2009년에는 일본의 미쓰비시사가 i-MeV 차량을 출시했으며, 이 차량 역시 리튬이온전지를 사용했으며 일반 전기차로서 양산 및 판매 가능성을 확인한 최초의 모델이었다. 이들 차량의 출시는 리튬이온전지가 스마트폰과 노트북을 넘어 전기차로도 시장성을 확인했다는 매우 상징성이 높은 사건이었다. 이차전지가 자체 부피와 무게를 넘어선 전기 용량과 상대적 안전성을 확보할 수 있다는 것, 무엇보다도 우리 사회의 중요한 운송 수단인 차량에 적용할 수 있다는 바는 보다 다양한 에너지 시스템을 무선으로 전환하는 계기가 될 수 있음을 증명하는 일이기 때문이다.

리튬이온전지의 구조

리튬이온전지는 크게 양극재, 음극재, 분리 막, 전해질의 4가지 요소로 구성된다. 이 전지는 양극재에 있는 리튬 산화물의 화학적 반응을 통해 전기를 생산한다. 리튬 산화물에 있던 리튬 이온이 전해질로 나오면서 전자를 외부로 흐르게 하고, 그 리튬 이온은 전

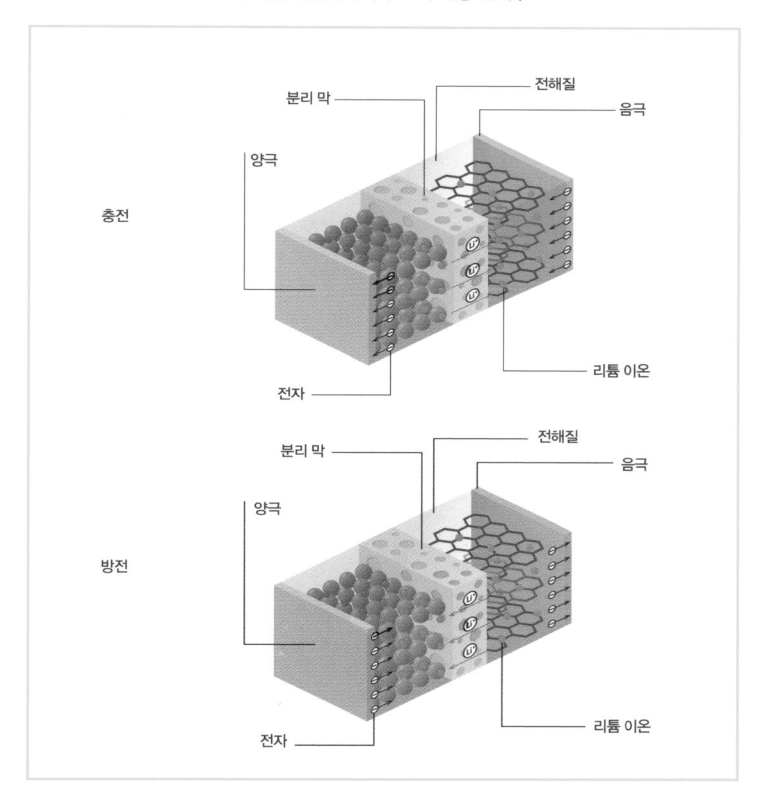

해질을 거쳐 분리 막을 통과해서 음극재로 흡수된다. 즉, 리튬 이온이 양극재에 충전되어 있다가 음극재까지 가면서 방전되고 다시 양극재로 돌아가서 충전되는 사이클을 겪는다.

양극재는 보통 리튬과 산소, 기타 금속의 화합물(양극활물질)에 도전재와 결합재가 섞인 것이며, 이를 기재current collector인 알루미늄 박막에 도포하여 양극을 구성한다. 여기서 도전재conductive additives는 양극활물질에 첨가되어 전도성을 높이는 물질을 말하고, 결합재

binder는 분말인 양극활물질과 도전재를 뭉치게 만드는 일종의 접착제다. 싸고 구하기 쉬운 흑연 같은 물질로 된 음극재와 달리, 양극활물질에는 리튬뿐 아니라 니켈, 코발트, 망가니즈, 알루미늄 등을 혼합하여 사용하므로 가격이 비싸다.

양극활물질에서 니켈은 리튬과 화학적 결합력이 강하여 리튬 이온을 다량 저장할 수 있어서 배터리 용량을 높이기 위해 첨가된다. 코발트도 리튬 이온을 더 많이 저장할 수 있으며 망가니즈나 니켈보다 리튬 이온의 이동이 빨라 빠른 충전이 가능하고, 무엇보다도 양극활물질의 산화를 방지, 그 구조를 안정화시켜 화재나 폭발의 위험을 줄여준다. 망가니즈의 첨가도 배터리 용량을 늘리고 열에 대한 안정성을 높이는데, 특히 싼 가격으로 코발트를 대체 가능해 장점이 있다.

이렇게 리튬에 위의 세 가지 금속을 섞어서 만든 배터리를 삼원계 리튬이온전지라고 하며 통상 NCMNickel-Cobalt-Manganese이라고 표시한다. 한편, 알루미늄은 출력 성능을 향상하기 위해 망가니즈 대신 첨가되곤 하는데, 이 경우에는 NCANickel-Cobalt-Aluminum라고 표현한다.

음극재를 도포하는 음극 기재로는 구리 박막이 사용되는데, 동박이 얇을수록 제한된 배터리 공간 속에 보다 많은 음극재를 채울 수 있어 배터리의 초경량, 고용량화를 좌우하는 중요한 요소다. 앞서 언급한 양극 기재인 알루미늄이나 음극 기재인 구리 모두 전기전도도와 가공성이 좋은 재료다.

전해액은 양극과 음극 사이에서 리튬 이온이 이동할 수 있도록 하는 매개체 역할을 한다. 주로 유기용매를 사용하며, 전해액의 종류에 따라 리튬 이온의 움직임이 결정되는 특성이 있다. 한편 분리 막은 절연 소재의 얇은 막으로, 배터리 내부에서 양극과 음극이 접촉하지 않도록 하고, 미세한 기공을 통해 리튬 이온이 이동할 수 있게 한다. 현재 사용되는 분리 막은 주로 합성수지다.

이렇게 4가지 요소로 구성된 셀은 수 개에서 수십 개가 한 묶음으로 구성되어 모듈module로 만들어지고, 다시 수 개의 모듈을 연결하여 하나의 팩pack으로 사용한다. 현재는 중간의 모듈 제조 단계를 생략하고 셀을 바로 팩에 조립하는 기술도 시도되는데, 이를 셀투팩Cell-to-Pack이라고 한다.

이차전지의 미래

특정 기술로 만들어진 제품이 시장에서 살아남을지 알기 위해서는 그 기술의 첨단 여부나 성숙도만이 중요한 것이 아니라 관련 시장의 수용성을 잘 이해해야 한다. 즉, 모든 기술과 제품은 완전하다고 볼 수 없으며, 각각의 장점과 약점을 가진다. 그리고 그러한 특성에 적합한 수요가 있는 목표 시장을 차지하는 것으로 보아야 한다. 예를 들어, 전기차용 이차전지는 발전소용 에너지저장장치Energy Storage System, ESS 또는 전기 선박이나 전기 비행기에 사용되는 것과는 다른 특성을 요구한다. 배터리도 마찬가지로 목표하는 특성을 얻기 위해 장점을 극대화하고 단점을 최대한 줄이려고 노력하는 과정에서 다양한 재료와 형태로 시장에 등장했다.

전기차용 이차전지의 주된 개선 방향은 가격, 안전성, 용량, 충방전 속도 및 횟수 등이라고 할 수 있다. 가격의 관점에서 먼저 살펴보면, 아쉽게도 현재 리튬이온전지의 주요 소재들은 지각 내에 미량으로 존재하며 게다가 지역 편중이 매우 크다. 예를 들어 지각 내에

코발트는 0.0023퍼센트, 니켈은 0.0055퍼센트, 구리는 0.0075퍼센트, 리튬은 0.006퍼센트가 있다. 게다가 이 중에서 극히 일부만 실제로 채굴 및 생산이 가능하다. 이러한 희소성은 배터리 산업이 성장할수록 원자재 가격이 필연적으로 올라갈 수밖에 없게 만든다. 그래서 많은 연구자가 주요 소재를 나트륨이나 규소, 황, 심지어 공기(산소)처럼 쉽게 구할 수 있는 재료로 대체하기 위한 고민을 한다. 이러한 시도는 가격뿐 아니라 안전성과도 관계가 있어 아예 다른 방식으로 리튬인산철($LiFePO_4$)전지나 전고체전지, 플로Flow전지 등도 개발 중이다.

한편 재료를 대체하게 되면 얻는 장점만큼이나 재료의 본래적 특성으로 인해 발생하는 단점도 아울러 고려해야 한다. 예를 들어 음극재로 층상 구조를 가지는 흑연 대신 다이아몬드 구조를 가지는 실리콘을 쓰면 더 많은 리튬 이온을 품을 수 있지만 리튬 이온의 흡수 시 음극 부분이 흑연보다 훨씬 더 팽창해 제품의 안전성을 해칠 수 있다.

끝으로 전기차 배터리의 충방전 속도나 횟수도 아주 중요한 요소로, 소비자의 관점에서는 내연기관 대비 가장 큰 약점이라고 할 수 있는 부분이다. 일반적인 내연기관차의 경우 가솔린이나 디젤을 연료 통에 가득 채우는 시간은 10분 내외이며, 연료 통이 훼손되지 않는 한 주유 압력 자체가 문제되지 않는다. 이에 비해 현재의 전기차는 훨씬 더 긴 충전 시간이 필요하다. 이를 단축하기 위해서는 초고속 충전이 간단하게 이루어지게 해야 하는데, 해결하기 쉽지 않은 일이다. 또한 차량이 수명을 다할 때까지 수천 회의 충방전 후에도 배터리의 용량을 거의 초기와 같이 유지하게 만드는 것도 도전해야 할 과제다.

앞서 차세대 배터리에 요구되는 주요한 특성과 개선 방향을 간략하게 살펴보았는데, 꼭 잊지 말아야 할 점은 각각의 전지 특성이 서로 분리된 것이 아니라 교차하여 특성 변화가 일어난다는 것이다. 예를 들어 일반적으로 안정적인 이차전지들은 용량이 적은 반면 가격은 상대적으로 저렴할 수 있듯이 말이다.

한편, 개발된 이차전지가 시장에서 실제 적용되기 위해서는 배터리의 종류, 사용 환경 및 목적에 따라 그에 적합한 히트펌프heat pump, 배터리관리시스템Battery Management System, BMS, 배터리 모듈과 팩의 최적 설계 등 성능과 수명을 최적화할 외적 요소에 대한 연구도 병행되어야 한다. 그와 더불어 이차전지가 곳곳에서 사용되는 만큼 증가할 수밖에 없는 폐전지 재활용 기술의 개발과 충전 시설의 충분한 보급도 시급하다.

배터리, 특히 이차전지는 거의 완전히 분산된 에너지원으로서 앞으로 세상을 엄청나게 변화시킬 혁신의 대표 주자라고 할 수 있다. 향후 등장할 전고체 배터리, 금속-공기 배터리air cell, 리튬 황(Li-S) 배터리 등 다양한 차세대 배터리는 기술적으로 안정화되고 대량생산 체계를 갖추게 되면, 마치 최근 테슬라사가 리튬인산철전지를 이용하여 저가형 전기차를 만들어 판매하기 시작했듯 배터리 각각의 특성에 따라 특정 시장의 일부분을 차지하게 될 터다. 지금은 전기차가 시작이지만 이후에 등장할 전기 선박, 전기 비행기 등도 독자적인 시장을 구축하고 요구 특성에 따라 저마다의 배터리와 시스템을 구성해나갈 것이다.

현재 자동차 업계, 기타 운송 업계 및 에너지 산업계에서 많은 자원을 연구 개발에 투자하는 만큼 배터리 연관 기술들은 계속해서 진화할 것임은 분명하다. 배터리는 향후 반도체, 조선 등과 함께 우리나라 주력 산업이 될 가능성이 크다.• 그런 만큼 기술 동향 및 각 제품의 특성을 이해하고, 관련 뉴스에 좀 더 관심을 가지는 것이 필요하다.

• 2022년 기준, 우리나라는 글로벌 전기차용 배터리 시장 점유율 24.5퍼센트를 차지, 중국(45.3퍼센트)에 이어 2위를 기록하고 있으나, 중국의 경우 주로 저가형 이차전지를 자국 시장 위주로 판매하고 있다.

시선을 측정하다

조춘익 기계공학

시선추적기란?

생각해보자. "왜 그런 눈으로 보세요?"라고 누군가 나에게 물어본다면 뭐라고 대답해야 할까? 처음에는 오만 가지 생각이 들지 않을까. 보통은 '무엇을 보고 있었지?'라든가 '어떻게 봤지?'라고 되돌아볼 것이다. 혹은 '어디를 보고 있었더라?'일 수도 있겠다. 아니면 '언제 본 걸 말하는 거지?'도 가능하다. 상대방이 왜 이런 질문을 했는지까지 생각한 뒤에야 비로소 내가 본 것에 대한 느낌, 감상, 호감도에 대한 대답을 할 수 있을 것이다. 과연 내가 보던 걸 상대방이 오해하지 않게 정확히 전달할 방법이 있을까?

이 고민에 대신 대답해줄 장치가 있다. 바로 '시선추적기'다. 영어로는 'Eye tracker' 또는 'Eye-tracking device'라고 한다. 이 장비는 머리 방향에 따른 눈의 상대적인 움직임과 시선의 위치를 측정하는 기기다. 구체적으로는 동공이나 홍채의 위치, 크기 등을 측정하여 어디를 보고 있었는지를 기록한다.

사람의 눈을 측정한다고? 막연하게 느껴진다면 우선 눈이 무엇이고 어떻게 움직이는지 알아야 한다. 눈은 빛을 감지하는 감각기관이다. 특히 사람의 눈은 다양한 색깔과 밝고 어두운 정도, 선명도를 구분한다. 구체적으로 '빨주노초파남보' 무지개처럼 다양한 수준인 색상, 희거나 검은 수준인 명도, 선명하거나 흐린 수준인 채도로 표현된 빛의 총천연색을 가능한 범위 내에서 물리적인 신호로 감지하고 전기신호로 바꾸어 뇌에 전달한다. 우리는 눈 속의 신경세포가 모여 있는 망막의 중심 0.5도 내에 대상을 맺히게 하여 보는데, 바로 그 대상이 선명하게 보이는 지점을 초점이라고 부른다.

이러한 눈으로 무언가를 보기 위해서 사람은 다양하게 움직일 수 있다. 눈동자를 굴리거나 머리를 움직이는 등이다. 이 중 눈동자를 굴리는 모습을 단순히 표현하면 마치 위쪽이나 아래쪽 또는 오른쪽, 왼쪽처럼 선으로 움직이는 2차원 형태의 움직임이 된다. 그러나 실제로 안구는 중심을 고정한 채 근육에 신호를 주어 3차원으로 움직인다. 또한 눈 주위의 근육이 움직여 조절해 2개의 안구가 함께 보면서 무언가가 얼마나 떨어져 있는지도 알아낼 수 있다. 눈 이외에도 머리를 좌우로 흔들거나, 끄덕끄덕하거나, 갸우뚱할 수도 있으며 몸 전체를 움직이며 본다. 결국 눈은 3차원으로 움직이며 사람이 보는 빛을 물리적인 정보로 해석해 뇌에 전달한다고 요약할 수 있다.

그렇다면 시선추적기는 어떻게 눈의 움직임을 알아낼까? 다양한 방법이 있지만 크게 물체를 눈 또는 눈 근처에 부착하거나 아무것도 부착하지 않고 원격으로 측정하는 2가지로 구분할 수 있다. 이 중 눈에 물체를 부착해서 측정하는 방법은 거울이나 자기장 센서가 있는 콘택트렌즈 또는 눈 주위의 근육을 움직일 때 흐르는 전기신호를 읽는 방식 등이 쓰인다. 눈의 움직임을 정확하게 측정할 수 있어 특히 초기 연구에 많이 활용되었다. 또한 전기신호를 읽는 방법은 눈을 감더라도 측정 가능해 수면 시 눈의 움직임을 확인하기 위해 사용한다. 그러나 측정 대상자가 불편함을 느낄 수밖에 없다.

반대로 원격으로 측정하는 방법은 대상자에게 어색하거나 부담스러운 느낌을 주지 않는다. 하지만 몸의 크기에 비해 매우 작은 눈을 멀리서 읽어야 한다. 한 사람의 눈은 보통 가로 30밀리미터, 세로 15밀리미터 정도로 세상에 노출되는데, 측정 대상자는 무의식적으로 눈을 감는다거나 고개를 돌리는 등 꾸준히 움직이기에 측정하기가 어려운 편이다.

눈의 움직임을 살피기 위해서는 보통 시선추적기가 인식하기 위한 '교정calibration' 과정을 거친다. 이는 눈이 3차원에서 움직일 수 있는 위치를 2차원으로 형상화한 평면, 이른바 리스팅 평면Listing's plane을 측정하여 시선추적기에 인식시키는 것이다. 이 과정을 진행할 때 안구와 머리의 움직임이 동시에 발생할 수 있으므로 머리를 포함하여 몸을 고정하는 제약을 주기도 한다. 이 과정이 빠르고 정확할수록 시선추적기의 가격이 올라가며, 결국 수천만 원 수준의 값비싼 장비가 되었다.

시선추적기의 역사

시선 추적에 관한 연구는 19세기 중반부터 시작되었다. 초창기에는 장비 없이 눈의 움직임을 기록하는 방식이었다. 측정 대상자가 직접 어디를 보았는지 말하거나 다른 사람이 직접 보는 방법이다. 눈의 움직임이 빠르고 방향이 확연히 바뀐다면 정확도가 높겠지만, 미세하게 움직인다면 관찰하기 어렵다.

19세기 프랑스의 안과 의사 루이 에밀 자발Louis Émile Javal은 책을 읽는 상황에서 눈의 움직임을 분석하는 연구를 했다(1879년). 실험에 참여한 사람이 읽는 책 위에 거울을 놓고 관찰한 것이다. 이 연구에서 사람의 눈은 문장을 읽을 때 일부 단어에서는 빠르게, 또 일부 단어에서는 일시적으로 정지한다는 것을 확인했다. 매우 빠르게 움직이는 것을 도약saccades이라 하고, 마치 멈춘 듯 보이는 것을 고정fixation이라 부르는데, 오늘날에도 눈의 움직임을 설명할 때 많이 언급되는 용어다.

더 정확한 장비가 필요해지면서 1908년 에드먼드 휴이Edmund B. Huey는 동공이 앞을 볼 수 있는 작은 크기의 콘택트렌즈를 고안했다. 눈의 움직임에 반응하여 금속 바늘이 종이에 기록하는 형태였다. 이전보다는 정확했으나 실제로 측정하기까지 불편했다고 한다. 이외에 눈 주변에 흐르는 근육의 전기신호를 측정하는 '전기안진기Electrical Oculography, EOG', 두 눈동자의 움직임을 촬영하는 특수 촬영기 '오클로포토미터oculophotometer'처럼 다양한 형태의 시선추적기가 등장하기 시작했다.

이후 1967년 알프레드 야버스Alfred L. Yarbus의 연구에서는 같은 그림을 보더라도 이를 관찰하는 사람이 해결해야 할 과제에 따라 눈의 움직임이 확연히 다르다는 것을 확인했다. 두 사람에게 '그림 속에 등장하는 사람의 나이를 유추하라'와 '사람들이 입은 옷을 기억하라'처럼 서로 다른 과제를 주면 동일한 그림을 보더라도 눈의 움직임이 다르게 나타났다. 그림에 표현된 내용뿐 아니라 보는 사람이 직면한 문제나 대상에서 보고자 하는 정보에 따라 눈의 움직임은 현저히 달라진다는 것이었다. 이때부터 시선추적기는 관찰자가 관찰 대상에게서 얻고자 하는 것 등을 간접적으로나마 측정하는 장비로 자리매김하게 되었다. 이른바 '눈은 마음의 창'임을 확인하게 된 것이다.

이러한 연구 결과와 더불어 컴퓨터가 발달하면서 시선추적기 관련 기술이 빠르게 발전했다. 20세기 후반에는 시선추적기가 부착된 모니터, 시선 추적이 가능한 안경 그리고 해상도가 높은 카메라로 원격 측정하는 기기처럼 광학 방식의 다양한 시선추적기가 활발하게 보급되기 시작했다.

시선추적기의 현재와 미래

시선추적기는 어떠한 대상에 대한 사람의 생각을 간접적으로 엿볼 수 있다는 점에서 매우 다양한 분야에 활용되고 있다. 책이나 교과서의 문장, 디자이너가 만든 홈페이지, 대형 상점의 진열장, 자동차 운전자가 보는 광경 또는 스포츠나 게임 화면처럼 사람의 시선이 닿는 거의 모든 분야에서 사용한다. 특히 어른과 아이의 차이, 전문가와 초보자의 특징 분석 비교처럼 특정 범주에 속하는 이들을 고려한 눈 움직임 관찰에 대한 수많은 연구도 진행 중이다.

일례로 국립과천과학관에서는 시선추적기를 활용하여 관람객에게 어떤 전시품을 제공하는 것이 좋을지 탐구하는 실험을 진행했다. 과학관 내 연구 모임 '올바르기'에서는 방문객의 관람 특성을 객관적으로 측정하기 위하여 시선추적기를 사용해 전시품을 보는 이의 시각적 흥미에 대한 분석을 수행했다. 작동 모형이 클수록 더 많이 보게 된다거나 앞쪽에 배치된 것을 뒤쪽에 놓인 전시품보다 많이 보는 등 사람들의 행동을 객관적으로 측정하기 위해 다양한 가설을 세우고 확인하고 있다. 이 연구는 한국연구재단에서 주관하는 '2023 과학관 전시 서비스 연구 개발 사업' 중 '과학문화 전시 기반

기술 개발' 분야로서 '과학관 전시 질적 향상을 위한 무구속 센서 기반의 디지털 트윈 관람자 분석 플랫폼'이란 명칭의 과제로 선정되어, 시선추적기를 포함한 관람객 측정과 분석 기술을 개발하고 적용할 예정이다.

연구 분야 외에도 디자인이나 마케팅 같은 상업 서비스에서도 활발히 도입되고 있다. 매장에서 손님이 어떤 제품에 관심이 많은지, 어떤 홈페이지 배치가 더 눈길을 끄는지 등을 확인하기 위해 시선추적기를 활용한다. 국내 기업 네이버가 2005년에 시선추적기를 사들인 뒤 직접 실험하여 네이버 포털 메인 화면의 메뉴 구성이나 화면 배치를 바꾼 것은 유명한 사례다. 또한 한국의 스타트업 '비주얼캠프'는 초소형 시선추적기, 소프트웨어 개발 키트Software development kit, SDK를 개발하는 등 모바일 환경에서 시선추적기 기술을 선점하기 위해 노력한다. 신규 인터페이스를 모바일 독서 플랫폼 '밀리의 서재'에 제공해 사람들이 터치 없이 눈의 움직임만으로 전자책을 넘길 수 있게 한 것은 좋은 적용 사례다.

최근 시선추적기는 가상 또는 혼합 기술 등 최첨단 기법과 연계하며 확장되려 한다. 이와 관련하여 미국 빅테크 기업들이 시선추적기 기술을 보유한 스타트업을 인수했다는 이야기도 들려온다. 2016년에는 구글이 미국 기반 스타트업 '아이플루언스Eyefluence'를, 페이스북은 덴마크의 스타트업 '디 아이 트라이브The Eye Tribe'를, 2017년에 애플 역시 독일의 스타트업 '센소모토릭인스트루먼트SensoMotoric Instruments, SMI'를 (공개되지는 않았으나) 가히 천문학적인 금액으로 인수했다고 한다. 기업들이 시선추적기의 중요성을 이해하고 발 빠르게 움직인다고 볼 수 있겠다.

또한 시선추적기는 움직이기 힘든 사람들을 위하여 눈으로 소

통하는 장비나 체계의 발전으로 이어지기도 했다. 눈과 컴퓨터의 마우스를 연결하는 안구마우스는 시선추적기와 유사하게 수천만 원을 호가하는 장비다. 이를 보급하기 위해 100달러도 안 되는 안구마우스를 만드는 DIY Do It Yourself 프로젝트 '아이라이터 EyeWriter'가 2010년에 진행되기도 했다. 지금까지도 유사한 프로젝트가 꾸준히 진행되는 것으로 미루어 볼 때, 앞으로 시선추적기의 가격은 더 저렴해지면서 정확해질 것이라 예상할 수 있다.

그러나 시선추적기를 다루게 된다면 주의할 사항이 있다. 국내에 법률적 제약이 있음을 염두에 두어야 하는 것이다. 개인정보보호위원회가 2021년 9월에 개정 발간한 '생체 정보 보호 가이드라인'에서는 개인에 관한 특징을 알아보기 위해 일정한 기술적 수단으로 처리되는 데이터를 개인 정보의 일종인 '생체 정보'로 정했으며, 이 기준에 따르면 시선추적기로 측정되는 것 또한 생체 정보에 속할 수 있다. 시선추적기를 활용하거나 이용하는 상황이라면 개인 정보를 다룬다는 데 늘 유의해야 한다는 것이다. 따라서 정보의 주체가 스스로 결정하는 권리인 '개인 정보 자기 결정권'을 고려해야 한다. 그리고 만일 사람이 무엇을 어떻게 볼 것인지 예측해 혹여 나쁜 의도로 쓰인다면 매우 치명적인 사회문제로 이어질 수 있다. 내가 보고 싶은 것을 나도 모르게 통제당한다면 이는 볼 자유를 침해받는 것이다.

그렇더라도 시선추적기를 잘 다루게 된다면 눈으로 말하기가 가능한 세상이 올 것이다. 점차 작아지고 정확해지며 시선추적기가 우리의 휴대전화나 집 안을 포함한 일상생활 곳곳에서 필수로 자리매김하게 되지 않을까. 실제로 인공지능과 결합해 교정 단계가 많이 짧아지고 정확도도 놀라울 정도로 올라가고 있으며, 최근에는 시선추적기와 함께 호흡이나 맥박 등을 측정하는 기술 또한 속속 등장했다. 로봇이나 IoT와 결합하면서 어떤 소통 기술이 생겨날지 상상하는 것도 재미있다. 눈으로 바라보면 자동으로 열리는 냉장고 문, 바라보면 꺼지거나 켜지는 전등이 나오는 것도 시간문제일지 모른다. 눈으로 세상과 대화하는 날이 이제 얼마 남지 않았다.

오늘의 자율주행

최정원 기계공학

글로벌 컨설팅 업체 KPMGKlynveld Peat Marwick Goerdeler는 자율주행차 시장이 2020년 약 71억 달러(약 10조 원)에서 2035년에는 약 1조 1,204억 달러(약 1,604조 원)로 비약적으로 성장할 것을 예측했다.

자율주행autonomous driving, self-driving이란 인간의 조작 없이 교통수단이 스스로 운행하는 시스템이다. 자율주행은 크게 2가지 방식으로 구분된다. 첫째는 무인 운전으로 운송 수단 외부에 위치한 컴퓨터와 통신하며 명령에 따라 주행하는 것이다. 신분당선 지하철 등에 상용화되었으며, 비행기나 선박에도 이러한 자율주행 기술이 적용되어 있다. 둘째는 인공지능 주행으로, 이동 수단 자체에 장착된 인공지능에 따라 기계가 스스로 판단하여 주행한다. 이동 수단의 밀집도가 높고, 돌발 상황이 발생할 가능성이 매우 높은 자동차 등에는 후자의 방식이 많이 사용되며, 이 둘이 융합된 연구 또한 활발히 진행되고 있다.

자율주행의 핵심 기술

자율주행차의 핵심 기술은 크게 인식, 판단, 제어로 구분할 수 있다. 첫 번째, 인식 기술은 센서 등을 통하여 차량의 위치와 주변 장애물을 검출하는 것이다. 자신의 위치, 운행 방향, 차량 속도 등을 인지하는 '자기 차량 위치 인식 기술'과 주변의 다른 차량, 사람, 신호등, 횡단보도 등을 파악하는 '주변 인식 기술'로 구분할 수 있다.

인식 기술 중 GPS가 많이 사용되지만 돌발 상황에 대비하는 정밀한 위치 파악에 한계가 있어 다른 종류의 센서와 함께 사용한다. 그중 라이다Light Detection And Range, LiDAR 센서에 대한 연구가 활발히 진행되고 있다. 라이다란 빛을 물체에 쏜 뒤에 반사되어 돌아오는 시간과 주파수의 차이를 계산하여 물체와 접촉 없이 거리, 방향, 속도, 온도, 물질 분포 등을 감지하는 기술이다. 라이다 센서로 수신한 데이터와 지도 데이터를 비교하여 자신의 위치를 인식할 수 있으며, 센티미터 단위의 거리를 정교하게 파악할 수 있다.

또한 카메라도 위치 인식에 많이 쓰인다. 카메라는 차량에 장착되어 영상 정보를 얻는 장치인데 차선, 도로 마커marker, 안내 표식 등을 지도 데이터에 저장한 뒤 주행 중 차량에서 검출한 정보와 지도를 비교하여 위치를 인식할 수 있다. 카메라는 라이다에 비해 가격이 상대적으로 낮아도 다양한 데이터를 확보할 수 있다. 그러나 환경 변화에 취약하고 컴퓨터 계산에 많은 리소스가 필요한 단점이 있다.

레이더radar는 많이 상용화된 센서다. 날씨에 큰 영향을 받지 않고, 밤에도 사용할 수 있다. 전파를 쏜 후 물체에 맞고 반사되는 것을 수신해 도플러효과(음원과 관찰자의 상대적 운동에 따라 음파의 진동수가 변화하는 현상)를 이용하여 물체와의 거리를 파악한다. 감지 가능한 거리가 길지만 여러 물체를 각각 구분하는 것이 어려워서 고속, 장애물 검출용으로 목적을 제한하여 사용하는 경우가 많다. 또한 초음파 센서는 차량 후방 감지 센서로 사용된다. 감지 거리가 짧아 도로 주행 시보다는 자동 주차에 주로 활용한다.

| 라이다, 카메라, 레이더의 비교 |

	라이다	카메라	레이더
원리	빛을 이용해 물체와 거리 측정	영상을 통해 시각 정보 인지	전파를 이용해 물체와 거리 측정
장점	- 레이더에 비해 작은 물체 감지 가능 - 정확한 단색 3D 이미지 제공 가능 - 형태 인식이 가능하고 정밀도 높음	- 물체 구분 가능 - 가성비 우수 - 색상 인지 가능	- 멀리 떨어진 물체의 거리 측정 가능 - 날씨 영향 적음 - 가려져 있는 물체를 투과하여 감지 가능
단점	- 레이더에 비해 탐지 거리가 짧음 - 날씨에 민감 - 가려져 있는 물체는 감지(투과) 불가	- 물체와의 정확한 거리 파악 어려움 - 날씨에 민감	- 작은 물체 식별 어려움 - 정밀한 이미지 제공 어려움 - 물체 종류 판독 어려움 - 최대 측정 거리에 반비례하여 측정 범위가 줄어듦

그뿐 아니라 지도 구축과 동시에 위치를 인식할 수 있는 슬램Simultaneous Localization And Mapping, SLAM에 대한 연구도 진행 중이다. 슬램이란 무인 이동체가 주어진 환경을 지도화하고 위치 인식 시스템의 도움 없이 이동하면서 자신의 위치를 추정하여 공간 지도를 만들어 내는 기술이며 로봇 청소기 등에 주로 쓰인다.

두 번째, 판단 기술은 인식된 결과를 가지고 자율주행차가 다음으로 수행해야 할 행동을 결정하는 것이다. 일반적으로 지도 데이터를 통해 현재 주행하는 차선 정보를 얻을 수 있고, 도착지까지의 주행 경로를 만들고 필요 시 차선 변경을 판단하여 결정한다. 자율주행에서 판단 기술은 움직이는 장애물을 지도 위에 매핑mapping(어떤 값을 다른 값에 대응시키는 과정)하여 위험 상황을 분석하는 것과 위험도 분석에 의해 주행 전략(차선 변경이나 차간거리 유지 등) 수립, 차로 중심선 데이터를 활용하여 지역 경로를 생산하기 등이다.

주행 판단을 위해서는 주변을 먼저 파악해야 한다. 기존의 상황 인식 알고리즘algorithm(반복되는 문제를 풀기 위한 진행 절차)은 전방의 목표 차량만을 대상으로 했다. 그러나 최근에는 인공지능 기술을 이용하여 주변 차량을 인지하고 예측한다. 그 결과를 기반으로 자신의 차량을 중심에 둔 장애물 지도 혹은 위험물 지도를 생성하는 등 복잡한 환경 재구축이 가능해졌다. 합성곱 신경망Convolutional Neural Network, CNN(이미지 인식 패턴을 찾는 데 유용한 방법으로 정보를 학습하고 새로운 데이터의 이미지를 분류해낼 수 있는 네트워크) 알고리즘 등을 사용하여 차량의 주행 정보를 학습하고, 사람과 비슷한 결정을 내리는 방법을 사용한다.

세 번째, 제어 기술은 행동이 결정되면 빠르고 정확히 수행하는 것이다. 차량의 방향 조종이나 가감속을 조절하여 자율주행을 가능하게 한다. 자율주행차 연구 초기에는 차량의 액셀과 브레이크 페달에 모터를 부착하여 제어했으나 반응성이 느리고 정밀함에 한계가 있어 최근에는 전자식을 사용한다. 한국전자통신연구원ETRI은 자율주행 제어 플랫폼을 개발했는데, PC 3대와 컨트롤러 1대를 사용한다. 카메라를 이용하여 영상 기반으로 자신의 차량 위치를 인식하는 PC, 2개의 라이다 센서와 1개의 레이더 센서를 연동하여 장애물 검출 및 회피 역할을 수행하는 PC, 차량 데이터 저장 PC 그리고 이를 통신망으로 연결하여 실제 차량의 속도나 방향을 전자 제어하는 컨트롤러 1대로 구성된다. 제어 기술에서 자율주행차는 운전자가 원할 때만 자율주행 모드mode(특정한 작업을 할 수 있는 상태)로 운행되고, 문제 상황 발생 시에는 운전자에게 알리고 직접 운전할 수 있도록 신속히 운전자 주행 모드로 변경된다.

자율주행 단계와 현재 수준

미국 자동차공학회SAE International는 자율주행을 기술의 고도화에 따라 0단계에서 5단계까지 총 6단계로 구분한다.

0단계는 비자동화No Automation 단계이며 자율주행 기능이 전혀 없는 차량을 뜻한다. 1단계는 운전자 지원Driver Assistance 단계로 운전자가 자동차를 운행하는 데 속도나 조향을 보조하는 수준이다. 전방의 차량을 감지 센서로 인식해서 충돌이 예상될 경우에 브레이크를 자동으로 작동시키는 장치Autonomous Emergency Brake, AEB(충돌 피해 경감 브레이크), 전방 카메라로 차선을 인식해 핸들을 제어하여 차선에서 벗어나지 않도록 도와주는 차로 이탈 방지Lane Keeping Assist, LKA, 도로의 다른 차량과 물체를 인식하여 앞차의 속도에 맞춰 따라가는 장치Adaptive Cruise Control, ACC(어댑티브 크루즈 컨트롤) 등이 포함된다.

2단계는 부분 자동화Partial Automation 단계이며 상대적으로 장애물이 적은 도로에서 운전자를 대신하여 주행을 보조하는 수준이다. 1단계에서 차량 운행의 가로 또는 세로 방향 중 하나의 운행을 보조했다면, 2단계에서는 두 방향을 동시에 제어할 수 있다. 상용화된 대부분의 첨단 운전자 보조 시스템Advanced Driver Assistance Systems, ADAS은 2단계에 해당되는데 이 기능은 일정한 조건에서 운전자가 핸들과 페달을 이용하지 않고 주행할 수 있어 부담을 줄일 수 있다.

3단계는 조건부 자동화Conditional Automation 단계다. 자율주행과 운전자의 운전이 혼재되어 있는 상태로 일정 조건에서 모든 운전을 시스템이 제어하지만 시스템에서 작동을 계속하기 어렵다고 판단하면 운전자가 직접 해야 한다. 이 단계에서는 운전자가 전방에서 눈을 떼고 독서 등 다른 활동을 할 수도 있다. 2023년 상반기 기준 3단계를 양산 차에 적용한 자동차 회사는 혼다, 메르세데스 벤츠 2곳뿐• 이다.

현대자동차그룹은 2023년 말에 기아 EV9과 2024년에 현대 G90에 자율주행 3단계 기술인 고속도로 주행 파일럿Highway Driving Pilot, HDP 기능을 탑재할 예정이다. 고속도로나 자동차 전용도로에서 운전할 때 운전자가 핸들을 조작하지 않아도 차량 스스로 앞차와의 안전거리나 차선을 유지하면서 달리는 기술이다. 전방 주시와 차량 통제권을 유지하라고 경고하는 2단계보다 진보된 형태다. 핸들을 잡지 않고 시속 80킬로미터까지 자율주행을 할 수 있다. 일반적으로 1단계와 2단계를 운전자 보조 기능으로, 3단계부터 5단계까지를 자율주행 기능이라 부른다.

4단계는 고도 자동화High Automation 단계로 일정 조건하에서 모든 조작을 차량 시스템이 수행하고 운전자의 개입이 없다. 이는 도심의 특정한 구역에서 탑승자가 원하는 곳까지 차량이 자율 주행하는 것을 뜻한다.

• 혼다는 레전드 차량에 100대 한정으로 자율주행 3단계 기술(Sensing Elite)을 적용하여 고속도로에 한해 시속 50킬로미터 미만에서 자율주행 기능을 쓸 수 있다. 메르세데스 벤츠는 2022년 5월에 S클래스와 EQS 차량에 옵션(Drive Pilot)을 적용하여 아우토반 및 일부 도심 구간에서 시속 60킬로미터 이하일 때 사용 가능하다.

5단계는 완전 자동화Full Automation 단계로 모든 구간에서 운전자의 개입 없이 자동차를 운행하는 자율주행 시스템이다. 4단계 적용을 위한 지능형 인프라가 구축되어 있지 않은 곳에서도 차량 스스로 상황을 판단하고 달려야 하므로 SF영화에서 미래 자동차로 종종 소개된다.

| 자율주행 기술의 자동화 단계 비교 |

단계	0단계	1단계	2단계	3단계	4단계	5단계
구분	운전자 보조 기능			자율주행 기능		
명칭	無 자율주행 No Automation	운전자 지원 Driver Assistance	부분 자동화 Partial Automation	조건부 자동화 Conditional Automation	고도 자동화 High Automation	완전 자동화 Full Automation
자동화 항목	없음 (경고 등)	조향 or 속도	조향 & 속도	조향 & 속도	조향 & 속도	조향 & 속도
운전 주시	항시 필수	항시 필수	항시 필수 (조향 핸들 상시 잡아야 함)	시스템에서 요청 시 (조향 핸들 잡을 필요 없음, 제어권 전환 시만 필요)	작동 구간 내 불필요 (제어권은 전환 안 됨)	전 구간 불필요
자동화 구간	없음	특정 구간	특정 구간	특정 구간	특정 구간	전 구간
시장 현황	완성 차 양산	대부분 완성 차 업체 양산	7~8곳 기업 완성 차 업체 양산	2곳 기업 완성 차 업체 양산	3~4곳 기업 벤처 기업 생산	없음
예시	사각지대 경고	차선 유지 or 크루즈 기능	차선 유지 & 크루즈 기능	혼잡 구간 주행 지원 시스템	지역 무인 택시	운전자 없는 완전 자율주행

양산된 차량 및 기술	자율주행 기능이 없는 모든 차량	최근 양산되는 대부분 차량 (충돌 피해 경감 브레이크, 차로 이탈 방지, 어댑티브 크루즈 컨트롤 등)	테슬라의 오토파일럿, 캐딜락의 슈퍼크루즈, 볼보의 파일럿 어시스트, 토요타의 어드밴스드 드라이브 등	혼다 레전드의 센싱 엘리트, 메르세데스 벤츠 S클래스와 EQS의 드라이브 파일럿 (현대 · 기아차 EV9, G90의 고속도로 주행 파일럿 양산 예정)	개발 중	개발 중

현재 우리나라 도로에서 볼 수 있는 자율주행 차량은 사실상 자율주행으로 보기 어려운 운전자 보조 기능의 2단계 수준이다. 우리 정부는 2027년 4단계 자율주행차 상용화를 목표로 R&D 지원과 법제도 개선을 하고 있다. 이에 국토교통부는 2021년부터 2025년까지 자율주행차의 확산과 발전을 위해 '제1차 자율주행 교통 물류 기본 계획'을 수립했다. 2025년까지 전국 고속도로 및 거점 지역에서 자율주행 서비스를 제공하는 것이 목표다. 2021년 상반기 기준 총 7곳(세종, 서울, 제주, 경기, 충북, 광주, 대구)을 자율주행차 시범 운행 지구로 지정하여 자율주행 서비스 및 실증 연구를 진행하고 있다.

현대자동차그룹은 국회, 강남, 판교, 남양 연구소 등에서 아이오닉5와 쏠라티에 4단계 자율주행 기술을 탑재하여 시범 서비스를 운영하고 있다. 2022년에 현대자동차그룹은 자율주행 분야 국내 스타트업인 '포티투닷42dot'을 4,200억 원에 인수했다. 이 기업은 라이다 센서 없이 자율주행 4단계를 구현하는 기술을 가지고 있다. 라이다는 정확도 측면에서는 우수하지만 가격이 비싸고 전력 소모가 많은 단점이 있다. 이와 같은 이유로 테슬라도 라이다 대신에 카메라를 장착하여 자율주행 기능을 적용했다. 포티투닷의 기술은 카메라, 레이더, 글로벌 내비게이션 위성 시스템GNSS을 이용하여 인공지능으로 자동차 간의 거리와 속도 그리고 주변 환경을 판단하여 운행을 예측한다.

미국 GM은 2016년에 자율주행 스타트업 '크루즈Cruise'를 인수했고, 2022년부터 샌프란시스코에서 세계 최초로 안전 직원 탑승 없이 유료로 자율주행차를 운영하고 있다. 그러나 미국 포드와 독일 폭스바겐이 투자한 아르고 AI는 수익성이 있는 완전한 자율주행차 기술은 아직 멀었다고 판단하여 6년 동안 투자한 자율주행 사업을 중단했다. 애플도 핸들이 없는 자율주행차를 만들겠다고 선언했지만 계획을 수정하고 있다. 4단계, 5단계의 자율주행 기술은 정말 어려운 일인 것이다.

자율주행차, 급부상 기술

정보통신산업진흥원NIPA은 품목별 ICT 시장 동향 보고서에 자율주행 분야의 급성장(2022년 3월부터 2023년 2월까지 IT 뉴스 매체 분석) 기술 키워드를 선정했다. 그중 상위 5개는 '플라잉카', '운전자 모니터링 시스템', '차량 대 인프라 통신', '차량용 무선 업데이트', '통합 모빌리티 서비스'다.

첫째, 플라잉카Flying Car는 자동차와 비행기 기능이 결합되어 도로 주행과 공중 비행을 모두 할 수 있다. 2022년 7월 영국 롤스로이스와 현대자동차그룹은 양해 각서를 체결하여 2025년까지 수소 연료 전지를 이용한 전기 플라잉카 개발 및 시연을 목표로 했다. 미국 보잉Boeing은 자율주행 택시를 개발한 위스크Wisk에 5,800여 억 원을 투자했는데, 5년 이내 20개 도시에 4,000만 명 이상에게 플라잉카 서비스를 제공할 계획이다. 일본 스카이드라이브SkyDrive는 자동차 회사인 스즈키Suzuki와 파트너십을 맺고 2025년 오사카 세계 박람회에서 플라잉 택시 서비스를 운영할 예정이다. 베트남의 에어리오스Airlios는 동남아시아 최초로 전기 플라잉카를 공개했고, 2027년에 상업 판매를 할 계획이다.

둘째, 운전자 모니터링 시스템Driver Monitoring Systems, DMS은 카메라 등을 통해 사람의 행동을 모니터링하여 주의 산만, 졸음 등 위험한 상태 시 운전자에게 경고하여 사고를 예방하는 장치다. 미국에서 판매되는 모든 신차에 운전자 모니터링 시스템을 장착하기 위한 기초 법안이 의회에 발의되었다. 미국 컨슈머리포트Consumer Reports 역시 반자율주행 기술과 운전자 모니터링 시스템을 결합한 차량 모델에 2022년부터 가산점을 부여하기 시작했고, 미국 고속도로안전보험협회도 이 시스템을 평가하는 프로그램을 개발 중이라고 발표했다.

셋째, 차량 대 인프라Vehicle-to-Infrastructure, V2I 통신은 차량과 사람을 포함한 주변 환경 간 실시간 통신을 하는 기술이다. 교통 혼잡 시 최적의 경로를 제공하여 도로 혼잡을 감소시킬 수 있고, 연비 절감 효과도 얻을 수 있으며, 차량이나 보행자의 움직임을 인식하여 사고 발생을 예방하여 안전성이 증대된다. 일본 미쓰비시 그룹Mitsubishi Group은 고속도로에서 자율주행을 지원할 목적으로 차량 대 인프라 통신 기능을 시연할 예정이다.

넷째, 차량용 무선 업데이트Over the Air, OTA는 네트워크를 통해 애플리케이션, 서비스 및 다양한 구성을 다운로드하는 기능으로 펌웨어firmware(하드웨어를 제어하는 가장 기본적인 프로그램) 등을 자동으로 업데이트할 수 있다. 테슬라는 2019년에 최초로 자사의 모델3 고객에게 3,000달러를 받고 가속 성능을 4.6초에서 4.1초로 개선시키는 OTA 서비스를 출시하여 새로운 비즈니스 모델을 제시했다. 차량용 무선 업데이트를 통해 차량 소프트웨어의 버그 및 보안 취약점을 보완하고, 내비게이션의 편리한 지도 업데이트 등이 가능해지며, 차량 결함에 대한 리콜이 감소할 수 있다. 2021년 일본 혼다는 최초로 3단계 자율주행차를 출시했는데, 센서와 지도 등의 소프트웨어를 자동으로 업데이트하여 자율주행을 최적화하고 있다.

다섯째, 통합 모빌리티 서비스Mobility as a Service, MaaS는 다양한 교통수단을 하나로 연계하여 단일 플랫폼 내에서 최적 경로 안내, 예약, 결제 등을 제공하는 서비스다. 이스라엘의 모빌아이Mobileye는 독일 뮌헨과 다름슈타트에서 MaaS를 적용한 자율주행차 시범 운행을 시작했다. 중국의 전기차 니오NIO의 ES8를 사용하여 로보 택시뿐 아니라 독일 대중교통 셔틀을 통합하는 프로젝트를 2023년에 시작할 계획이다. 미국 메이모빌리티May Mobility는 일본과 미국 5개 도시에서 토요타의 미니밴 시에나Sienna에 차량 제어 인터페이스를 추가하여 고객 필요에 따른 이동성을 제공하는 MaaS 서비스를 시연하기도 했다.

자율주행 인프라

테슬라의 일론 머스크는 2015년 《포춘》지와의 인터뷰에서 완전 자율주행차를 2년 안에 완성할 수 있다고 확언했지만 몇 년이 지난 2021년에는 '일반화된 자율주행은 어려운 문제다'라고 말을 바꿨다. 즉, 자동차의 기술만으로는 자율주행을 실현하기 어렵다는 것을 보여준다. 이를 해결하기 위해서는 자동차 기술뿐 아니라 자율주행차 전용 기반 시설을 구축하는 일이 필요하다.

자율주행 인프라는 아래 표와 같이 구분할 수 있다. 스마트폰을 '하이패스 단말기'처럼 활용하여 위치 기반 자동 요금 징수 솔루션인 스마트 톨게이트나 AI 기술로 영상을 인식하여 상황에 따른 최적의 신호 체계를 구현하는 스마트 신호등 등의 도로 시설물과 도로 주변에서 일어나는 상황을 인지하는 노변 센서, 교통 사고나 정체 상황 등의 정보를 분석하는 교통 센터, 차량-차량 및 차량-인프라 사이에 데이터를 주고받을 수 있는 통신 기술 그리고 자율주행 법·제도·보험 등이 함께 발전해야 완전 자율주행 기술에 빠르게 다가갈 수 있다.

| 자율주행 인프라 |

분류	설명	예시
도로 시설물	자율주행차의 인지 성능 향상과 사고 위험 감소 등을 위해 도로 시설물에 적용되는 기술	스마트 톨게이트, 스마트 신호등, 발광 차선 등
노변 센서	도로 내외의 물체와 환경을 감지하는 기술(보행자, 차량, 장애물, 기후 등을 감지)	노변 카메라, 레이더, 라이다 등의 센서
교통 센터	차량과 도로 시설물, 노변 센서 등으로 수집된 데이터를 종합적으로 분석하고 관리하는 기술	교통신호, 정체, 사고, 공사, 기상 등의 정보 관리
통신	자율주행에 필요한 데이터를 차량-차량 간 또는 차량-인프라 간에 송수신하는 기술	5G · WAVE 등의 통신 기술, 정밀 GPS 지원 기술

기타	상기 기술 분류에 포함되지 않는 인프라성 연구	법 · 제도, 보험, 기획 및 전략 연구, 인력 양성 등

미국 미시간주는 자율주행차 전용 차로를 구축하기 위한 프로젝트를 시작했다. 디트로이트와 앤아버 사이 64킬로미터의 미시간 애비뉴와 94번 고속도로 양방향 2개 차선에 세계 최초의 자율주행 전용 도로 '카브뉴Cavnue' 건설에 착수했다. 통신 인프라와 라이다 센서, 초정밀 카메라 등 자율주행을 위한 핵심 장비와 시설을 설치할 예정이다. 자율주행차를 중앙 컴퓨터와 연결하고 센서로 다른 차량과 주변 환경 데이터를 공유하여 속도를 제어하면서 일반 자동차보다 빠르게 정체 없이 이동하게 할 계획이다.

중국은 미국보다 먼저 자율주행 전용 차로 구축에 나섰다. 2019년부터 베이징과 슝안신구의 100킬로미터 거리, 징슝고속도로 중 중앙 2차로를 자율주행차 전용으로 배정했다. 베이징과 허베이 구간은 2021년 5월에 개통했고, 상하이 해상 대교에는 2022년 7월에 자율주행 전용 차로가 설치되었다. 징슝고속도로에는 3,700개 이상의 LED 스마트 가로등이 세워졌고 조명과 함께 다양한 센서, 카메라 등이 통합되었다. 2020년 4월에 착공한 항사오융 스마트 고속도로에는 화물차를 위한 자율주행차 전용 차로를 설치한다. 5G 무선통신망과 클라우드 도로 교통관제 시스템, 전기차 충전소도 배치되는데 제한속도를 기존 시속 120킬로미터에서 시속 150킬로미터로 높여서 운영할 계획이다.

우리나라는 자율주행 전용 차로에 대한 기반 시설이 아직 구축되어 있지 않다. 그러나 범정부 자율주행기술개발혁신사업단 내의 미래

도로에 대한 연구를 한국건설기술연구원 등에서 추진하고 있다.

자율주행 선도 기업

캐나다의 시장조사 전문 기업인 이머전리서치Emergen Research는 자율주행차 부문 선도 기업을 선정했다. 그중 상위 3개 기업을 살펴보면 다음과 같다.

마이크로소프트는 컴퓨터 소프트웨어 회사로 유명하지만 자율주행 기술에도 투자와 연구를 진행한다. 독일 폭스바겐 그룹과 자율주행 플랫폼 개발 파트너십을 체결하고 첨단 운전자 보조 시스템ADAS과 자율주행차 클라우드 기반 시스템을 개발하고 있다. 운전자와 탑승객의 경험을 확장하기 위해 홀로렌즈 2Hololens2라는 혼합 현실 헤드셋을 개발하여 자동차가 목적지로 이동하는 동안 교통, 날씨, 쇼핑 정보 등을 혼합 현실로 제공해 고객의 새로운 경험을 창출할 기술을 고심하고 있다. 또한 자동차용 마이크로소프트 애저Microsoft Azure(마이크로소프트의 클라우드 컴퓨팅 플랫폼)를 활용하여 데이터 분석이나 인공지능 기계 학습 도구를 사용해 시뮬레이션 과정을 개선하고 지도 기반 환경 구축 등 위치 서비스 제품을 개발한다.

구글의 모회사인 미국 알파벳Alphabet의 자율주행 사업 부문인 웨이모Waymo는 미국의 피닉스와 샌프란시스코 지역에서 상업용 자율주행 택시 서비스를 확장했다. 2022년에는 자율주행 트럭을 활용한 화물 배송 서비스 테스트를 실시했다.

우버는 2022년에 현대자동차그룹, 앱티브Aptiv의 합작 회사인 모셔널Motional과 자율주행 기능이 탑재된 아이오닉5 차량 대여 계약을 체결하여 자율주행 로보 택시 및 음식 배송 서비스를 시작했다.

우버는 차량의 위치 선정과 배차에 대한 데이터를 공유하고 모셔널은 자율주행차의 비가동 시간을 계산하여 불필요한 이동 거리를 줄여 최적의 길 안내 기술을 적용했다.

2023년 8월에 미국 캘리포니아주 공공요금위원회는 샌프란시스코에서 알파벳의 자율주행 자회사인 웨이모와 GM의 자율주행 자회사인 크루즈에 무인 택시를 이용한 상업용 영업 허가를 승인했다. 그 전에 웨이모는 샌프란시스코에서 무료 공공 서비스만 제공할 수 있었고, 크루즈는 샌프란시스코 시내의 제한된 구역에서 낮에만 보조 운전자가 동승하는 조건으로 요금을 받을 수 있었다. 그러나 이번 결정으로 두 회사는 보조 운전자 없는 완전 무인 자율주행 방식으로 샌프란시스코 전 지역에서 시간 제약 없이 유료 영업을 할 수 있게 되었다. 이로써 자율주행 로보 택시의 활성화에 큰 계기가 마련되었다.

2022년 기준 세계 자동차 그룹별 판매 순위를 보면 일본 토요타가 1,048만 대로 1위이고, 독일 폭스바겐이 848만 대, 현대자동차그룹이 684만 대, 르노-닛산-미쓰비시 그룹이 615만 대, GM이 593만 대순이다. 그러나 가이드하우스Guidehouse Insights에서 발표한 자율주행 기술의 순위를 살펴보면 다음 표와 같이 IT 회사나 자동차 회사에서 투자해서 운영 중인 벤처 기업이 높은 순위를 차지하고 있다. 모빌아이는 이스라엘의 자율주행차 관련 벤처 기업으로 1999년에 설립되었으며, 카메라나 레이더 등에서 수집된 정보를 분석하여 차량 운행을 실시간으로 통제하는 솔루션을 개발한다. 모빌아이는 최근 새로운 지능형 속도 지원Intelligent Speed Assist, ISA 시스템을 고안하여 숫자로 된 속도 표지판뿐 아니라 그림 표지판도 자동으로 식별해 차량 속도를 효과적으로 제어할 수 있게 했다. 중국의 인터넷 검색

엔진 회사인 바이두Baidu는 자율주행 기술에도 두각을 나타낸다. 바이두는 중국 최초로 자율주행 택시를 출시했고, 자율주행 서비스 플랫폼 아폴로고Apollo Go는 베이징 도심에서 완전 무인 자율주행 택시 시범 운행 허가를 받았다. 차량에 챗GPT 같은 인공지능 음성 인식 기술을 적용하여 자율주행차의 상용화를 앞당기고 있다.

| 자율주행 기술 종합 순위 |

순위	2019년	2021년	2023년	본사 국가 (2023년 기준)
1	웨이모 (구글)	웨이모 (구글)	모빌아이 (인텔)	이스라엘
2	크루즈 (GM)	엔비디아	웨이모 (구글)	미국
3	포드	아르고 AI (포드, 폭스바겐)	바이두	중국
4	앱티브	바이두	크루즈 (GM)	미국
5	모빌아이 (인텔)	크루즈 (GM)	모셔널 (현대자동차그룹–앱티브)	미국
6	폭스바겐	모셔널 (현대자동차그룹–앱티브)	엔비디아	미국
7	다임러–보쉬	모빌아이 (인텔)	오로라	미국
8	바이두	오로라	위라이드	중국
9	토요타	죽스	죽스 (아마존)	미국
10	르노–닛산–미쓰비시	뉴로	개틱	미국
11	BMW–인텔–FCA	얀덱스	뉴로	미국
12	배오니어–에릭슨–제누티	오토엑스	오토엑스	중국
13	죽스	개틱	오토노머스에이투지	한국

14	메이모빌리티	메이모빌리티	메이모빌리티	미국
15	현대자동차 그룹	테슬라	포니 AI	미국

멀지만 가까운 4단계 자율주행

자율주행 기술이 장밋빛인 것만은 아니다. 2018년 미국에서 우버의 자율주행 시험 차량 운전석에 탑승했던 보조 운전자가 스마트폰으로 TV를 시청하다가 자전거를 타고 무단 횡단하던 여성을 치어 숨지게 한 사건이 있었다. 이는 자율주행 차량이 일으킨 첫 번째 사망 사고로 기록되었는데, 2023년에 이 보조 운전자에게 유죄 판결이 내려졌다. 그러나 검찰은 우버에 대해서는 법적 근거가 마련되어 있지 않아 기소하지 않았다.

2023년 8월 미국 샌프란시스코에서는 주행 중이던 GM의 크루즈 무인 자율주행차 10대가 갑자기 멈춰서 그 지역 교통이 마비되는 사고가 발생했다. 탑승 차량의 승객은 차가 작동하지 않아 내릴 수 없어 차 안에 갇혀 공포의 시간을 보냈다. 사고 원인은 지역 음악 축제의 대형 이벤트로 인해 무선 연결 문제가 발생하여 차량의 통제가 지연된 것으로 파악되었다.

이러한 사건들로 인해 완전 자율주행 기술에 대해 회의적인 시각도 있다. 그러나 자율주행에 대한 연구는 계속되고 있고, 운전자 보조 기능을 넘어선 자율주행차는 현실로 다가왔다. 우리나라는 2023년 말에 일본과 독일에 이어 세계 세 번째로 3단계 자율주행차를 상용화할 계획이다. 또한 2025년에는 4단계 자율주행 버스를 운영하고, 2027년에는 4단계 자율주행차를 상용화할 예정이라고 국토교통부는 발표했다. 앞으로 4~5년에는 후에는 자율주행차를 타고 잠을 자면서 편안히 목적지까지 이동하는 날이 올 것이다.

생체 모방 로봇 탐구

이혜성 기계공학

우리에게 생체 모방 로봇은 익숙한 존재일까? 어린 시절 만화를 좋아했던 나에게 자연계 생물의 모습을 한 로봇은 비교적 친숙하게 다가온다. 로봇의 외양을 떠올려보면 공룡이나 동물의 모습일 때가 많다. 물론 사람을 모방한 로봇 역시 생명체를 대상으로 디자인한 대표적 사례다. 2023년 6월에 개봉한 영화 〈트랜스포머: 비스트의 서막〉에는 지구에 사는 여러 동물의 모습을 한 로봇이 등장한다. 각각은 모방한 동물의 고유한 특징을 활용했는데, 이렇듯 자연에 대한 경외심을 바탕으로 로봇을 디자인하고 상상하는 마음은 꾸준히 이어져왔다. 이와 같이 생명체의 움직임을 본뜬 로봇을 생체 모방 로봇Bio-mimetic Robots이라고 부른다. 자연계 생명체가 수백만 년에 걸쳐 개발해온 효율적인 기능, 독창적인 특징은 결국 디자인과 활용에 큰 영감을 주는 것이다.

인간은 자연을 관찰하고 활용해왔다. 기술 발전과 더불어 생명체의 외적인 모습을 흉내 내는 일을 넘어 움직임 자체에 대한 관심으로 이어졌다. 생명체 모방의 역사는 위대한 발명가인 레오나르도 다빈치가 인간을 닮은 최초의 자동기계, 거북 등 껍질 형상의 탱크를 만든 것을 시작으로 오토마타automata라는 형태로 꾸준히 발전했다. 1940년대부터 인간과 동물의 생체학적 특성을 모방하거나 활용한 로봇을 개발하고 연구하는 사이버네틱스cybernetics라는 분야가 등장하며 오늘날까지 자연을 모방하려는 인간의 시도가 계속되었다.

예를 들면 곤충의 날갯짓을 모사한 비행 로봇, 4족보행의 관절 움직임을 본떠 만든 견마로봇, 사람의 형태를 갖춘 휴머노이드humanoid 등 외형을 응용하기도 하고 군사기술에 활용하기 위해 환경에 따라 몸의 색을 조절하는 카멜레온의 피부 특징을 연구하기도 한다. 한 가지 생명체뿐 아니라 다양한 동물의 행동 패턴을 분석하고 AI를 학습시켜 주변 환경과 상황에 따라 적절한 움직임을 선택하게 해 에너지 소비를 절감하는 등 다양한 곳에서 생체 모방 기술이 사용되고 있다.

우리나라를 비롯한 전 세계에서는 생체 모방 로봇 분야에 많은 연구와 개발이 이루어지고 있다. 연구를 크게 세 가지로 나누어보자. 첫째는 생물학적 원리 모방으로 새의 날개, 벌의 비행 원리, 물고기의 수중 움직임 등 다양한 생물의 기능을 로봇에 적용하여 효율적인 기능을 재현한다.

둘째는 인공지능과 제어에 관한 연구로서 로봇이 생물의 움직임과 특성을 모방하기 위해서는 높은 수준의 인공지능과 실시간 제어 시스템을 필요로 한다. 반복적, 기계적인 학습을 통해 주변 환경과 상호작용하며 효과적으로 움직이게 하고 나아가 여러 생물의 행동 체계를 복합적으로 응용하여 더욱 진화된 동작도 가능하다.

셋째는 로봇의 구조와 소재에 대한 연구이며 생물학적 특성과 움직임의 재현을 위해서는 생물이 갖고 있는 부드러운 소재의 개발과 특성이 충분히 발현될 구조가 필요하다. 유연한 소재와 혁신적인 로봇 구조는 성능을 향상시키고 다양한 환경에서의 활용 가능성을 높인다.

생체 모방 로봇은 기계공학, 로봇공학, 인공지능, 재료공학, 생체공학 등 다양한 기술 분야의 융합으로 가능해진다. 이러한 로봇의 발전은 위험 임무와 전문 분야를 담당하여 인간의 많은 부분을 대신할 수 있다. 미래 산업과 삶의 질을 향상시킬 많은 가능성을 품은 것이다.

의료 분야에서 생체 모방 로봇은 큰 잠재력을 가졌다. 보행 보조기로 신체 기능이 제한된 환자들을 지원하고 재활 치료에도 도움을 줄 수 있다. 자벌레의 이동 방식을 모방한 내시경 로봇이 연구되는 등 생체 모방형 의료 로봇의 개발로 미래에는 환자의 상처를 최소화하면서 정밀하게 조작하고 수술까지 가능해질 것이다.

위험 지역 탐색 및 구조 분야에서도 가능성을 보인다. 2011년 3월 동일본 대지진이 발생했고 후쿠시마 원전의 원자로가 폭발하는 큰 사고가 일어났다. 원전 반경 약 20킬로미터에서 엄청난 양의 방사능이 측정되어 사고 지역 탐색을 위해 재난 로봇이 투입되었다. 하지만 재난 로봇 개발 초기였고 성능은 만족스럽지 못한 수준이었다. 그 계기로 2015년 세계 재난 로봇 올림픽이 열렸고 이때 총 25대의 재난 로봇이 참가하여 운전하기, 차에서 내리기, 문 열고 들어가기, 밸브 잠그기, 벽에 구멍 뚫기, 돌발 미션, 장애물 치우기, 계단 오르기 등 8가지 미션을 거쳤다.

대부분은 휴머노이드(인간형 로봇)였고 일부 절지동물 형태의 재난 로봇도 참가했다. 해당 대회에서는 우리나라 카이스트팀 '휴보'가 우승했다. 이제는 위험 지역 탐색을 위한 소형 로봇 개발도 활발하게 진행되고 있다.

이번에는 환경 모니터링 및 조사 분야를 보자. 지구에는 인간이 접근하기 어려운 자연환경을 쉽게 찾을 수 있다. 깊고 좁은 동굴과 지하의 용암 지역, 반대로 너무나 추운 극지방과 바닷속 깊은 해저는 아직도 인간이 탐사하지 못했다. 지구를 벗어나 우주로 나가면 미탐사 지역은 무한대로 늘어나고 인간이 접근하기 어려운 환경에서 활동하기 위해 생체 모방 로봇의 역할은 매우 중요하다.

최근 EELS**Exobiology Extant Life Surveyor**라는 뱀을 모방한 로봇이 NASA의 제트추진연구소**Jet Propulsion Laboratory**에서 다른 행성 탐사를 위한 테스트를 거쳤다. 48개의 액추에이터로 움직이는 이 생체 모방 로봇은 인간의 실시간 명령이 없어도 주변을 감지하고 판단하여 주위를 탐색하고, 지형 데이터를 수집하여 인간의 거주 가능성과 생명체의 흔적에 대한 정보를 지구로 전송하게 된다.

우리나라의 한국과학기술원에서도 지하자원 탐사를 위해 두더지 모양의 '몰봇'을 개발했다. 두더지 종인 '치젤 투스**Chisel tooth mole**'와 '휴머럴 로테이션**Humeral rotation mole**'의 토양을 긁어내는 방법과 어깨 구조의 움직임을 모방했고, 기존의 기술보다 효과적으로 탐사 임무를 수행한다. 환경 조사 분야의 확장에 생체 모방 기술이 많은 영향을 주고 있는 것이다.

주어진 임무를 달성하기 위해서는 외적인 움직임의 모방과 함께 자율적인 활동과 상황 판단 그리고 문제 해결 능력이 필요하다. 자연계의 생물을 관찰하고 모방했고, 효율적인 동작과 기능을 재현한다고 해도 스스로 판단하고 적절한 행동을 하지 못한다면 생체 모방 로봇을 활용하기는 매우 어려울 것이다. 그렇기 때문에 주변의 정보를 수집하기 위한 센서와 센싱 기술 개발, 수집된 정보를 처리하기 위한 AI 제어 기술 그리고 모방된 생물의 움직임을 100퍼센트에 가깝게 실행하기 위한 튼튼하고 유연한 재료 및 구조 기술의 연구도 함께 이루어지고 있다. 따라서 특정한 상황에 자연계 생물이 어떻게 인식하고 판단하며 다음 행동을 결정하는지에 대해서도 관심이 높다. 또한 인공 근육과 피부조직 같은 재료, 구동 기술도 활발히 개발 중이다.

생체 모방 로봇은 현대 기술의 새로운 지평을 여는 혁신이다. 의료, 군사, 환경 모니터링, 구조 작업 등 다양한 분야에서 의 적용이 기대되며, 인간의 삶을 향상시킬 많은 가능성을 가지고 있다. 그러나 환경 보호와 윤리적 측면을 고려하는 것이 역시 중요하다. 로봇이 환경에 미치는 영향을 최소화하고, 인간의 안전과 개인정보 보호에 주의해야 한다. 또한 기술적인 도전 과제를 극복하고 성능을 더욱 향상시키기 위해 지속적인 연구와 협력이 필요하다.

생체 모방 로봇 연구자들은 끊임없는 노력과 열정으로 이 분야의 성장과 발전을 선도해나간다. 로봇의 무한한 가능성을 향해 현대 기술은 계속해서 진화할 것이 틀림없다.

인공일반지능의 실제

이양복 컴퓨터공학

인간의 지능은 이해하기 어려운 개념이지만, 일반적으로 지능은 어떤 특정한 영역에 한정되지 않고 보다 넓은 인지 기술과 포괄적인 지식을 포함하는 범용성을 가지고 있다. 이러한 인간의 인지, 학습, 추론 등 지적 능력을 인공 시스템으로 구현하여 다양하고 복잡한 문제를 해결하는 것이 인공지능artificial intelligence, AI 기술을 연구 개발하는 목적이다.

인공일반지능artifcial general intelligence, AGI은 인간 수준 이상을 할 수 있는 기계라는 일반적인 개념으로 알고 있지만, 일반(범용)지능이 인간의 지능적 행동을 지칭하므로 정의가 모호하여 인공일반지능을 한마디로 말하는 것은 어렵다. 그러나 2000년대 초반에 인간 수준의 넓고 강한 범용성을 가지며 좁고 약한 범용성과 반대의 개념으로 AGI가 정의되어 일반화되었다. 그리고 현재 AGI를 사용해서 (추론, 계획, 경험을 통해 학습하는 능력을 포함하여) 인간 수준 이상의 능력을 갖춘 광범위한 지능을 보여주는 시스템을 개발하려고 한다. 사람처럼 생각하는 기계는 초창기부터 인공지능 연구의 등불 역할을 했으며 가장 논란이 많은 분야이기도 하다. 이러한 과정의 중요한 변곡

점인 GPT-4를 위시해 앞으로 나오게 될 AGI에 대해 알아보자.

GPT-4의 능력과 한계

GPT-4는 자연스럽고 일관된 텍스트를 생성하며, 광범위한 질문에 대해 요약, 번역, 답변 등 다양한 방식으로 이해한 텍스트를 조작하는 자연어 처리 능력을 가지고 있다. 또한 서로 다른 자연어 간의 번역뿐 아니라 의학, 법률, 회계, 컴퓨터 프로그래밍, 음악 등과 같은 분야 전반에 걸친 어조와 스타일의 번역이 가능하다. 추론 능력의 상징인 코딩과 수학뿐 아니라 의학이나 법률 같은 전문 영역에서 경험을 통한 학습, 계획 능력도 보여준다.

지능의 주요 척도는 여러 영역이나 양식의 정보를 종합하는 능력과 맥락에 따라 지식과 기술을 적용하는 능력이다. GPT-4는 문학, 의학, 법, 수학, 물리, 프로그래밍과 같은 다양한 분야에서 높은 수준의 능력을 보여줄 뿐 아니라 기술적 개념을 유연하게 풀어낸다. 또한 복잡한 아이디어에 대한 인상적인 이해력을 보여주는 등 인간 수준의 지적 능력에 가까워지고 있다. 이렇게 문학과 수학, 프로그래밍과 예술 등 훈련 데이터에 거의 포함되지 않는 영역까지 조합을 통해 지식이나 기술을 결합하는 통합 능력을 보여주고 있다.

GPT-4는 고등학교 수준의 어려운 수학 문제에 답할 수 있고, 때때로 고급 수학 주제를 중심으로 의미 있는 대화를 나눌 수 있다. 그러나 인간의 능력을 평가하는 데 사용되는 것과 동일한 기준으로 수학적 개념을 얼마나 잘 표현하고, 수학적 문제를 해결하고, 정량적 추론을 적용할 수 있는지 평가한다면 GPT-4는 여전히 전문가의 수준에서 매우 멀다. 수학적 연구를 수행하는 데 필요한 능력을 가

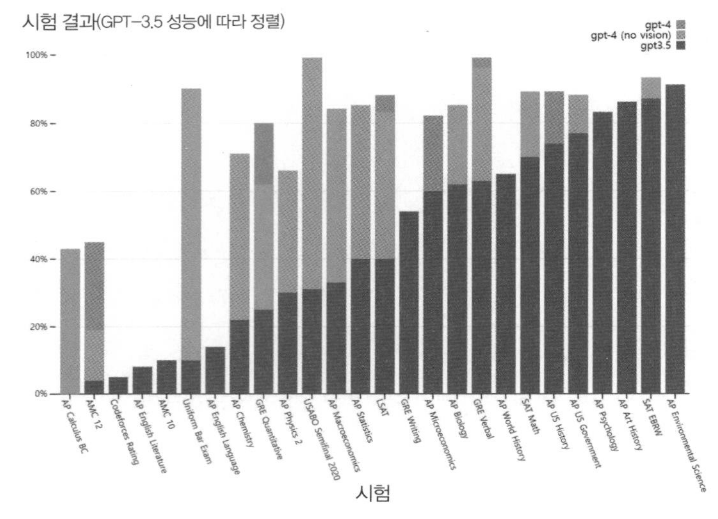

↑ 각종 시험(SAT, GRE 등)에 대한 GPT 성능 비교.

지고 있지 않으며 기본적인 실수를 저지를 수 있고 때때로 이해가 부족한 것으로 해석될 일관성 없는 출력을 생성할 수 있다.

수학적 모델링 문제의 특별한 유형인 '페르미 질문'은 직접 측정하기 어렵거나 불가능한 양 또는 현상에 대한 학습된 추측을 하고 논리, 근사 및 크기 순서 추론을 사용한다. 예를 들어, '시카고에는 몇 개의 피아노 튜너가 있는가?' '태양의 피크 색상의 전기장은 지구로 이동하는 동안 몇 번 진동하는가?' 등이 잘 알려진 페르미 질문이다. 추가 정보가 거의 없거나 전혀 없는 상태에서 이러한 문제를 해결하기 위해서는 양적인 사고와 일반적인 지식이 모두 필요하다.

GPT-4는 합리적인 가정과 정보에 입각한 추측을 여러 단계로 시도하는 정량적 사고로 페르미 질문에 답하는 뛰어난 능력을 보인다. 예를 들어 '매일 얼마나 많은 페르미 질문이 나오는지 대략적으로 추정하라'는 질문에 GPT-4는 페르미 질문에 대한 정의와 몇 가지 가정을 하고 사용 가능한 데이터를 기반으로 추정치를 사용한다. 이에 따라 세계 인구가 약 78억 명이고, 그중 약 25퍼센트가 생산 연령 인구인 15~64세에 속한다고 가정하여 약 19억 5,000만 명의 잠재적 페르미 질문자를 구한다. 그리고 생산 연령 인구의 평균 문해율은 약 86퍼센트, 약 16억 8,000만 명이 글을 읽고 쓸 수 있고 과학, 수학, 공학, 논리학 분야의 평균 관심율이 약 10퍼센트라고 가정하여 약 1억 6,800만 명의 관심 있는 잠재적인 페르미 질문자를 찾는다. 그 뒤 평균 질문 빈도가 한 달에 한 번 정도일 때 하루에 약 560만 개가 된다고 답변한다.

이번에는 피타고라스 정리가 필요한 기하학 문제 풀이의 실수를 예로 들어보자. '정사각형 ABCD에서, |AB| = |BC| = |CD| = |DA|, E는 AD의 중간점, F는 EB의 중간점이다. |BF| = 6, ABCD의 면적은?' 이 질문에 대해 GPT-4는 인간의 수학적 추론과 같은 방식으로 문제를 풀어 정확한 면적(115.2)을 구하고 나서 한 변 길이의 근사치를 구하여 다시 면적을 계산하는 불필요한 추정으로 114.92(근사치)라는 약간 부정확한 숫자에 도달한다.

AGI로 가는 길

알파제로(알파고 제로의 범용 버전)가 이야기를 쓸 수 없고, GPT-4가 바둑이나 체스를 둘 수 없는 것처럼 현재 AI들은 여전히 '일반적인' 지능과는 거리가 멀다. 그러나 한때 불가능으로 생각하던 AGI를 인간다운 추리력을 보유한 기계로 만들려는 목표가 다시 시작되고 있다.

GPT-4의 한계에도, 인공지능은 우리 사회에 상당한 영향을 미칠 것이고 자연어 처리, 사물 인식 기능으로 인간과의 자연스러운 소통을 활용하는 수많은 애플리케이션이 개발될 것으로 예상된다. 자율주행, 의료 진단, 금융 서비스, 창작 활동 등 인간의 노력이 필요한 작업에 대한 인식을 바꿔 잠재적으로 영향력을 더욱 확대해 큰 가치를 제공할 것이다.

현재 GPT-4와 같은 AI(약인공지능)는 학습 데이터가 필요하며 특정 문제를 해결할 수 있지만, AGI(강인공지능 또는 초인공지능)는 스스로 학습하고 성장하는 인간과 동등한 수준의 추론과 업무 해결 능력을 가졌다. 지능, 인공지능, 인공일반지능에 대한 보다 공식적인 정의와 능력을 측정하거나 비교하는 방법에 대한 논의는 더 필요하다. 또한 튜링 테스트(인간과 얼마나 비슷하게 대화할 수 있는지 판별하는 테스트), 로봇 대학생 테스트(사람과 비슷하게 대학 수업을 수강하고 졸업하는 테스트), 채용 테스트(경제적으로 중요한 일자리에서 사람만큼 업무를 수행하는지 확인하는 테스트), 인공 과학자 테스트(연구 주제 탐색, 관련 문헌 습득, 논문 작성 등 과학적인 연구 수행 가능성을 보는 테스트) 등의 측정 방법과 AGI와 같은 보다 일반적인 지능을 달성하기 위해 GPT-4는 신뢰도 보정(환각 문제), 장기 기억, 지속적인 학습, 개인화, 계획 및 개념적 도약, 투명성, 해석 가능성과 일관성 등을 개선해야 할 것이다.

GPT-4의 놀라운 지능은 딥러닝과 강화 학습, 많은 양의 데이터 학습이 결합된 결과이고 이는 추론, 계획, 생성 등 다양한 작업을 수행하는 데 사용된다. 일반적이고 유연한 GPT-4의 지능은 학습과 인지의 이해에 도전하고 연구자의 호기심을 자극하여 더 깊은 연구가 진행되고 있다. 그러나 인간은 고사하고 곤충처럼 다양한 작업을 동

⟵ AI가 그려준 AGI 이미지.

시에 처리하는 능력을 가진 인공지능을 만들 수 있는 곳은 아직 없다.

하나의 두뇌만을 갖춘 인공지능은 진정한 지능이 아니며, 다목적 도구에 불과한, 조금 더 나은 범용 인공지능에 가깝다고 할 수 있다. 인공일반지능을 목표로 삼았든 아니든, 연구자들은 현재의 시스템을 더 범용적으로 발전시켜야 하며, AGI를 추구하는 사람들도 범용 인공지능을 구현하는 것이 첫 번째 단계여야 한다는 의견에 동의한다.

궁극적으로, AGI에 도달하는 두 가지 접근 방식에 대한 간략한 설명은 다음과 같다. 첫 번째는 알고리즘의 설정에 따라 모든 인지 구조에서 원하는 대로 동작할 수 있다는 견해다. 이 접근은 알고리즘의 중요성을 강조하며, 크고 강력한 머신러닝 모델을 만들어 AGI를 달성하려고 한다. 오픈AI와 같은 연구 기관은 이러한 방법을 택하여 점점 더 큰 딥러닝 모델**Large Language Model, LLM**(대형 언어 모델)을 개발하고 있다.

컴퓨터가 스스로 외부 데이터를 조합, 분석하여 학습하는 기술인 딥러닝은 신경망을 기반으로 뇌와 유사한 구조로 설계된다. 그래서 일반 지능을 설명하는 좋은 모델로 사람의 지능을 자주 사용한다. 머신러닝에 인간의 뇌를 모방한 신경망 네트워크를 추가한 딥러닝 알고리즘은, 인간의 두뇌가 수많은 데이터 속에서 패턴을 발견한 뒤 사물을 구분하는 정보처리 방식을 모방함으로써 기존 머신러닝의 한계를 뛰어넘었다. 따라서 생물학적 뇌와 딥러닝 모델 사이의 유사성과 차이점을 이해함으로써 어떻게 더 효율적이고 지능적인 인공지능을 개발할 수 있는지에 대한 통찰력을 얻을 수 있다.

두 번째는 딥러닝에 너무 집중하는 것은 AGI 개발에 제약을 줄 수 있다는 견해로 다양한 요소를 통합하여 AGI를 추구한다. 이 접근 방식은 인공지능을 위한 인지 구조와 요소의 상호작용에 중점을 두며, 딥러닝 알고리즘만을 고집하는 것이 아니라 더 넓은 관점에서 인공지능 시스템을 이해하려는 노력이 필요하다는 주장이다.

개방형 인지OpenCog 프로젝트와 딥마인드의 알파고 등은 이러한 접근 방식을 따르는데, 인지 구조를 잘 파악하면 알고리즘은 나중에 연결될 수 있다는 논리다. 전체 시스템의 새로운 현상을 가지고 AGI를 생성하도록 설계된 개방형 인지 프로젝트는 서로 다른 퍼즐 조각을 AGI라는 큰 그림에 맞출 오픈 소스 플랫폼을 구축하는 것이 목표다. 딥마인드가 알파고 신경망과 검색 트리를 결합할 때 탐색한 경로이기도 하다.

이러한 두 가지 방식은 AGI의 복잡성과 다양성을 강조하며 알고리즘, 구조, 요소 등 다양한 측면을 고려하여 인공지능을 발전시키는 노력을 표현하는 중요한 관점이다. AGI 개발은 여러 분야의 지식과 기술을 종합적으로 활용하여 진행되며, 위의 두 방식은 이러한 다양한 노력을 나타내는 것이다.

AGI가 가야 할 길

AGI를 만드는 방법을 알지 못하는 이유 중 하나는 AGI의 정확한 정의와 목표에 대한 공감이 부족하기 때문이다. AGI가 도대체 어떤 것인지 합의가 없기 때문에 다양한 접근 방식이 존재하며, 이는 지능의 범위와 기능에 대한 이해의 차이로 인해 발생한다. 여러 방식은 다목적 도구에서 초인적 인공지능까지 여러 방향으로 나아가는 것을 반영한다.

인공지능에 상당한 발전이 있었지만 더 범용적으로 만들기 위해서는 여전히 해결해야 할 문제가 많아 AGI에 대한 진척은 크지 않다. AGI는 매우 복잡하며 다양한 영역의 문제를 해결할 수 있는 지능을 갖춘 시스템을 의미한다. 이러한 복잡성 때문에 AGI를 달성하기 위해서는 기술적, 개념적으로 아직 큰 도전들이 남아 있다.

또한 이 분야에는 여전히 과대광고와 비현실적인 기대가 존재하며, 실제로 해결되어야 할 현실적인 문제들(편견, 투명성, 결정 책임 등)로 인해 관련된 정책 입안과 의사 결정이 영향받고 있다.

그렇더라도 AGI를 실현하기 위한 비전과 목표를 고민하고 이를 실제로 이루기 위한 방향을 설정하는 것이 중요하다는 인식이 공유되고 있다. AGI에 대한 열정과 꿈을 가지고 노력하는 것만으로도 큰 가치가 있지 않을까? AGI를 실현하는 데 필요한 노력과 마음가짐은 황홀한 경험을 가져다줄 것이며, 결국 큰 보상으로 돌아올 것이다. 이러한 인식은 동기부여를 높이고, 더 나은 미래를 향한 노력을 격려하는 역할을 하며, AGI를 훨씬 더 신뢰할 수 있게 하는 원동력이 된다.

지구과학

CHAPTER 6

인류를 구원할 C4 식물
지구의 거대한 시소, 엘니뇨남방진동
기후정의

future science trends

인류를 구원할 C4 식물

김선혜 | 식물학

영화 〈인터스텔라〉의 배경인 2067년. 고온과 건조, 모래바람으로 황폐한 지구에서 주인공 조셉 쿠퍼가 운영하는 농장은 끝없이 펼쳐진 옥수수밭이다. 이상기후 때문에 동식물은 물론 인류까지 사라질 위기의 지구에서 최후의 식량으로 옥수수가 등장한다. 옥수수는 어떻게 고온과 건조에 견디며 인류 마지막 식량으로 남아 있었던 걸까?

식물이 탄소화합물을 만드는 광합성 과정에는 반드시 물이 필요하기 때문에 고온으로 증발산량이 많아지고 건조로 흡수할 물이 부족해지면 광합성 효율이 떨어져 생산성이 저하된다. 고온과 건조에도 광합성 효율이 높도록 진화된 것이 C4 식물이며 옥수수는 대표적 C4 작물이다.

C4 식물을 이해하기 위하여 우선 광합성에 대해 살펴보자. 광합성은 두 과정을 통해 탄소화합물(포도당)을 생산한다. 첫 번째는 명반응이다. 빛에너지로 화학에너지를 만들어내는 과정으로, 빛과 물(H_2O)만 필요하며 화학에너지(ATP)를 생성한다. 두 번째는 암반응(캘빈 벤슨 회로)인데, 명반응에서 생성한 ATP로 이산화탄소(CO_2)

와 물을 분해하여 포도당(탄소화합물)으로 합성한다.

$$6CO_2 + 6H_2O \rightarrow C_6H_{12}O_6 + 6O_2$$

이때 필요한 이산화탄소는 식물의 기공을 통해 흡수하고 물은 뿌리를 통해 얻게 된다. 식물의 기공에서는 이산화탄소 흡수뿐 아니라 포도당을 만드는 과정에서 생성된 산소를 배출하는 호흡과 수분을 증발시키는 증산작용이 일어난다. 식물은 증산작용을 통해 뿌리로 흡수한 물을 잎까지 이동시키며 식물 체내의 물과 양분 농도, 체온을 일정하게 유지시킨다. 그런데 뿌리에서 흡수할 물이 부족하고 고온의 건조한 환경에서 증산작용이 증가하면 식물은 기공을 닫아 체내 수분을 유지시킨다.

기공을 닫으면 식물은 호흡을 멈추면서 이산화탄소를 흡수하지 못하고 산소는 배출하지 못하게 된다. 이때 암반응(캘빈 벤슨 회로)에서 이산화탄소를 고정시키는 루비스코Rubisco 효소가 부족한 이산화탄소 대신 산소와 결합하게 되면서 포도당 생산은 적어지며 이산화탄소를 배출하는 광호흡을 하고 광합성 효율이 감소하게 된다.

이러한 암반응 과정에서 일반적인 식물은 $C_6H_{12}O_6$의 탄소가 6개인 포도당을 만들기 위하여 탄소를 3탄당으로 고정하기 때문에 C3 식물이라고 한다. C4 식물은 3탄당을 만들기 전에 우선 탄소를 4탄당의 유기산으로 만들어 저장하기 때문에 기공을 닫아도 광호흡 등의 문제 없이 광합성 효율을 높인다. 또한 건조한 사막에 사는 식물은 낮에 기공을 열면 증발량이 많기 때문에 밤에 기공을 열어 이산화탄소를 흡수하고 저장했다가 낮에 명반응을 통해 에너지를 받아 저장한 탄소를 포도당으로 만드는데 이를

잎의 구조

관다발을 둘러싸고 있는 유관속초세포에
탄소를 저장하는 식물을 C4 식물이라고 한다.

C4 광합성 경로

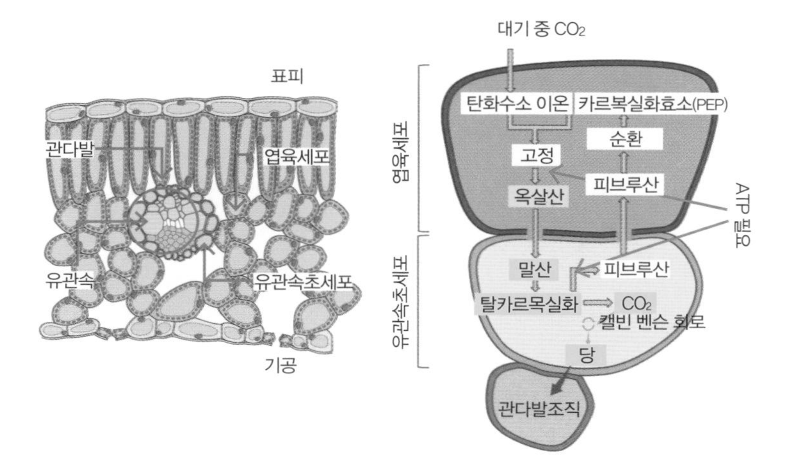

↕ 잎의 구조(왼쪽)와 C4 광합성 경로(오른쪽). C3 식물은 엽육세포에서 광합성을 하지만 C4 식물은 엽육세포에서 CO_2를 유기산으로 고정하고 유관속초세포로 보내 포도당을 만든다.

CAM**Crassulacean acid metabolism** 식물이라고 한다. C4 식물과 CAM 식물은 이산화탄소를 흡수한 후 바로 포도당을 만들지 않고 탄소를 유기산으로 저장했다가 꺼내 쓰기 때문에 이산화탄소 부족으로 발생하는 광호흡이 일어나지 않는다.

C4 식물과 CAM 식물은 이산화탄소를 흡수하여 유기산으로 저장하는 과정과 유기산을 다시 분해하여 포도당으로 만드는 과정에서 2번의 에너지(ATP)가 필요하기 때문에 C3보다 많은 에너지를 사용한다. C3 식물은 엽육세포에서 바로 광합성 반응이 일어나지만 C4 식물은 엽육세포 탄소를 유기산으로 저장하고 유관속초세포에서 캘빈 벤슨 회로가 작동하여 포도당을 만든다. CAM 식물은 C3와

| C4 식물과 CAM 식물의 광합성 경로 |

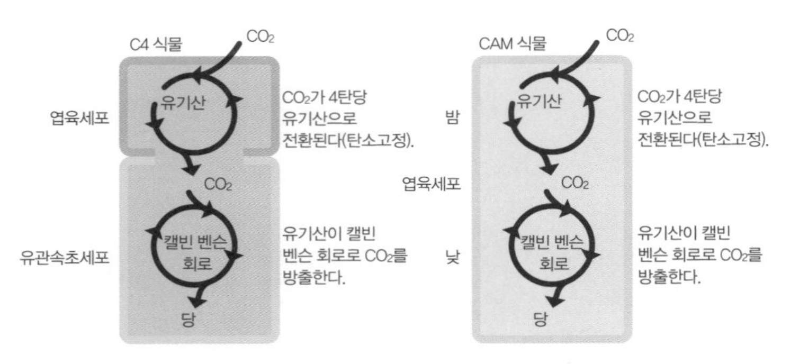

C4 식물은 탄소고정과 캘빈 벤슨 회로가 다른 세포에서 이루어지기 때문에 온도가 올라가도 광합성 효율이 높고 생육에는 영향을 주지 않는다.

CAM 식물에서는 탄소고정과 캘빈 벤슨 회로가 같은 세포에서 다른 시간에 이루어지기 때문에 온도에 영향을 받지 않으나 광합성 반응이 느리다.

같이 엽육세포에서 광합성이 일어나는데 밤에 호흡을 통해 탄소를 유기산으로 저장했다가 낮에 포도당을 만든다.

C4 식물은 약 8,100종으로 육상식물의 3퍼센트 정도이며 모두 속씨식물이다. 이 중 외떡잎식물의 40퍼센트가 C4 식물이고 쌍떡잎식물에서는 4.5퍼센트만이 C4 식물이다. 대표적인 C4 식물로는 옥수수, 사탕수수, 수수, 기장 등의 곡물류와 피, 강아지풀, 바랭이, 그라스류, 아마란스류 등이 있고 CAM 식물로는 선인장, 파인애플, 돌나물 등이 있다.

특히 많은 기후과학자가 C4 식물에 주목하는 이유는 탄소의 저장성과 광합성 효율 때문이다. CAM 식물은 시간차를 두고 광합성을 할 뿐 별도의 저장 공간이 없고 광합성 효율도 낮다. 그러나 C4 식물은 지구 바이오매스의 5퍼센트가 안 되지만 탄소는 30퍼센트를 고정한다. 또한 쌀과 밀, 대부분의 과실류는 C3 식물로 현재와 같은 이상기후로 인해 생산성이 떨어지고 있어, 생물학적 탄소 저장

능력을 높이고 기후변화에 따른 고온과 가뭄에 강한 C4 광합성 대사 과정을 갖는 작물의 개발 필요성이 대두되고 있다.

이에 2008년 미국의 빌 멜린다 게이츠 재단은 필리핀 로스바뇨스에 있는 국제미작연구소International Rice Research Institute, IRRI를 중심으로 'C4 rice' 프로젝트 국제 컨소시엄을 구성하여 연구비를 지원하고 있다. 일본과 한국, 유럽연합도 C4 작물 개발 연구를 시작했다.

이미 1966년 C4 광합성 대사 과정이 발견되고 C3와 C4의 잡종에 대한 연구가 50년 이상 진행되어왔지만 염색체 불일치와 잡종 불임 때문에 성공하지 못했고 아직도 성과가 미비한 실정이다. C3 식물에서 C4 광합성을 하는 식물로의 변모는 과거 3,500만 년 전부터 환경에 적응하며 66번 이상의 진화 과정을 거쳤기 때문이다. 또한 식물의 진화는 후생유전학으로 DNA 염기 서열의 변화 없이 변화에 적응하는 유전체를 후손에 물려주는 방식이다. 따라서 현재의 게놈 편집 기술로도 C4 식물로의 형질 변경이 어려운 것이다.

C3 광합성 과정을 C4로 바꾸기 위해서는 탄소를 저장하는 유관속초세포를 생성하고 루비스코가 아닌 PEP로 탄소를 고정해야 하며 유기산을 만들고 광합성에 필요한 에너지인 ATP를 두 번 생성해야 하는 등 수많은 과정이 달라져야 한다. 현재까지 'C4 rice' 프로젝트의 연구 성과는 이러한 C4 광합성 메커니즘에 대한 자세한 규명과 이를 위해 20개가 넘는 유전자가 도입되어야 한다는 것까지 밝힌 상황이다.

1950년 캘빈 벤슨 회로가 처음 규명되고, 1966년 C4 식물이 발견된 후 지지부진하던 광합성 연구는 기후변화로 식량 위기에 처하면서 최근 눈에 띄는 성과를 보였다. 2022년 이집트에서 열린 UNFCCC의 제27차 당사국총회(이하 COP)는 기존의 탄소 배출을 줄이는 논점에서 기후변화 대비·대응 지원이 중점적으로 논의되었다. 이제 지구의 평균기온 상승을 섭씨 1.5도 이하로 하기 위한 노력보다는 1.5도를 넘어선 이후의 상황에 대응하기 위한 내용이 늘고 있다.

이상기후로 세계의 작물 수확량이 줄어들어 식량난과 이에 따른 분쟁, 난민 등은 큰 문제로 대두될 것이다. 이미 동아프리카에서만 1,700만 명이 가뭄에 의한 식량 위기에 처한 것으로 보인다. C4 작물 연구가 아직은 미비하지만 하나의 열쇠가 될 것이다.

지금 우리에게 필요한 건 엔지니어가 아니라 훌륭한 농부입니다.

_〈인터스텔라〉에서

지구의 거대한 시소, 엘니뇨남방진동

정원영

지구과학

지구는 참 역동적이다. 어느 한군데 가만히 멈춰 있는 곳이 없다. 지구 자체도 늘 자전과 공전을 통해 천문학적 운동을 하고 있다. 지구 내부에는 거대한 대류가 있어 판 운동을 일으키고 그 단단해 보이는 땅도 움직이게 한다. 공기와 바닷물은 수직, 수평을 가리지 않고 끊임없이 흐른다. 그리고 그 안에서 수많은 생명이 시스템을 이루며 살아가고, 인류도 한몫을 하며 이 지구를 누리고 또 누비고 있다.

이렇게 거대하고 역동적인 지구 시스템 속에서 중요한 핵심 개념 중 하나는 바로 상호작용이다. 그런데 최근, 특히 대기와 해양 사이에서 일어나는 상호작용이 전 세계적으로 이슈가 되며 인간 사회의 경제·사회적 요인에까지 매우 강력한 영향을 미쳐 연일 뉴스를 장식하고 있다. 흔히 '엘니뇨'라고 부르는 엘니뇨남방진동El Niño Southern Oscillation, ENSO이 바로 그 주인공이다.

열대 태평양에서 일어나는 일들

대한민국에서 태평양을 대각선으로 가로지르면 남아메리카 서

| 세계지도 |

해안에 위치한 페루. 바로 이곳에서 일어난 일련의 사건으로부터 엘니뇨가 시작된다. 동태평양에 있는 페루 앞바다에서는 3~7년 간격을 두고 불규칙적으로 수온이 상승하는 현상이 관측된다. 이로 인해 이 지역에서는 평상시보다 어획량이 감소하고 해양 생물의 폐사로 인한 악취 등의 피해를 받는다. 또한 강수량이 많아져 호우 피해가 발생하기도 한다. 한편, 엘니뇨 시기에 서태평양 부근의 호주나 인도네시아에서는 가뭄으로 곡물 생산에 차질을 빚고 산불 등 건조로 인한 재해가 일어난다. 1982~1983년에 일어난 강력한 엘니뇨는 전 세계적으로 수십억 달러에 달하는 경제적 손실을 발생시켜 역사에 기록되었다. 페루 앞바다의 수온 상승이 어떻게 이토록 큰 연쇄적 재해를 만들어내는 것일까?

그를 이해하기 위해서는 먼저 바람과 해류 패턴을 알아야 한다. 지구의 대기대순환을 간단하게 보면 적도 부근에서는 동쪽에서 서쪽으로 부는 무역풍이 우세하다. 북반구(적도~북위 30도)에서는 북동무역풍, 남반구(적도~남위 30도)에서는 남동무역풍이 분다. 그

| 대기대순환과 표층 해류 |

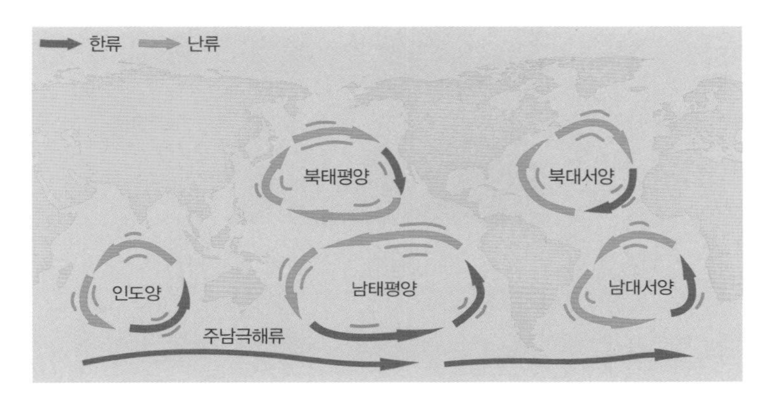

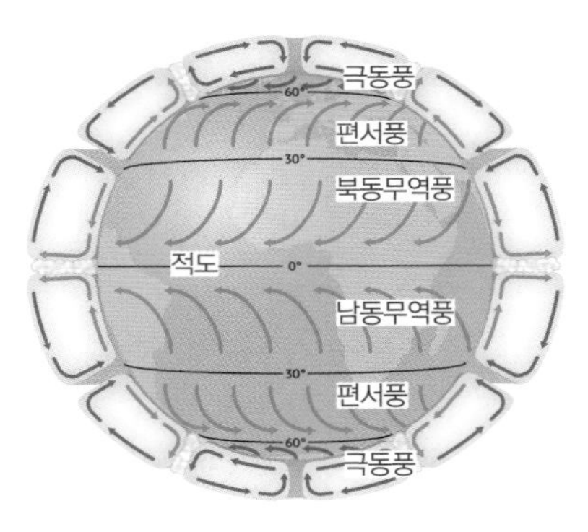

리고 표층의 바닷물은 그 우세한 바람을 따라 움직이게 되는데 북동무역풍을 따라 북적도해류, 남동무역풍을 따라 남적도해류가 흐른다. 그리고 이들 해류로 인해 서태평양에 쌓이게 된 바닷물이 무풍대인 적도를 따라 경사 차이에 의해 다시 동쪽을 향해 흐르게 되면서 북적도해류와 남적도해류 사이에는 그 흐름을 거스르는 적도반류가 형성된다.

이러한 패턴 안에서 동태평양에 위치한 페루 연안의 바닷물은

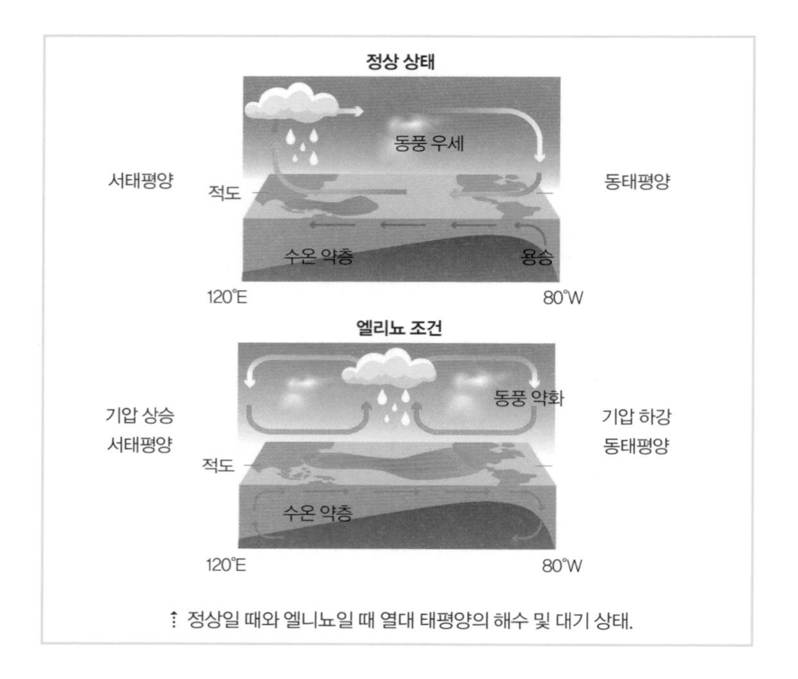

↑ 정상일 때와 엘니뇨일 때 열대 태평양의 해수 및 대기 상태.

서쪽으로 빠져나가는 양상이 되고, 그 빈 자리를 심층의 차가운 바닷물이 올라와 채운다. 이렇게 심층으로부터 상승하는 바닷물의 흐름을 용승upwelling이라고 한다. 그래서 평상시 페루 연안은 이 용승류로부터 플랑크톤이 유입되고 상대적으로 차가운 바닷물에 서식하는 물고기가 풍부했던 것이다.

그런데 3~7년이라는 불규칙한 주기에 따라 서태평양 상공의 기압이 상승하고, 반대편인 동태평양 상공의 기압이 하강하는 현상이 일어난다. 바람은 기압이 높은 곳에서부터 낮은 곳으로의 공기 이동으로 일어난다. 그런데 이렇게 동태평양의 기압이 약해지고 서태평양의 기압이 높아지면, 기존에 적도 부근의 저위도에서 불던 동풍은 감소된 기압 차로 인해 약해진다. 강력한 기압 반전이 일어나

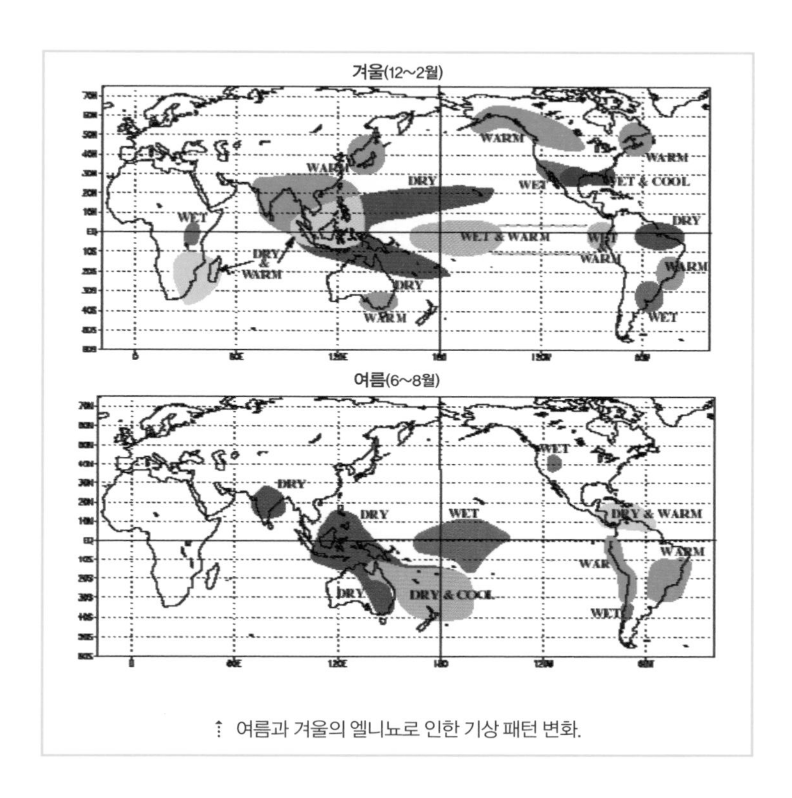

↕ 여름과 겨울의 엘니뇨로 인한 기상 패턴 변화.

는 경우에는 동풍이 서풍으로 바뀔 수도 있다. 이와 같이 태평양의 동서쪽에서 상공의 기압이 상승과 하강을 반복하며 달라지는 패턴을 남방진동Southern Oscillation이라고 한다.

이렇게 대기에서 일어나는 기압 변화인 남방진동과 해양에서 일어나는 수온 변화인 엘니뇨가 거의 동시에 상호적으로 일어나기 때문에 엘니뇨남방진동이라고 부르는 것이다. 엘니뇨 시기에는 바람의 세기와 흐름이 달라져 동태평양의 용승류가 약해지고, 적도반류를 통해 따뜻한 해류가 유입이 되면서 페루 연안의 수온은 상승 패턴을 보인다. 그리고 이렇게 따뜻해진 해류는 다시 또 대기에 영향을 미쳐 온난다습한 날씨를 유발해 강수량을 늘린다.

한편, 호주와 인도네시아가 위치한 서태평양에서는 페루가 있는 동태평양과는 반대의 양상이 나타나 평소에는 무역풍(동풍)과 저기압의 영향으로 습윤한 날씨였던 것과 달리 엘니뇨 기간에는 약해진 무역풍과 기압의 상승으로 인해 건조해진다. 그런데 이러한 엘니뇨 패턴은 비단 저위도의 열대 태평양에만 국한되는 것이 아니다. 대기와 해양은 모두 이어져 있기에 한곳에서의 변화는 연쇄적으로 다른 곳으로 전달되기 마련이다. 예를 들어, 북반구 중위도인 우리나라에서는 통상 엘니뇨가 최대로 발달하는 11~12월에 한반도 동쪽에 고기압 흐름이 발달하고 남풍 기류를 유도해 강수 증가와 기온 상승이 유발된다.

지구온난화와의 시너지

엘니뇨는 대체로 봄에 발생해 겨울까지 최대로 발달하다가 이후 점차 약해져 다음 해 봄이나 여름에 소멸하는 패턴을 보인다. 그래서 페루 연안에서도 아기 예수 탄생일인 크리스마스 즈음에 수온이 비정상적으로 상승하는 현상이 관측되어 스페인어로 '남자아이'라는 뜻의 엘니뇨라고 부르게 된 것이다. 하지만 최근에는 지구온난화로 인해 해수 온도가 평균적으로 높아진 상태이며, 다양한 기상이변이 동반되면서 엘니뇨의 특성과 패턴도 달라지고 있다.

2020년부터 2022년까지는 라니냐La Niña가 발생한 시기였다. 라니냐는 엘니뇨와 반대되는 현상을 일컫는 말로, 동태평양의 상공 기압이 상승하고 서태평양의 상공 기압이 하강하며, 페루 앞바다의 수온은 낮아지고 호주와 인도네시아에는 강수가 증가하게 된다. 열대 동태평양의 해수면 온도가 평년보다 섭씨 0.5도 이상 낮아지면서 지구의 평균온도를 일시적으로 떨어뜨리는 경향을 보인다. 하지만 최근의 라니냐 기간에는 이러한 통상적인 추세를 벗어나 오히려 평균기온이 가장 높은 해를 기록했다. 엘니뇨와 라니냐는 지구의 자연적인 변동으로 인한 현상인데, 인위적인 온실가스 증가에 의한 지구온난화가 그 자연적 변동의 범위를 거스르고 있는 것이다.

2023년에는 다시 엘니뇨가 찾아올 수 있다고 보는데, 많은 기상학자가 슈퍼엘니뇨를 경고한다. 계속 가속화하는 지구 기온 상승에 더해 엘니뇨 기간이 겹치면서 직전 엘니뇨 기간이었던 2016년을 넘어서는 기록적인 더위와 기상이변이 발생할 수 있다는 것이다. 일반적으로 엘니뇨를 정의할 때 적도 부근 열대 태평양의 해수면 온도가 섭씨 0.5도 이상 상승하는 상황을 일컫는데, 슈퍼엘니뇨는 그 이상값이 1.5~2도에 이르는 경우를 말한다.

지구의 대기 온도에 대한 임계값으로 섭씨 1.5~2도 상승 폭이 거론되는 상황에서 해양과 대기 간의 긴밀한 상호작용을 고려할 때, 슈퍼엘니뇨는 그저 경고성 위협이 아니라 곧 지구 곳곳에 어떤 형태로든 닥칠 다양한 기후재난으로 이어질 가능성이 매우 높다. 시공간적으로 매우 거대하고 복잡하며 불확실성을 가지는 지구 시스템 안에서 엘니뇨라는 자연의 변동 현상에 지구온난화라는 인위적인 변화가 어떻게 상호적인 결과를 낳을지 모두가 주목하고 또 대비해야 할 때다.

기후정의

정원영 지구과학

2022년은 전 세계적으로 기후위기에 의한 파국을 경험한 해라고 해도 지나치지 않다. 특히 파키스탄은 4월부터 섭씨 50도가 넘는 이상고온을 겪었고 산악 지대의 빙하가 녹아내렸다. 그리고 이로 인해 물이 불어난 상태에서 5월부터 시작된 우기에는 전례 없던 큰 비가 수개월 동안 이어져 대형 홍수를 겪었다. 파키스탄 인구의 7분의 1이 홍수 피해를 입었고 사망자는 1,700여 명에 이르며 전 국토의 3분의 1이 물에 잠긴 데다 무려 15억 달러 이상의 경제적 피해가 발생했다고 한다.

그러고 나서 파키스탄은 2022년 11월 6일부터 20일까지, 이집트 샤름 엘 셰이크Sharm el-Sheikh에서 열린 기후변화 당사국총회 COP27에서 유엔 개발도상 회원국으로 구성된 G77의 의장국으로 나섰다. 전 세계 온실가스 배출 기여도는 1퍼센트 미만이지만, 기후변화 취약국 상위 10위 안에 드는 나라가 파키스탄이다. 기후 대참극을 경험한 파키스탄이 COP27에서 호소한 핵심은 바로 '기후정의climate justice'였다.

기후변화의 책임과 피해

2022년은 1992년 유엔 기후변화협약UN Framework Convention on Climate Change, UNFCCC이 체결된 지 30주년이 되는 해다. 대기 중의 온실가스 농도를 안정화시키는 목표를 가진 유엔 기후변화협약에서 이를 위해 지난 30년간 부단한 노력을 해왔다. 하지만 IPCC의 제6차 보고서에 따르면, 이러한 노력이 무색할 만큼 지구 평균기온은 1850~1900년 대비 2011~2020년에 섭씨 1.09도 상승했고, 1750년 이후 대기 중 온실가스 농도는 지속적으로 증가해 2019년 평균 이산화탄소 농도는 410ppm, 메테인 농도는 1,866ppb에 도달했다.

온실가스 농도는 안정화되기는커녕 오히려 상승이 가속화되어 기후변화climate change를 넘은 기후위기climate crisis 그리고 기후비상climate emergency, 지구온난화global warming를 넘은 지구가열화global heating 그리고 지구열대화global boiling까지 이어지고 있는 실정이다. 기후변화협약으로는 더 이상의 위기 대응이 불가능한 것일까? 과연 누가, 어떤 노력을 더 해야 지금 이 상황을 진정시킬 수 있을 것인가?

2022년 COP27에 참석한 당사국은 총 198개국이며, 2015년 열린 파리협약(COP21) 이후 기후변화협약의 모든 당사국은 자율적인 목표량만큼의 온실가스 감축 의무를 가진다. 그러나 온실가스 감축 의무에 대한 규정이 채택되었던 1997년의 교토협약(COP3) 때만 해도, 선진국과 개발도상국에 서로 다른 감축 의무를 부과했다. 미국, 일본, 캐나다, 호주, 유럽연합 등 총 37개 선진국에 1990년 대비 2008~2012년의 온실가스 배출량을 5.2퍼센트 감축할 것을 목표로 제시했다.

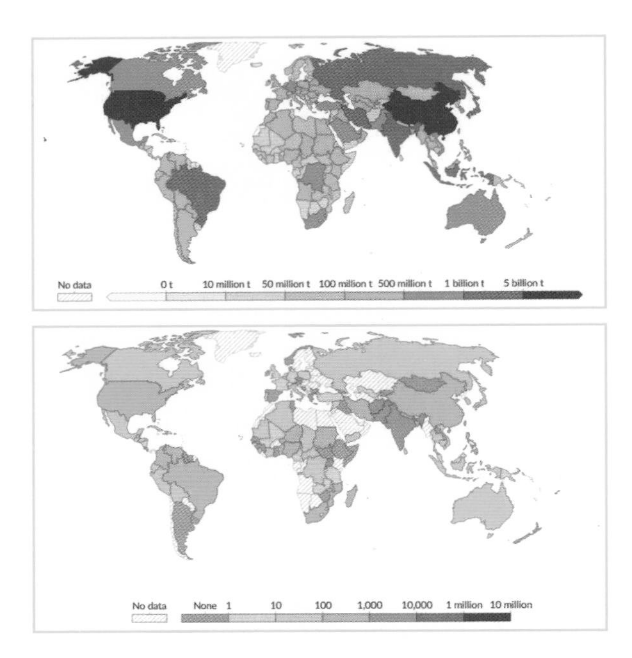

↑ 국가별 온실가스 배출량(2021년, 위)과 재해로 인한 사망자 수(2022년, 아래).

교토협약의 제1차 공약 기간이었던 2012년 이후, 재차 제2차 공약 기간을 정해 온실가스 감축을 지속하고자 했지만 당시 온실가스 배출량 세계 1위를 차지하던 미국이 감축 의무에 비준하지 않는 등 동의 국가가 적어서 효력이 발휘되지 못했다. 그러다 2015년 파리협약에서는 선진국과 개발도상국을 구분하지 않고 모든 당사국이 감축 의무를 가지기로 합의되었다. 그런데 그렇게 이어오던 기후변화협약은 2022년에 다시 선진국과 개발도상국이라는 두 분류가 등장하게 되었다.

COP27에서 주요 의제로 다루어진 '손실과 피해'는 기후변화로 인해 인명, 재산 피해 등이 발생하게 된 상황을 의미하며, 개발도상국들은 현재 전 세계 탄소 배출에 기여도가 높은 선진국들이 보상의 주체가 되어야 한다는 입장이다. 'Our world in data'의 자료에 따르면, 306쪽 위쪽 지도는 2021년의 국가별 온실가스 배출량, 아래쪽 지도는 2022년의 재해로 인한 사망자 수를 나타낸다. 색이 진할수록 각각 배출량과 사망자 수가 더 많다는 의미다. 점차 기후변화로 인한 재해가 국가의 발전 정도를 가리지 않고 극심하게 일어나고 있지만, 여전히 파키스탄이나 남태평양의 섬나라들과 같은 소위 억울한 피해국이 존재한다.

이러한 관점에서 제기되는 개념이 바로 기후정의다. 우리나라에서 2022년 7월 1일 시행된 '기후위기 대응을 위한 탄소 중립·녹색 성장 기본법'에 따르면, 기후정의는 온실가스 배출에 대한 사회계층별 책임이 다름을 인정하고, 기후변화의 책임에 따라 탄소 중립 사회로의 이행 부담과 녹색 성장의 이익을 공정하게 나누는 것이라고 언급된다. 즉, 기후변화에 대한 책임의 차등에 따라 대응에 대한 이행 부담도 다르게 나누어 진다는 것이다. COP27에서도 이러한 개념과 방향이 전제로 작용했다.

손실과 피해 복구를 위한 기금

현재 시점에서 전 세계 국가 가운데 탄소 배출에 책임이 전혀 없는 나라는 없겠지만, 온실가스가 일으키는 효과는 배출 즉시 드러나는 것이 아니라 대기에 배출된 후 일정 기간에 걸쳐 누적적으로 일어나므로, 선진국에 기후변화의 책임을 더 높이 부과하는 것이 그리 부당해 보이지는 않는다. 그리고 기후변화로 인한 취약국이 존재하고 그들을 돕기 위해 나서야 한다는 점에 대해서도 이견이 있어 보이지는 않는다. 하지만 기후변화로 인한 손실과 피해 보상을 위한 기금fund for loss and damage을 누가, 어떻게 마련할 것인가에 대해서는 치열한 논란이 일었다. COP27이 당초 예정되었던 종료일을 이틀이나 더 넘겨 끝났던 것도 바로 이 지점에 대한 합의가 쉽지 않았기 때문이다.

일단 COP27 합의문에서는 손실과 피해 기금을 창설하기로 했다는 데 큰 의의를 두었다. 그러나 선진국의 범위를 어떻게 지정할 것인가는 정하지 못했다. 유엔 기후변화협약이 체결된 1992년을 기준으로 하여 선진국을 정할 것인지, 최근 경제 발전을 이룬 중국이나 중동 국가들까지 포함할 것인지가 대립했다. 사실 우리나라도 1992년을 기준으로 한다면 선진국으로 분류되지 않지만, 2023년 현재 온실가스 배출량 순위나 경제 규모를 고려했을 때 기금 부담에 참여하는 것이 마땅해 보이기도 한다. 하지만 윤리적인 책임감만으로 선뜻 국제적인 의사 결정을 할 수는 없지 않은가.

그런데 선진국들의 이러한 행보는 개발도상국이자 기후변화 취약국에는 불안감만 줄 뿐이다. 이미 지난 몇 차례 선진국들이 개발도상국에 자금 지원을 하기로 약속은 해놓고 지키지 않은 선례도 있었다. 재정 지원을 한다는 명분이었지만 사실은 금융 투자와 대출로 자신들의 경제적 이득을 취하기도 했다. 그렇더라도 이번 COP27에서는 기후변화에 대한 책임의 차등을 다시금 보여주고 기금 창설이라는 상징적인 결과물이 도출되었다는 성과를 낳았다.

하지만 여전히 해결되지 못한 문제는 있다. COP27에서는 손실과 피해 보상을 위한 기금 창설 합의까지만 이루어냈고, 그 구체적인 이행 방안에 대한 논의는 2023년 11월에 열리는 COP28의 몫으로 남았다. 기후변화협약의 당사국들은 모두 자율적인 감축 목표와 이행 전략을 수립하고 있지만, 그것이 무색하게 지구의 기온은 매년 신기록을 달성하고 전 세계 곳곳에서는 날이 갈수록 기후변화로 인한 재해로 고통받는 이들이 늘어나고만 있다. 매년 반복되는 기후변화협약 당사국총회에서는 결정적인 의사 결정 사안이 후속 회의로 미뤄지고 있다. 전쟁과 에너지 문제, 자본과 산업 성장의 명분을 극복하고 지구를 위한 단호하고도 책임감 있는 의사 결정은 과연 언제, 누구로부터 나올 것인가. 다음 회의인 COP28을 또다시 주목해야 하겠다.

과학문화

CHAPTER 7

국경 없는 과학과 돌아온 과학자들
과학 콘텐츠 만들기
전시 디자인과 과학관

국경 없는 과학과 돌아온 과학자들

고준현

과학기술정책

공룡은 죽어서 화석을 남기고, 과학자는 죽어서 이름을 남긴다

국립과천과학관에는 여러 공룡 화석이 있지만, 가장 유명한 것은 에드몬토사우루스*Edmontosaurus*다. 최초 화석이 발견된 캐나다 앨버트주의 에드먼턴에서 유래한 후기 백악기(7,300만 년~6,550만 년 전) 초식 공룡이다. 물론 훨씬 인기 있는 티라노사우루스나 트리케라톱스 등의 화석도 있지만 에드몬토사우루스의 가치는 아주 높다. 육식 공룡에 물린 자국이 있는 것이 주요한 이유다. 이는 매우 특이한 경우인데, 티라노사우루스와 같은 육식 공룡은 초식 공룡을 잡아먹을 때 뼈까지 전부 씹어 먹었기 때문이다.

만약 잡아먹혀버렸다면 이 에드몬토사우루스는 육식 공룡의 위장이나 똥(이것만 전문적으로 연구하는 학자들도 있다고 한다) 안에 조각나 형체도 알아볼 수 없는 상태로 남았을 터다. 따라서 에드몬토사우루스(지금은 화석이지만)는 물렸지만 겨우겨우 도망가 생존한(!) 것이다. 이 점에서 우리는 그저 과학관에 서 있는 화석이 아닌 살아 숨 쉬는 이야기를 만들어낼 수 있다.

아마도 평화로이 풀을 뜯던 에드몬토사우루스는 갑자기 나타난 육식 공룡의 공격을 받고 꼬리를 물렸을 거다. 하지만 먹이를 놓고 다투는 육식 공룡들의 싸움을 틈타 황급히 도망가고, 겨우 목숨을 부지했을 것이다. 국립과천과학관에는 관람객이 실제 화석과 함께, 지금 언급한 스토리 안으로 들어가 볼 수 있는 증강현실 Augmented Reality, AR 전시물이 2층 자연사관에 있다. (국립과천과학관을 방문하신다면 꼭 보시길 추천한다.) 그렇다. 앞서 언급했듯이 티라노사우루스에 물려서 사냥당한 공룡의 뼈는 거의 남지 않는다. 그렇기 때문에 물린 흔적이 있는 화석은 매우 귀하다. 여기서 스토리가 만들어지고 그 화석은 가치가 높다고 하겠다. 몰래 알려드리지만 학술적 가치뿐 아니라 국립과천과학관에서 가장 비싼 전시물이다.

한번쯤 파스퇴르라는 이름을 들어봤을 것이다. 그의 이름을 듣는 순간 우유를 떠올렸다면 정확하다. 그런데 침 흘리는 개의 모습을 상상했다면 다시 생각해보는 것이 좋을 것 같다. '침 흘리는 개'는 주인의 발소리만 들어도 침을 흘린다는 '조건반사'를 발견하여 실험적 대뇌생리학의 길을 연 러시아의 생리학자, 파블로프 Ivan Petrovich Pavlov, 1849~1936로 착각한 것이다. 루이 파스퇴르Louis Pasteur, 1822~1895는 화학조성·결정구조·광학활성의 관계를 연구하고 입체화학의 기초를 구축한 프랑스의 화학자이자 미생물학자다. 발효와 부패를 천착해 젖산발효는 젖산균과 관련해서 발생하고 알코올발효는 효모균의 생활에 기반해 일어난다는 것을 발견했다.

바로 루이 파스퇴르는 그의 이름을 남겼다. 파스퇴르는 1895년 9월 28일에 일흔셋의 나이로 사망했는데 장례식은 프랑스 정부가 주도하는 국장으로 치러졌다. 한 과학자의 죽음을 추모하는 파리 시민의 긴 행렬이 온 거리를 가득 채웠다고 한다. 파스퇴르는 미생물학의 창시자란 영광도 얻었다. '백신 실험의 성공은 프랑스의 성공'이라고 말한 그에게 프랑스 국민은 연구소를 만들어주고 엄청난 금액의 연구비를 모금하여 지원했다. 살아 있을 때도 프랑스의 영웅이었던 파스퇴르는 과학자로 누릴 수 있는 가장 큰 영광으로서 연구기관에 자신의 이름을 남겼다. 그리고 그의 시신은 파스퇴르연구소에 마련된 무덤에 안장되었다.

1887년 파리에 설립된 파스퇴르연구소는 오늘날 감염병과 백신 연구에서 세계 최고로 꼽힌다. 그리고 국내에도 한국 파스퇴르연구소가 있는데, 이 기관은 프랑스 파스퇴르연구소와 뒤에서 자세히 언급할 한국과학기술연구원의 협력으로 2004년 설립되었다. 전 세계 24곳의 연구소를 아우르는 파스퇴르연구소 국제 네트워크의 한 부분이다.

과학에는 국경이 없지만, 과학자에겐 국경이 있다

파스퇴르는 미생물학의 역사에서 빼놓을 수 없는 과학자인데 1881년 5월 그는 양 24마리, 염소 1마리, 소 6마리에 백신, 탄저균 배양액을 주사하는 실험을 실시했다. 무려 야외에서 벌인 일이다. 이후 계속된 실험을 통해 탄저병 백신의 효능이 확인되었다. 또한 그는 생물이 축축한 진흙에 햇빛이 비치면 우연히 발생한다는 학설, 즉 자연발생설을 뒤엎는 '백조목플라스크 실험'으로도 유명하다. 고깃국을 넣고 플라스크 안에 외부로부터 생물이 들어오지 못하게 하자 오래되어도 국이 상하지 않았다고 한다.

독일의 로베르트 코흐Heinrich Hermann Robert Koch와 함께 병원체 이론을 확립한 생물학자 혹은 의학자로 널리 알려졌지만, 그가 원래

몰두한 연구 주제는 발효 분야였으며, 특히 포도주와 맥주의 발효였다. 1854년 릴대학 교수로 있을 무렵 '포도주가 너무 빨리 산성화해 와인의 맛이 변질되는 문제를 해결해달라'는 한 제조업자의 부탁을 받고, 발효에 흥미를 갖게 되었다고 한다.

파스퇴르는 알코올발효를 일으키는 통과 일으키지 않는 통을 현미경으로 조사해 발효를 일으키는 주체가 효모임을 발견했다. 또 효모와 함께 다른 세균이 사는데 이들이 와인 맛을 변하게 한다는 사실도 밝혔다. 이 세균을 없애기 위해 파스퇴르가 고안한 방법이 과학에 관심이 없는 분들에게도 '우유'와 관련해서 잘 알려진 '저온 살균법'이다. 섭씨 60~65도에서 저온 살균 처리하면 다른 세균이 죽어 맥주나 포도주가 상하지 않았다.

이로써 그는 프랑스 양조업자들의 위기를 해결해주었다. 이 일이 무엇이 그리 대단하냐고 할 수 있겠다. 그러나 와인은 지금도 거대한 산업이지만, 과거에는 더욱 중요했다. 영국과 프랑스의 왕위 계승 전쟁인 100년 전쟁은 사실상 모직물 지대인 플랑드르와 유럽 최대의 포도주 생산지인 가스코뉴 두 지방의 쟁탈을 목표로 시작되었다는 것을 봐도 잘 알 수 있다. 당시 이곳에서 나오는 세수는 영국 본토의 그것을 압도할 지경이었다고 한다. 자신의 지적 호기심만 채우고 끝낸 게 아니라 국가 기간산업을 위해 노력한 과학자라고 볼 수 있다.

그는 조국 프랑스를 사랑한 것으로 유명한 애국자였다. "과학에는 국경이 없지만, 과학자에겐 국경이 있다"는 파스퇴르가 한 말이라고 알려졌으나 언제나 그렇듯이, 그가 정확히 이 말을 했는가에 대한 다른 주장도 존재한다. 나는 파스퇴르의 인생을 돌아볼 때 그가 언급했다 해도 이상하지 않다고 생각했다. 1870년에 벌어진 프로이센과의 보불전쟁에서 프랑스가 크게 패하던 무렵에 이 말을 했다고 알려졌다. 전쟁은 좋든지 싫든지 조국에 대해 상기시켜주는 계기가 되기 때문이다. 그는 적국인 프로이센의 대학에서 받은 의학박사 학위를 되돌려주기로 했다. 또한 1876년 《맥주에 대한 연구》를 출간했는데, 이 책의 독일어 번역을 허가해달라는 요청도 거절했다.

파스퇴르가 했다고 전해지는 말에는 여러 뜻이 포함되어 있다. 과학 지식에는 국경이 없기 때문에 국가적, 문화적 특수성을 반영하지 않고 모든 인류에 적용되는 '보편성'을 가져야 한다는 것과 함께 과학자는 지식을 조국과 국민(특정한 정치체제나 왕과 귀족 같은 지배계급만이 아닌)을 위해 활용해야 할 의무가 있다는 것이다.

조국으로 돌아온 과학자들

이제 우리나라로 돌아와보자. 1965년 4월, 최형섭(이후 한국과학기술연구소가 된 KIST의 초대 소장)은 박정희 대통령이 미국을 방문하기 전, 여러 연구소의 기관장을 만나는 자리에서 스웨터를 2,000만 달러어치 수출했다고 자랑하자 이렇게 말했다고 한다.

> "그것 참 기특한 일입니다. 그러나 언제까지 그런 것만 해야겠습니까? 일본은 이미 전자 제품을 수출해 10억 달러를 벌어들였습니다. 그런 힘이 어디서 생겼겠습니까? 바로 기술 개발입니다. 이제 우리도 기술을 개발해야 합니다."

이후 미국 대통령 린든 존슨은 베트남전쟁의 추가 파병을 요청하기 위해 박정희 대통령을 초청했는데, 이때 양국의 공동성명서에는 '공업 기술 및 응용과학연구소 설치를 위한 과학 고문 파견'과 '공과대학 설립', '공업기술연구소 설립' 지원이 포함되었다. 참고로 이때 지원으로 만들어진 대학은 바로 한국과학기술원KAIST이고, 공업기술연구소는 한국과학기술연구원KIST이다.

그해 7월에 미국 대통령 과학 고문인 도널드 호닉Donald F. Hornig이 방한했고, 대통령 박정희는 개인 자격으로 KIST 설립을 신청해 100만 원을 출연했다. 이는 과학기술에 대한 대통령의 의지를 드러낸 것이었다. 그리고 초대 소장은 앞서 언급한 최형섭이 임명되었다. 1966년부터 1968년까지 KIST에 배정된 예산은 27억 원이 넘었는데 1965년에 우리나라의 모든 국공립 연구소 79곳에 배정된 총 예산은 19억 원에 지나지 않았다. 시설은 만들어지는데 연구할 사람이 부족했다. 미국에 사는 우리나라 연구자들을 '유치'하기 위한 노력이 이때부터 시작되었다. 초대 소장 최형섭은 미국 전역을 돌면서 배텔Battelle연구소에서 지원받았던 후보 과학자 78명을 만났다.

최형섭이 내건 조건은 이러했다. "노벨상을 희망하는 사람은 오지 마라. 논문도 쓰지 말고, 연구 외에 돈 벌 생각도 마라. 나라를 먹여 살릴 기술을 개발해야 한다"는 것이다. 기초연구는 포기하고 당장 쓸 수 있는 기술을 개발하라는 요구였다. 모두 18명이 1차 유치과학자로 선정되었다. 그들의 월급은 파격적인 대우였고 당시 대통령보다 많았는데, 그래도 미국에서 받던 연봉의 4분의 1 수준이었다고 한다. 당시 미국의 부통령이었던 험프리Hubert Horatio Humphrey, Jr는 이를 보고 역두뇌 유출counter brain drain이라고 명명했다.

우리나라 최초의 인공위성인 '우리별'의 아버지로 불리는 최순달, 쌀 관리 체계를 현대화하고 식품연구원을 설립한 권태완 등도 바로 유치과학자로서 조국으로 돌아온 이들이다. 이 사업은 1991

년 중단되었는데, 성과가 없어서가 아니라 필요가 없어졌기 때문이다. 참고로, 1970년에 14명이었던 이공계 박사 학위 취득자는 2022년에 7,500명을 넘어섰다.

함께 가는 과학기술

우리나라 헌법에는 과학이란 단어가 2번 나온다. 저작자, 발명가, 예술가와 함께 과학기술자의 권리를 보호한다는 것과 '국가는 과학기술의 혁신과 정보 및 인력의 개발을 통하여 국민 경제의 발전에 노력하여야 한다'는 조항(127조 1항)이다. 여기까지 읽은 독자들은 이 조문이 언제 헌법에 추가되었는지 대충 짐작할 거라고 생각한다. 1963년 5차 개헌 때인데 국가 경제 발전을 위한 과학기술의 역할이 강조되기 시작한 시기이기 때문이다.

최근에는 과학기술과 경제, 사회 발전에 발맞춰 새로운 역할의 정립이 필요하다는 의견도 나온다. 변화를 꿈꾸는 과학기술인 네트워크ESC는 2018년 과학기술인 1,000여 명의 서명을 받아 헌법 개정을 다음과 같이 청원했다.

> 과학기술이 경제 발전뿐 아니라 문화 융성, 국민 복지, 환경과 문화 등 기여할 분야가 넓어지고 있고, 경제의 테두리를 넘어 4차 산업 혁명 시대의 흐름에 걸맞은 역할을 할 수 있도록 개헌할 필요가 있다.

1966년에는 이론물리학자로 유명한 이휘소 박사도 편지를 통해 KIST에 동참하고 싶다고 했지만 최형섭은 다음과 같은 답장을 보냈다. "지금은 기초연구를 할 단계가 아니니 박사님처럼 노벨물리학상 후보에 거론되는 분은 계속 미국에 머물러 연구하시라." 이에 이휘소도 언젠가 기초연구를 할 수준이 되면 가장 먼저 불러달라고 답했다고 한다. 그러나 이휘소는 1977년 교통사고로 죽었다. 많은 사람이 이휘소는 노벨상에 가장 가까이 갔던 한국인이라고 말한다. 하지만 그는 한국에서 기초과학 연구를 할 수 없었다. 그때 우리는 시설도 준비도 되어 있지 않았기 때문이다.

2022년 연말에 발표한 연구 개발 활동 조사에 따르면, 2021년 우리나라 총 연구 개발비는 102조 1,352억 원으로 최초로 100조 원을 넘어섰다. GDP 대비 연구 개발비 비중은 4.96퍼센트로, 이스라엘에 이어 세계 2위 수준을 유지했다. 기초연구에만 15조 1,002억 원(14.8퍼센트)을 투자한 것으로 나타났는데, 기초연구 비중은 미국(15.1퍼센트), 일본(12.3퍼센트)과 비슷하고, 프랑스(22.7퍼센트), 영국(18.3퍼센트)보다는 낮았다. 2021년 우리나라의 총 연구원 수는 58만 6,666명, 상근 상당 연구원 수Full Time Equivalent, FTE는 47만 728명인데, 경제활동 인구 1,000명당 연구원은 16.7명, 인구 1,000명당 연구원 수는 9.1명으로 모두 세계 1위 수준이었다.

이제까지 빠른 성장을 통해 우리나라도 기초연구를 할 수 있는 환경과 기반을 차곡차곡 갖추어왔다. 신진 연구자부터 국가를 대표하는 리더 연구자까지 촘촘하게 지원하는 기초연구 지원 체계를 완성한 것은 이미 옛날 일이 되었고 이휘소 박사를 거절했던 우리나라는 초대형 가속기까지 보유한 국가가 되었다. 연구 결과에 따르면, 일반적으로 기초연구 비중을 줄이고 당장 적용이 가능한 개발 연구에 투자하면 국가 경제에 긍정적 영향을 1~2년 만에 미친다고 한다. 하지만 기초연구에 투자한다면 당장 1~2년은 성장이 둔화되겠지만 약 10년 이후부터는 개발 연구에 투자한 것보다 더 큰 경제성장 효과를 거둘 수 있다고 한다. 기초연구의 파급 효과가 장기적으로 더 큰 것이다. 금방 자라는 열매도 맛있겠지만, 오래 기다린 거대한 나무는 계속해서 모든 사람이 부러워하는 커다란 열매를 줄 것이라고 나는 믿는다.

과학 콘텐츠 만들기

김유진 생물학

면접 날, 모두가 듣는 질문이 있다.

"우리 회사, 우리 기관에 왜 지원했나요?"

채용되어 월급을 받고 있으니 내 속마음을 고백하자면, 국립과천과학관은 서울에서 가깝고 자연사 관련 전시관이 있기 때문이었다. 이왕이면 내가 좋아하는 자연사에 대한 일을 해야 길게 볼 때 좋지 않을까. 화석도 박제도 보고 표본들과 행복하게. 입사하고 나니 사람들은 모두 내가 동물을, 표본을, 자연사를 좋아하는 것을 신기해했다. 비전공자가 과학에 이렇게 큰 호기심과 호의를 가지는 일이 드물었나 보다. 다른 사람도 아닌 과학관 근무자들이 왜 그렇게 생각할까? 내가 이공계 전공자가 아니고, 담당 업무도 전시나 교육 분야가 아니어서였을까?

과학은 보통 어렵다고 생각하는 학문이다. 특히 학창 시절 인문계 학생에겐 진입 장벽이 꽤 높기도 했다. 하지만 어렵다고 재미없는 게 아니다. 10여 년을 계속 공부해온 전공과 다른 영역에 발을 디딘다는 것은 지적 모험이고 모험은 언제나 짜릿하다. 지적 고양감이나 남들과는 다른 시야를 갖고 있다는 허영심도 그렇게 달콤할 수가 없다. 조금 더 고차원적으로는 내 생각을 학문적으로 넓혀 나가며 발전한다는 감각도 있었다. 물론 과학은 비전공자 관점에서 매우 까탈스럽고 섬세하며 이해할 수 없는 부분에서 유연한 학문이다. 그리고 1,000여 가지가 넘는, 세분된 과학 분야에 전부 흥미를 갖게 되진 않는다. 나 역시 동물행동학, 동물 계통분류학, 진화의 역사, 야생동물 관찰에 특히 관심이 크다. 아직 분자생물학이나 생화학은 매우 부담스럽다. 비전공자라면 누구에게나 '학문'으로서의 과학이 높고 두꺼운 벽으로 다가올 것이다.

그 벽을 낮추거나 허물지는 못하지만, 스스로 계단까지는 놓을 수 있는 몇몇 주제가 있는데, 그중 하나가 동물이다. 우리는 다양한 반려동물을 키우고 어릴 때 또는 부모가 되면 가족과 함께 농장, 승마 체험 등을 하며 수족관, 동물원에 놀러 간다. 많은 어른은 학교 앞에서 산 병아리와 애완동물(30여 년 전에는 반려동물이라는 말이 없었다) 가게의 금붕어, 열대어, 거북을 키워본 경험도 있을 것이다. 온라인 모임이나 네이처링 등의 사이트를 보면 야생 조류나 곤충 관찰을 하는 이도 점점 많아지고 있다. 나 역시 다양한 범위의 동물을 좋아하다 보니 결국 도감도 사고 진화사까지 찾아서 읽게 되었다.

동물을 쉽고 다양하게 접하는 방법은 바로 다큐멘터리 영상이다. 자연을 소재로 한 다큐멘터리는 비전공자가 과학에 접근하는 통로가 된다. 고화질 영상에 나오는 화려한 새, 강렬한 맹수, 신기한 자연현상은 언제나 매혹적이다. 동물의 생태나 진화를 해설한 유튜브 콘텐츠도 인기가 많다. 인기 채널은 구독자가 몇십만이고 영상당 평균 조회 수가 20만을 넘는다(70만이 넘는 채널도 있다).

사랑하면 대상에 대해 더 알고 싶고 궁금해진다. 예를 들어 고방오리와 왕관앵무와 박새는 모두 새지만 세 종이 어떤 경로로 진화해서 누가 누구와 가까운지 이해하기 위해서는 계통도에 대한 이해가 필요하다. 사실 초기에는 각각의 종을 동정하고 구분하기도 매우 어렵다(꾸준히 탐조를 지속하지 않는다면 밭종다리류와 솔새류 동정은 몇 년이 지나도 지옥의 난도를 자랑한다. 조류 도감에서 사진을 찾아보자!). 습성을 공부하고, 서식지를 쫓아다니다 보면 지식이 쌓이고 기쁨을 얻을 수 있지만 전문 지식을 갖기까지 큰 노력과 시간을 들여야 한다. 주변에 이공계 전공자가 없다면 어디서 시작해야 할지도 막막할 것이다.

과학 콘텐츠 제작자인 나의 고민은 콘텐츠 안에 어느 정도의 지식을 담는가다. 대중의 취향은 다양하고 지식 수준은 천차만별이다. 과학이라는 학문 자체가 하도 잘게 나누어져 있어 비전공자는 각 분야를 유기적으로 연결하기 힘들다. 과학을 향유하려는 대중의 지식을 튼튼하게 만드는, 성인이 즐길 수 있는 콘텐츠는 무엇일까? 쉽게 입문할 수 있고 통념과 편견을 깨면서도 정확한 정보를 전달하기 위해서는 어떻게 해야 할까? 그리고 재미있는 대화의 주제에 어떻게 하면 과학을 올릴 수 있을까?

작업은 일단 시작해봐야 한다. 다시 새를 예로 들자. 가볍게 새에 대한 지식을 탐구하는 영상 콘텐츠를 계획해보려고 한다. 기획 단계에서 큰 주제를 선택할 때 작업자의 취향과 시의성, 대중성, 활용할 수 있는 자료의 양과 예산이 중요한 요소로 작용한다. 작업자의 취향은 특정 종의 새에 대한 기반 지식이 얼마나 튼튼할지에 영향을 주고 시의성은 조류독감, 생물 다양성, 기후변화, 지역 관광 사업, 희귀종 밀수, 멸종 위기종 복원 사업 등과 연결될 것이다.

예산이 넉넉하다면 다양한 장비를 쓰고, 더 많은 전문가를 찾아 학문적 성과를 교차 비교하고, 여러 장소를 촬영할 수 있다. 자료의 양이 풍부할수록 당연히 내용이 더 풍성해질 것이다. 새 관련 콘텐츠를 만드는 것은 자연사의 일부를 다루는 일이니 시간에 대한 언급이 조금씩 들어가면 보는 사람이 진화의 흐름, 나아가 기후변화나 대량 멸종으로 인한 생물 다양성 감소에 대해 생각하게 될 것이다. 아니면 아예 새라는 생물 자체에 호의를 가지도록 보편적으로 아름다워 보이는 외모를 고려해 주인공을 선택할 수도 있다. 이 방향으로 콘텐츠를 만든다면 대중성에 초점을 맞춰야 한다.

주제에 따라 무엇을 보여줄지 간단히 생각해보자. 전문가를 찾아 요즘의 생태학이나 계통분류학 동향과 연구 방법을 소개할 수도 있고, 탐조하며 찍을 수 있는 야생 새들의 모습을 고화질로 보여줄 수도 있으며, 과학적 시선이 어떻게 생물을 표현하는지 새 그림을 통해 제시할 수도 있다.

전체 제작 과정에서 비전공자가 만날 가장 큰 어려움은 바로 정체성의 충돌과 부족한 기반 지식이다. 과학적 사고 자체는 학술 콘텐츠를 보고 읽으며 배울 수 있지만 평생 익혀온 자연과학이 아닌 학문이 예기치 못한 시점에 발을 잡는다. 학명 표기를 틀리거나 그림이나 사진, 영상의 종을 오동정해 정확하지 않은 예시를 보여주거나 종에 대한 설명 자체가 틀릴 확률이 높기 때문이다.

당연한 말이지만 과학 콘텐츠에서 과학적 고증보다 중요한 것은 없다. 특히 동물은 인문학 측면으로도 할 말이 많은 소재이기 때문에 작업 방향을 처음에 잘 잡는 것이 중요하다. 극단적인 예시를 들자면 예쁘다고 해서 큰고니*Cygnus Cygnus*에 왕관앵무*Nymphicus hollandicus*의 관깃을 붙이거나 푸른극락조*Paradisornis rudolphi*의 긴 꽁지깃을 붙이며 '리르의 아이들', '백조의 호수'를 생각해 새를 사람으로 바꾸어서는 안 된다는 뜻이다. 거기부터는 유전공학을 다루는 SF나 새로운 종류의 키메라가 나오는 환상 콘텐츠로 바뀐다. 그러니 사랑에 눈이 멀지 않도록 맑은 정신으로 전문가의 자문과 자료에 충실하게, 끓어오르는 창작욕을 비우고 작업을 진행해야 한다.

이제 어떤 새의 이야기를 할지 결정해보자. 새를 거칠게 분류하는 방법은 여러 가지다. 서식 환경에 따라 물새와 뭍새로 나누고, 비행 능력에 따라 나는 새와 날지 않는 새, 텃새와 철새와 나그네새, 한 지역의 고유종과 여러 지역에 분포한 새로 나눌 수 있다. 또 먹이에 따라 짐승 고기를 먹는 새, 물고기를 먹는 새, 씨앗을 먹는 새, 곤충 같은 작은 벌레를 먹는 새, 과일을 먹는 새, 꿀을 먹는 새, 먹을 수 있는 것은 다 먹는 새로 나뉠 것이다.

서로의 생태적 관계를 보여주기 위해 한 지역의 새들에 집중할 수도 있고, 같은 분류군에 속한 새들을 보여주기 위해 지구 전체를 다룰 수도 있다. 한 종의 새에 집중하는 것도 영상의 서사를 쉽게 짜는 방법이다. 꼭 다뤄야겠다는 영감을 준 새가 없다면 자문을 쉽게 구할 수 있고 이야깃거리가 많은, 매체에 흔히 등장하는 새를 선택하는 것 또한 편하게 작업하는 방법이다. 그렇게 우리에게 친숙한 새가 어떻게 지금 같은 모습과 습성을 갖게 되었는지, 그 종의 분기도를 거슬러 올라, 한 무리 진화를 간략하게 살펴보기로 하자. 그러려면 계통도와 종의 분기도, 비슷한 종들의 시각 데이터를 1차 자료로 놓고 구체화를 시작하게 된다.

그럼 기존의 다큐멘터리나 대중서에 등장하는 이른바 '인기 있는' 새의 목록을 한번 만들어보자. 펭귄, 닭, 까마귀, 까치, 고니, 오리, 참새, 백로, 꾀꼬리, 부엉이, 황새, 타조, 독수리, 매, 극락조 등이 있다. 그리고 쓸 수 있는 이미지 자료도 종별로 얼마나 있을지 검색엔진과 각종 학술 및 다국적 이미지 사이트에서 훑어보자. 시각 자료를 찾을 때 1차는 학명, 2차는 사전을 켜고 각국 언어로 검색하는 것을 추천한다. 화질이 좋은 자료는 저작권을 확인하며 바로바로 저장하자.

해외에는 탐조를 깊이 있게 지속하는 인구가 많고, 북반구에 분포하는 새들은 가까운 친척인 경우가 많다. (외모 역시 흡사한 경우가 많을 것이다. 비슷한 위도의 지역을 나누어 솔새류를 4~5개 언어로 검색해보자.) 도감과 교차 검증해 정확한 동정이 가능한 이미지가 많을수록 신뢰할 수 있는 결과물이 나올 것이다. 그다음에는 각각의 종을 위한 흥미로운 도입부와 결론에 대해 생각해보자. 첫 화면은 놀라울수록 좋다. 의외성도 대본과 조화를 잘 이룬다면 나쁘지 않다. 이런 식으로 하나의 흐름을 정한 뒤 구체화해야 한다.

앞서 큰고니에 대해 언급했으니 기러기목*Anseriformes* 전반의 진화와 분기에 대한 개괄 다큐멘터리 영상으로 방향을 잡자(큰고니는 기러기목 오릿과 기러기 아과 고니속의 모식종模式種, **type species**이다. '모식-'이 붙으면 그 분류군을 대표한다는 의미다). 다루는 종이 많아지면 데이터의 범위 자체가 넓어지니 얕은 정보로 좋은 결과물을 얻을 수 있다. 만약 그다음에 한 종의 오리에 대해 콘텐츠를 만든다면 이미 작업한 것이 있으니 기본 소양을 갖춰두면 편해질 것이다.

대략적인 방향이 정해지면 1차 스토리보드를 짜며 대본을 쓴다. 수집한 자료에 근거해서 간단하게, 오류를 범하지 않는다는 느낌으로 작업한 뒤 대본과 스토리보드를 자문을 의뢰한 학자들에게 검토받는다. 자문에 근거해 직접 고치거나 수정을 의뢰하고, 바뀐 사항에 대해 세세한 설명을 들어야 한다. 못해도 85퍼센트는 이해해야 영상 제작 때 오류가 적다. 이 과정은 지난하고 머리를 뻐와 뇌로 분리하는 지적 통증을 가져올 수 있다. 머리가 아프면 가까운 물가로 탐조하러 가서 살아 있는 오리를 보며 마음의 안정을 찾자.

이렇게 고통스러운 과정을 거쳐 최종 대본이 나오면 그다음은 적절한 자료를 사용한 편집이다. 수집한 자료 중 기러기목의 사진, 영상, 울음소리 파일을 프로젝트 폴더에 복사하고 동정해 어떤 것을 보여줄지 정한다. 고니류, 기러기류, 혹부리오리류, 비오리류, 수면성오리류, 잠수성오리류, 바다오리류 등으로 나눠둔다. 필요한 그림 등은 의뢰하거나 직접 작업한다.

다큐멘터리로 테마를 잡았으니 그럴듯한 음악을 찾고 적당히 무게감 있는 해설을 녹음하거나 AI 소스로 만든다. 모든 것을 프로그램에 집어넣고 자막의 오타를 고치며 스토리보드의 흐름을 따라 편집을 잘 끝내면 영상이 나온다. 여기까지가 1차 편집본이다. 이 영상을 자문해준 전문가들에게 검토받아 수정하고(몇 번이나 수정할지 모르겠지만 행운을 빌어보자) 최종 버전을 뽑으면 작업이 끝난다. 그 뒤 온라인이나 방송에 게시해 대중에 공개하면 된다.

나는 스스로를 예술가가 되려는 사람이라고 생각한다. 그리고 사람이 아닌, 다른 종에 대한 작업을 하는 것이 삶에서 가장 의미 있는 일이라고 여긴다. 돌기 하나 놓치지 않으리라 다짐한 옛 작가들이 세세히 공부해 묘사한 17~19세기 그림을 찾아보고, 책을 읽고, 논문을 이해하려고 할 때마다 그들의 감각, 형태, 삶과 죽음, 쌓인 시간이 묵직하게 다가온다. 그리고 어떤 것도 살아 있는 야생 새와의 눈 맞춤을 이기지 못한다.

하늘을 올려다보고, 나뭇잎 그늘 사이를 응시하고, 개울가 돌 위아래를 살피고, 물결을 바라보며 기다리면 어느덧 갈대 사이에서 동그란 눈이 맑은 얼굴과 함께 떠오른다. 그 순간, 이름을 애틋하게 중얼거리게 된다. 이런 만남은 늘 눈부심으로 가득하다. 그러니 나는 끝없이 생각하고, 쓰고, 만들어야 한다. 하지만 지구와 생태계가 어떻게 짜여 있는지 어느 정도 짐작하게 되니 걸음마다 질문이 따라왔다.

> 나의 신나는 여행과 안락한 휴가를 위한 비행기 장거리 이동이 동물의 이주에 어떤 영향을 미칠까?
> 집 없는 나를 위해 거주용 건물이 올라가는데 습지와 숲과 산이 사라지는 것은 당연할까?
> 우리 할머니의 식욕을 돋우기 위해서 고기를 자주 먹는 것에, 나는 마음에 드는 식단이라고 기뻐해도 되는 것일까?
> 나의 이동을 위한 자동차 사용이나 빠른 택배 배송은 로드킬과 아무 관련도 없을까?
> 참을 수 없이 더운데 에어컨을 켜는 게 맞지 않을까?
> 카페에 알량하게 텀블러를 가져가는 행동으로 나는 기후변화를 늦추는 데 이바지한다고 할 수 있을까? 플랜테이션 작물, 초콜릿과 커피 자체를 끊지 못하는데? 이건 거북을 위해 열대 도롱뇽을 죽이는 것이 아닐까?

답은 모르겠다. 어쩌면 모든 욕구에서 벗어나 최소한의 소비만 지속하며 연명해야 할 수도 있고, 어차피 인류세는 망조가 들었으니 대충 살다 갈 때 되면 간다고 생각할 수도 있다. 중요한 것은 질문을 끊임없이 찾고 그에 대해 고민한다는 점이다. 이건 내가 동물을 좋아하기 때문일 수도 있고, 과학적 비판을 생각의 중요한 척도로 받아들였기 때문일 수도 있고, 현대미술의 특징 중 하나가 작가를 사회에 질문 던지는 사람으로 만들었기 때문일 수도 있다. 각각의 요소가 어느 정도의 비율을 갖고 나의 고민을 만들고 있을 것이다.

삶과 사회에 질문을 계속하는 것은 매우 중요하다. 감성적으로는 그것이 사랑의 한 방식이기 때문이고 이성적으로는 냉정한 판단력을 유지할 수 있기 때문이다. 경험상 자연과학은 냉철한 판단에 큰 도움이 된다. 한 지역의 데이터에서 늘어나고 줄어드는 야생동물의 개체 수를 볼 때 옆에 다른 분야의 자료를 놓고 비교해보자. 그리고 그 지역의 생물 다양성과 동물들의 이상행동이 인간에게 어떤 결과를 가져올지 사랑벌레나 대벌레의 증식 사례를 생각하며 추측해보자. 편의성과 애틋함이 우리를 수없이 찢어놓더라도 이 고민이 계속 깊어진다면 더 나은 세상을 만들 수 있을 것이다, 아마.

오프라인 공간이 가지는 힘

과거에는 역사적 유물이나 미술·예술 작품 콘텐츠로 구성된 전시를 단순히 보러 가는 것이었다면, 요즘의 전시는 체험과 몰입을 통해 즐기며 배우고 경험하는 문화 체험의 장이 되었다. 최근에는 팝업 스토어나 플래그십 스토어 등도 하나의 전시 경험의 공간으로 MZ 세대의 주요 방문지가 되었다. 'TeamLab'의 전시는 미디어 아트 활용 범위를 한껏 끌어올렸고, 공간 전체의 웅장함과 몰입감 있는 황홀한 경험은 대중의 이목을 집중시켰다.

전시 연출 방향은 예술의 가치나 교육 목적을 담고 있는 형태보다는, 디지털 미디어 기법을 활용해 색다른 경험을 제시하는 신선한 방식을 찾아가고 있다. 몇 년 전부터 '비주얼 전시', '인스타그램(인스타그래머블) 전시'와 같은 용어가 유행하기 시작하면서 전시 디자인의 역할과 중요성이 강조되고, 전시 기법은 관람객의 시선을 끌기 위해 더욱 다양해졌다. 전시장을 방문하는 관람객에게 사진을 찍는 행위는 중요한 일이 되었다. 그 기록을 단순히 SNS에 공유하며 예술을 감상하는 데 그치지 않고, 작품과 함께 있었다는 '경험'을 공유하길 원한다.

'경험과 이미지'가 중요한 시대, 대중은 쏟아지는 '이미지'를 '경험'하며 새로운 '즐거움'을 누린다. 이는 과거의 전시가 '감상'에 초점을 맞춰 기획되었다면 지금은 '경험'을 고려해야 함을 말하는 것일지 모른다. 과거의 대중이 수동적인 모습으로 전시 콘텐츠를 '감상'했다면, 요즘은 직접 온몸으로 누리고 느껴서 그 경험을 '이미지화'한다. 더 나아가 이미지를 공유하여 타인과 예술적 감흥을 나누는 행위까지 수행하는 것이다. 이것은 온라인이 절대 대체할 수 없는 오프라인만의 힘이며 즉, 공간이 주는 색다른 경험과 영향력이다.

과학관 vs 박물관 vs 미술관

과학관, 박물관, 미술관을 간략하게 구분한다면 박물관은 유물을 중심으로, 미술관은 예술 작품을 중심으로, 과학관은 과학적 소장품(화석, 표본 등)과 과학적 이론을 이해시키기 위해 만든 인공적 체험물(전시물)을 전시하는 곳이라고 이야기할 수 있다.

박물관과 미술관은 공통적으로 '소장품'에 기반해 전시를 기획하며, 주제를 정한다. 박물관은 고고학적 자료, 역사적 유물, 문화유산과 자연유산, 그 밖의 학술 자료를 수집·보존하여 전시한다. 그리고 미술관은 '회화, 조각, 공예, 건축, 사진' 등 미술에 관한 자료와 작가들의 작품에 담긴 의미를 소개하고 전달하는 수단으로써 전시를 기획한다.

16세기 초기 박물관의 형태인 '호기심의 방Cabinet of curiosities'•에서는 예술적인 가치를 가진 것보다는 호기심을 유발하고 진귀한 사물을 수집하여 전시했으며, 크기와 특성의 차이에 따라 다르게 배열되었다고 한다. 프랑스대혁명 이후 박물관이 개인에서 국가 소유로 전환되면서 일반 대중에게 소장품을 보여주는 공개 전시 형태가 나타났다. 이때 큐레이터가 주제를 설정하고 보여주는 것만으로도 관람객들에게는 큰 흥미와 볼거리가 되었다.

이후 사회적 변화와 관람객 요구 증대에 따라 전시는 점차 변모하게 되었다. 현대에 와서는 박물관·미술관도 더 이상 고유의 소장 작품들만으로 전시하는 것이 아니라 다양한 목적을 위해 인위적으로 만들어진 작품을 더하며 설명적 효과를 높이기 위해 다양한 매체를 연출 기법으로 사용하기도 한다.

과학관은 한때 수집 및 보존에 중점을 두고 과학을 전달하는 데 초점을 맞추었던 과학 박물관 형태에서 관람객이 직접 전시물을 조작하고 다루며 과학 현상과 원리를 이해하도록 하는 과학센터로 변화했다. 이에 따라 관람객에게 메시지를 잘 전달할 수 있는 형태의 전시를 기획하는 데 주력한다. 과학관 전시는 박물관, 미술관과 달리 소장품이 아닌 콘셉트 중심이 되었다. 그에 맞추어 주제를 정하고, 전시물을 제작하며 과학의 본질적인 모습과 복잡한 과학 이야기들을 전시, 체험의 형태로 기획한다.

게리 에드슨Gary Edson과 데이비드 딘David Dean의 《박물관 핸드북The Handbook for Museums》에 의하면 전시를 크게 소장품을 중심으로 기획

• 15세기 항해술의 발달로 세계 각지 진귀한 동식물, 광물 등이 들어오면서 호기심 많은 귀족들이 수집했고, 이를 보관하는 곳을 '호기심의 방'이라 불렀다. 처음에는 귀족과 부자의 전유물이었으나 점차 대중에 공개되며 박물관의 효시가 되었다.

하는 '물품 지향적인 전시Object-oriented Exhibition'와 메시지와 정보 전달에 중점을 둔 '개념 지향적인 전시Concept-oriented Exhibition'로 분류했다. 물품 지향적인 전시는 미적 구분이나 소장품의 분류법에 따라 기획되며 개념 지향적인 전시는 수집품뿐 아니라 텍스트, 그래픽, 사진 등 그 밖의 자료를 이용하여 교육적인 정보를 전달한다. 따라서 미술 전시나 분류학적인 자연사 전시, 박물관 전시 등은 주로 '물품 지향적인 전시'로 구분되고, 과학관 전시는 주로 '개념 지향적인 전시'로 분류된다고 할 수 있다.

과학관과 박물관, 미술관은 모두 '뮤지엄museum'이라는 큰 범주에 속하지만 각각 전시를 통해 보여주고자 하는 것이 다르고, 그것을 어떻게 관람객에게 전달할지에 대한 목적과 연출 방식도 명백한 차이가 있다. 하지만 점점 전시 연출 기법이 최첨단 디지털화되면서 뮤지엄별 특색이 있던 고유 전시 영역의 경계가 모호해지는 부분도 생겨나는 것 같다.

과학관에서 전시하기

> 전시란 진열된 대상의 의미와 중요성에 대한 전시기획자의 해석이 개입된 것이다.
>
> _조지 엘리스 버코

전시란 어떤 사물을 특정한 시간과 장소에서 대중에게 보이는 행위다. 사물이 가진 의미나 내용의 전체 또는 일부를 전달하려는 수단이기도 하다. 상품을 돋보이게 하려는 진열이나 예술적 표현을 위한 행위 모두 전시의 범주이나 과학관에서 '전시'는 전시 기획자,

전시 디자이너가 관람객에게 효과적으로 과학 지식의 전달, 이해, 체험이 가능하도록 전시물을 매개로 커뮤니케이션하는 방식이다.

그렇다면 과학관에서 전시는 어떻게 만들어지는 것일까? 과정을 단계적으로 구분해보면 크게 '기본 계획 단계-개념 설계 단계-실시 설계 단계-전시물 제작 및 설치 단계'로 나뉜다. 먼저 전시 기획자가 전시(관)를 구성하기 위한 기초 조사, 유사 사례 조사 등을 바탕으로 사업의 개요, 장소, 규모, 예산 등을 검토하고 전시(관)의 개념을 확정하는 등 기본 방향을 설정한다. 공간을 어떻게 구성하고, 대상을 누구로 하며, 어떤 규모로 만들어갈 것인지 계획을 세운다.

이렇게 기본적인 기획을 완성하게 되면, 전시 디자이너는 개념 설계 단계에서 전시 의도와 주제에 맞는 공간의 연출을 구상한다. 콘셉트를 정하고, 이해와 몰입을 높이기 위한 다양한 연출 매체를 계획한다. 이 밖에 공간과 전시물이 조화를 이룰 수 있도록 색채 등 디자인을 짜고, 관람객의 체험 요소와 방법, 그로 인해 얻을 효과까지도 염두하고 세부적으로 조직한다.

실시 설계 단계에서는 전시물이 모형인지, 작동형인지, 영상인지 연출 방식을 확정하며, 구체적인 전시물별 설계 도면을 제작하여 필요한 재료, 부품, 안전성과 소모성까지 고려한 세부적인 설계를 실시한다. 이후 전시물 제작 및 설치 단계에서는 실시 설계 도면을 바탕으로 전시물을 제작하는데, 전시물이 설치되기 전 인테리어도 같이 진행된다.

전시물을 외부에서 가지고 오는 경우도 있지만 전시 공간 내부에서 완성할 때도 있다. 이렇게 완성된 전시물은 시운전을 통해 안정적으로 작동되는지 점검 및 보완하며, 패널과 조명 설치까지 종합적으로 살피고 완료한다.

↑ 국립어린이과학관 관찰 존 '다이노헌터' 설계 단계의 전시 아이템 그래픽 이미지(위), 전시물 공장 제작(아래) 및 현장 설치 과정(가운데).

과학관에서는 주로 실물(표본)이나 레플리카(복제품), 모형 등을 디오라마, 파노라마 기법을 통해 입체적인 환경으로 어우러지도록 하는 연출 방법을 사용한다. 이는 작품이나 전시물을 직접 전시할 수 없는 경우, 전시물을 만질 수 있게 하기 위한 경우, 전시물이 있었던 환경을 생생하게 보여주기 위한 경우 등의 목적으로 활용된다. 현존하지 않는 공룡을 전시하기 위해서 당시 환경을 재현하고 모형을 제작하여 구성하는 것이 대표적인 사례다. 과학 전시물에 대한 이해를 높이기 위한 설명 패널도 팝업·스카시·서책형 패널, 모니터 터치 패드 등 다양한 방식으로 제작된다.

과학관에서 가장 많이 사용하는 연출 방법은 체험을 기반으로 한 작동형 전시물이다. 이는 관람객의 단순한 조작에 의해 수동적인 움직임을 보이는 경우도 있지만, 사람마다 반응이 다르게 표출되는 상호작용 모형도 있다. 특히 미디어 영상과 다양한 센서 기술을 통해 시각적으로 풍부한 반응이 도출되는 전시 방법은 과학관뿐 아니라 여러 전시 분야에서 사용된다. 영상 매체를 활용한 연출법에는 프로젝터나 모니터를 활용한 것부터 대형 스크린을 이용한 다중 영상 시스템, 관람객 작동 시 센서에 의해 반응이 일어나는 인터렉티브 영상, 영상물을 입체적이고 사실적으로 볼 수 있는 3D동영상, 모형과 3D영상을 결합한 형태의 매직비전, 실재감을 극대화하기 위한 3D영상에 운동감을 부가한 탑승형 4D시뮬레이터 등이 있다. 또한 공간 전체에 영상을 매핑하여 압도적인 몰입감을 주는 미디어 아트 전시도 최근 많이 활용된다. 스마트폰, 사물인터넷, 가상현실, 웨어러블, 3D프린터 등 발전되는 다양한 디바이스가 전시를 점점 더 개인화된 관점으로 체험하도록 이끌고 있다.

과학관 전시의 변화와 방향성

그럼 과학관의 전시 디자인은 지금 어디쯤 왔을까? 그리고 나아가야 할 방향은 무엇일까? 코로나19 팬데믹은 언택트 문화를 빠르게 전파시켰고 과학관, 박물관, 미술관은 웹사이트, 모바일 앱, SNS 서비스 등을 활용하여 전시와 교육, 온라인 감상 등의 서비스를 제공했다. 메타버스와 같은 온라인 디지털 가상공간에 실시간 접속을 통한 비대면 참여 등 새로운 전시 영역이 열리게 되었다. 앞으로는 점차 전시물이 차지하는 물리적 공간을 향상시킬 뿐 아니라 온라인과 오프라인 경험의 경계를 모호하게 만드는 기술이 적절하게 병행됨에 따라 제3의 하이브리드 공간으로의 과학관이 만들어질 것이다.

관람객들에게 더욱 몰입감 있고 상호작용이 가능한 매력적인 경험을 만들어주기 위해 혁신적인 아이디어와 결합된 디지털 기술, 디자인 활용은 지속적으로 증가할 것으로 예상된다. 또한 발전하는 개인용 스마트 기기는 전시와 연계한 증강현실, 게임화(게이미피케이션) 체험 등을 위한 도구로써 보다 개인화된 경험을 제공할 것이다. 과학관은 이러한 사용자 경험 분석을 토대로 고객의 요구 사항을 검토하여 더 나은 전시 서비스를 제공할 수 있게 된다. 최신 제조기술과 특수 재료의 발전, 3D프린터와 CNC장비의 고도화는 편리하고 빠르게 내구성 있는 전시물을 제작 가능하게 했다. 그리고 맞춤형 디자인으로 구성된 전시 공간을 만들어 관람객들에게 질 높고 풍부한 경험을 선사할 것이다.

우리는 전 세계적 태세에 맞춰 지속 가능한 전시 디자인에 대해서도 고민하고 변화해야 한다. 몇 년 전부터 국내에서도 환경을 키워드로 한 전시를 개최하기 시작했다. 부산 현대미술관의 '지속 가능한 미술관: 미술과 환경', 서울시립미술관의 '기후 미술관: 우리 집의 생애'라는 전시에서는 재활용이 가능한 모듈형 벽면, 월그래픽 시공 시 비닐 시트 미사용, 인쇄 시 망점 그래픽과 에코폰트를 사용했다. 삼성문화재단도 전시 폐기물 중 상당 부분을 차지하는 가벽을 줄이기 위해 모듈형 파티션을 도입하거나 전시장에 아예 가벽을 없애고 작품 배치만으로 연출을 하기도 했다.

또한 국립과천과학관에서는 '2023 탄소C그널' 브랜드 기획전에서 모듈형 가벽과 에코폰트, 우유 상자, 팰릿 등을 활용한 친환경 전시를 개최했다. 앞으로도 전시의 개성과 정체성에 대한 퀄리티를 희생하지 않으면서 친환경 자재를 활용한 전시 기법에 대한 연구가 필요하다. 나아가 유니버설 디자인을 반영한 심도 있는 고민도 지속될 것이다. 장애가 있는 방문자를 포함한 모든 관람객에게 편안한 환경을 구축하기 위해 편의성이 고려된 유연한 전시 디자인이 더욱 확대될 것이다.

챗GPT와 같은 인공지능, 대체불가능토큰NFT과 같은 웹 3.0 도입으로 새로운 서비스가 개발됨에 따라 누구나 쉽게 웹 3.0을 경험하는 기회가 열릴 것이다. 예술 분야에서는 NFT아트가 부상하여 관련 산업에 대한 이슈가 많이 생겨나고 있다. NFT는 각각의 디지털 자산에 고유의 값을 부여하기 때문에 대체불가능토큰이라고 표현한다. NFT아트는 디지털에서 생산(제작)된 이미지에 대한 소유권을 명확히 하여 희소성을 높이고 복제를 방지해서 디지털 미디어를 활용한 전시가 많은 최근, 더욱 그 가치를 인정받고 있다. 또한 개인화된 서비스를 갖고자 하는 흐름에 발맞춰 개인 디스플레이에 디지털 이미지를 대여, 구독하는 서비스 방식으로 적용하는 사례도 있다. 이처럼 발전하는 웹 3.0의 기술과 서비스는 전시 디자인에 응용되어 다양한 연출로 재창출될 것이다.

그러나 단순히 기술 발전에 의한 변화만 있는 건 아니다. 한때 수집 및 보존에 중점을 두고 실습 경험을 통해 정보를 전달했던 과학관은 과학의 미래에 대해 토론하고 대화하며 참여와 공감의 경험을 가질 수 있도록 기회를 열어주는 창의적인 전시 공간으로 변화를 모색하고 있다. 적극적인 시민 의식, 사회적 책임, 복잡한 과학 및 기술 문제에 대한 참여 촉진 등 과학적 소양을 기를 수 있는 방안을 마련 중이다. 또한 관람객의 대화와 참여를 이끌고, 과학적 지식을 공동 창작하며 그것을 전시화하는 경험을 마련함으로써 관람객과 전시 사이를 긴밀히 연결하고자 한다.

관람객이 자발적으로 전시물을 조정하고, 취향에 맞게 전시를 경험하여, 과학관 공간을 재구성하는 '참여를 이끄는 전시', 이 방향이 앞으로 변화할 하나의 흐름이 될 것이다. 전시를 받아들이는 관람객의 '진화'에 발맞춰서 말이다.

2023 노벨상 특강

부록

퀀텀도트_노벨화학상

코로나19의 게임체인저_노벨생리의학상

세상에서 가장 빠른 움직임을 보는 방법_노벨물리학상

future science trends

퀀텀도트

전성윤 2023 노벨화학상

검은 선

저 멀리, 태양에서 빛이 온다. 빛을 프리즘에 투과시키면 우리가 볼 수 있는 빛의 영역이 펼쳐진다. 무지개색이라 불리는 가시광선이다. 어려운 말로 가시광선이고 쉽게 '눈에 보이는 빛'이라 불러도 좋다. 태양에서 온 우리 눈에 보이는 빛이 프리즘을 지나 빨주노초파남보 빛깔로 펼쳐진다. 집에서도 가능한 손쉬운 실험이라 검은 종이 가운데 아주 좁게 틈을 내 가느다란 빛을 만들고 프리즘을 투과시키면 무지갯빛을 만들 수 있다. 커튼으로 꼼꼼히 막아 불필요한 빛이 들지 못하도록 하면 더 선명하고 다채로운 빛깔을 만난다. 하지만 자세히 관찰하면 듬성듬성 이빨 빠진듯 빈 영역이 있다. 알록달록 빛 사이 중간중간, 분명 검은 선이 흐릿하게 경계를 만든다. 연속적인 빛의 전경이 아니라 단절된 영역이 선명하다. 의심된다면 요즘엔 분광 필름을 이용한 간단한 실험 교구를 시중에서 흔히 구할 수 있으니 한번쯤 도전해볼 만하다. 그만큼 빛의 속성은 관찰하기 쉽다.

태양에서 출발한 빛은 우주를 가르며, 대기를 뚫고 지상에 다

다르기까지 온전히 오지 못한다. 빛은 물질에 닿으면서 투과하고 반사하며 흡수하는 성질이 있다. 우주와 대기를 지나오며 만난 물질 가운데는 빛의 일부를 흡수하거나 반사해 튕겨버리는 것도 존재한다. 결국 눈에 보이는 빛 중 일부가 지상에 내려앉지 못한다. 태양에서 온 눈에 보이는 빛 사이에 검은 선으로 나타난 영역이 그런 경우다. 검은 선은 투과하지 못한 빛이다. 검은 선의 정체는 빛이 어떤 물질에 흡수되거나 반사되어서 우리 눈에 나타나지 않은 빛이다.

1814년 프라운호퍼Joseph von Fraunhofer는 태양 빛의 정체를 발견했다. 애석하게도 당시에 검은 선의 원인까지는 몰랐지만 그의 관찰력은 새로운 질문을 이끌었다. 태양이 아니라 다른 빛은 어떨까? 가녀린 촛불, 활활 타오르는 횃불, 가스등과 기타 등등. 물질이 연소할 때 방출하는 빛을, 태양 빛을 관찰할 때처럼 똑같이 하면 특정한 영역에서만 빛깔 선이 나타난다는 사실을 발견했다. 나트륨은 노란빛으로 보인다. 구리는 청록색, 리튬은 다홍색으로 보인다.

매년 가을이면 마포대교 인근에서 펑펑 터지는 거대한 불꽃에 프리즘을 대고 보면 다른 색은 보이지 않고 물질이 방출하는 빛의 영역만 보인다. 다른 영역은 모두 검고 폭죽이 내뿜는 빛만 선명한 선으로 나타난다. 다시 생각해보면 물질마다, 더 정확히는 원소마다 고유한 빛을 머금고 있다. 그래서 원소가 열에너지를 얻고 그 에너지만큼 빛에너지로 내보낼 때 아무 빛이나 쏘아대는 것이 아니다. 온 세상이 원소로 이루어졌다는 점을 감안해 과학자들은 손에 닿지 않아도, 직접 보지 않아도 빛으로 물질을 추측한다. 여기에 더해 프라운호퍼는 빛의 영역을 구분하는 숫자를 매겼다. 빛을 파동으로 여기고 계산해 얻은 파동의 일정한 간격, 파장을 빛의 영역에 부여했다.

빛은 물결처럼 일렁이는 성질이 있다. 어떤 빛은 요동치며 오고 또 어떤 빛은 잔잔하게 퍼진다. 요동을 치든 고요하든 모두 이동하는 속도가 같다는 가정하에 빛은 물결로 비교된다. 급격하거나 잠잠하게 일렁이는 정도로 빛을 구분할 수 있다는 말이다. 파랗게 보이는 빛깔은 급격하고 빨간 빛깔은 잠잠하게 일렁이는 빛이다. 급격하게 출렁이며 움직이니까 위로 올랐다 아래로 떨어지고 다시 오르는 간격이 좁다. 그 정도를 파장이라 하고 심한 정도로 물결치면 파장이 짧은 빛이다. 무지갯빛에서 파랗게 보이는 빛은 파장이 짧고 빨갛게 보이는 빛은 파장이 길다. 에너지와 연결해보면, 거센 물결은 그렇지 않은 경우에 비해 높은 에너지를 지녔다. 태풍이 몰아치는 바다의 풍랑을 생각해보면 된다. 모든 걸 집어 삼킬 만큼 요동치는 파도가 높은 에너지를 지녔다. 그렇다면 파장이 짧은 파란빛이 에너지가 높고 빨간빛이 에너지가 낮다. 보라색은 파란색 빛 파장보다 더 짧고 그보다 더 짧으면 우리 눈에 보이지 않는 자외선 영역이다. 반대로 빨간색 빛을 넘어선 적외선 영역 역시 우리 눈에 보이지 않는다.

색을 보는 행위는 물체가 반사한 가시광선 빛을 감지해 얻은 정보를 인지하는 과정이다. 노란색 컵이 눈앞에 있다면 컵이 노란색을 제외한 다른 파장의 빛을 흡수하고 노란 빛 파장을 반사한 현상이다. 그렇다면 불꽃놀이로 보는 색은 어떨까? 나트륨이 노란색을 반사한 것이 아니라 노란색을 방출하는 현상이다. 우리 눈에는 비슷한 노란색이지만 빛의 경로는 다르다.

불꽃반응

폭죽에 들어 있는 여러 재료가 연소할 때 얻은 열에너지로 밤하늘에 빛이 발광한다. 나트륨과 붕소, 칼슘, 알루미늄이 각각 폭발할 때 다른 빛이 난다. 이런 금속 재료는 물질을 구성하는 원자가 빼곡히 차 있는 상태고 원자에는 원자핵과 원자핵 주변에 위치한 전자가 있다. 금속마다 전자의 수가 다르며 전자의 위치 또한 차이가 있다. 전자는 희한하게도 특정한 궤도를 차지한다. 태양계를 떠올려보면, 태양을 중심으로 지구와 다른 행성들이 적절한 간격을 유지하며 궤도를 공전하는 모양과 원자핵, 전자의 관계가 흡사하다.

태양을 원자핵이라 한다면 행성들이 전자에 해당하는데, 전자는 규칙적으로 궤도를 메꾸고 있다. 그렇다고 하나의 궤도에 하나의 전자만 있는 것은 아니다. 겹겹이 놓인 궤도에 규칙적으로 전자가 쌓여가며 알맞은 수만큼만 차지한다. 주기율표에서 수소는 첫 번째 궤도에 전자가 하나, 그다음 헬륨은 첫 번째 궤도에 2개의 전자가 있다. 리튬은 첫 번째 궤도에 전자 2개를 채우고 그다음 궤도에 전자를 하나 가지고 있다. 이런 식으로 각 금속에는 고유의 전자 수가 있으니 전자의 수는 원소의 성질을 나타낸다. 마치 순서대로 전자를 채우는 꼴인데, 또 딱 그렇지만은 않다. 주기율표에서 번호가 커질수록 궤도를 채우는 전자의 순서가 번호 매기듯 간단치 않다. 원자의 구조는 다소 복잡하게 보이는 물리학적 규칙을 따르는 것이지 단순한 나열로 이루어지지 않는다. 모든 게 공평해야 하는 상황이라도 우선순위라는 게 있고 규칙에 따른 선별 과정이 있다. 자연의 섭리에 따라 원자의 이치도 마찬가지다.

원자의 이치로 인해 전자는 원자와 가장 가까운 궤도부터 채우고 외부 자극이 아니라면 그 자리에 있다. 원자핵 내부에는 양성자와 중성자가 있어 양의 전하를 띠고 전자는 음의 전하이므로 적당한 거리에서 서로서로 정전기적으로 안정한 상태를 유지한다. 안정한 상태는 비교적 낮은 에너지 상태를 의미한다. 불안하게 매달린 늦가을 감은 높은 위치에너지로 있다 이내 낮은 위치를 향해 바닥에 떨어져 마침내 터져버린다. 물이 높은 곳에서 낮은 곳으로 흐르는 이치다.

그러니 전자가 위치할 궤도는 원자로부터 첫 번째, 두 번째, 세 번째로 이어지는 순서로 나아간다. 이 말은 전자가 궤도 사이 어중간하게 있지 않다는 사실과 부합한다. 처음과 두 번째 궤도 사이에 전자는 존재하지 않는다. 1.5궤도, 2.5궤도는 없다. 양의 정수로 증가한다. 그러므로 전자가 여기저기 원자 도처에 깔린 게 아니다. 전자의 위치가 궤도에 의존하니 연속적으로 쭉 펴져 있지 않고 개울 안 징검다리처럼 드문드문 간격을 두고 모여 있는 격이다. 물리학에서는 불연속적으로 전자가 원자에 존재한다고 표현한다.

전자가 궤도에 맞춰 존재하니 불꽃놀이가 가능하다. 폭죽을 터뜨리다 벌어진 빛의 방출은 징검다리에 모여 있던 전자가 열에너지를 흡수해 몇 칸을 뛰어올랐다 금세 원위치로 돌아오면서 발생한다. 뛰어오른 위치는 원자핵과 주변 전자 사이에 균형을 깬 불안정한 상태를 초래한다. 그러다 안정한 상태인 자신의 자리로 돌아오는 과정에서 흡수한 에너지를 빛에너지로 방출한 것이다. 원소마다 전자가 위치한 궤도가 다르니 높고 불안했던 에너지에서 안정한 낮은 에너지 상태로 돌아올 때 발생하는 빛에너지도 다르다. 다섯 번째 궤도에서 두 번째로 향할 때를 비교해 보아도 세 번째에서 두 번째 궤도로 낮아질 때보다 더 큰 에너지 차이로 이동한다. 파장과 에너지의 관계를 고려하면 궤도를 넘나들 때 발생하는 에너지 차이를 알아내면 빛의 파장을 계산할 수 있다. 뛰어오른 전자가 제자리를 찾는 것으로 어떤 빛이 방출할지 계산된다.

퀀텀, 도트

노벨위원회는 아니라고 했지만 123년 역사에서 딱 한 번 실수로 극적인 이벤트는 사라졌다. 2023년 노벨화학상이 발표되기 3시간쯤 전 수상자 명단이 유출됐다. 의혹을 눌러 담으려 애썼으나 3시간 후 발표한 3명의 과학자는 3시간 전과 다를 바 없었다. 덕분에 노벨화학상 수상자와 그들의 업적은 뒤로 물러나고 온갖 뉴스가 노벨위원회의 실수를 다루는 내용으로 넘쳐났다. 그러고 나서야 며칠 뒤 조금씩 퀀텀도트Quantum Dot에 관한 기사가 채워졌다.

매년 10월이면 노벨상 덕분에 그나마 과학과 기술이 사람들 입에 오르내린다. 이번엔 실수인지 사고인지 모를 상황으로 본래 취지가 조금 뒷전으로 밀려 아쉬움이 남는다. 하지만 여전히 노벨상 수상은 과학기술 분야의 뜨거운 이슈다. 근래에는 노벨상이 아니더라도 이토록 과학과 기술에 관심이 컸던 시절이 있었나 싶을 정도로 대중적인 인식이 새로워졌다. 인공지능, mRNA, 반도체, 양자역학, 초전도체는 일상 단어의 영역으로 들어왔다. 대중이 정확히는 알지 못해도 들어는 봤다는 사실이 과학기술 분야를 문화로서 소개하는 사람의 입장에서 변화된 현실이다. 그러니 이제 그나마 관심을 끌 정도는 된 상황이다.

이번 노벨화학상은 '퀀텀도트'를 개발하고 특성을 밝힌 예키모프Alexei Ekimov, 브루스Louis Brus, 바웬디Moungi Bawendi의 공로를 인정해 수여했다. 퀀텀은 양자역학에서 다루는 양자다. 양자는 딱히 어떤 물질이라 정의하기 어렵다. 예를 들어 파동의 성질을 지닌 빛 알갱이인 광자도 양자고 원자 주변을 배회하는 전자도 양자다. 몇몇 조건을 갖춘다면 특정한 입자들을 양자라 부를 수 있겠다. 그 특징 중 핵심은 양자가 불연속적인 에너지 상태로 존재하고 움직임을 보인다는 점이다. 불꽃반응에서 다루었던 전자와 빛이 양의 정수로 띄엄띄엄 떨어진 궤도에서 벌어지는 일이다. 징검다리 건너듯 하는 에너지 상태 변화를 말한다.

뉴턴은 자연계에 연속하는 물리량의 변화를 설명했으나 양자역학은 에너지의 불연속성을 이해하도록 요구한다. 더 넓게 보면 양자가 보여주는 효과는 아주 작은 크기의 물질에서 일어나는 현상이며 작은 크기의 입자에서는 우리가 겪는 일반적인 자연 상태와는 다른 물리법칙이 적용된다. 21세기에 이르러 눈부신 발전을 이어온 나노 기술의 기반인 양자역학이다. 이러한 배경으로 퀀텀도트를 이해할 수 있다. 너무 작아서 '0'차원으로 불리는 퀀텀도트는 양자효과가 나타나는 물질인 것이다. 3차원 공간에 살고 있어서 0차원을 생각해본 적도 없는데 퀀텀도트가 나타나 완전히 새로운 물리현상을 마주하게 되었다.

1979년에 처음 예키모프가 유리에 작은 금속 입자를 주입해 색깔을 만드는 메커니즘에 관심을 갖기 시작했다. 금속 입자의 크기로 인해 색이 달라진다는 사실을 발견한 그는 양자의 크기 효과를 연구했다. 당시 알려진 대로 물질은 에너지를 흡수해 빛을 방출하고 각 물질이 지닌 고유 광학 특징으로 유리에 여러 색을 표현했다. 그런데 예키모프와 브루스가 입자 크기를 나노 단위 수준으로 줄일 때 나타나는 양자효과 현상을 실험적으로 증명했다. 재료의 종류가 아니라 크기로 색을 조절하는 개념이다. 과장된 설명이겠으나 폭죽에 사용할 재료를 하나로 하고 크기만 조절한다면 빨주노초파남보 빛의 색을 표현할 수 있다. 입자 크기가 수십 나노미터에서 수 나노미터로 줄어들면서 본래 지닌 색이 아닌 다른 색으로 구현된다.

예를 들어 금은 황색인데 크기를 줄여 나노 크기로 입자를 만들면 지름 7나노미터에선 붉은색으로 변하고 더 작게 만들수록 파란 계열로 색이 옮겨 간다. 여기서 퀀텀도트의 중요한 특징이 발현된다. 동일한 물질이라도 입자 크기가 다르면 색이 달라진다. 곧, 크기로 빛 파장을 조절한다. 그리고 그 파장의 범위가 매우 협소하다. 1993년 균일한 크기의 퀀텀도트를 성장시키는 방법에 성공한 바웬디는 1.2나노미터, 1.6나노미터에서 11.5나노미터까지 크기가 다른 각각의 입자가 파란색에서 붉은색까지 빛을 내는 현상을 밝혔다. 바웬디가 합성한 카드뮴셀레나이드(CdSe)를 비롯해 카드뮴을 황, 텔루라이드와 합성한 CdS, CdTe 퀀텀도트를 크기를 달리해 성장시켰고 세 가지 물질 모두 파장이 달라지는 현상이 나타났다.

노벨상과 양자역학

물질은 원자의 집합이므로 원자 간 결합이 일어나면 원자 궤도는 중첩된다. 즉 원자 궤도와 또 다른 원자 궤도가 밀집하는 결합 반응이 무수히 일어나게 된다. 전자가 자리한 궤도가 겹치면 에너지의 불연속성이 점점 희석된다. 왜냐하면 각 원자에 동일한 위치의 궤도가 결집하면서 그만큼 에너지밀도가 높아지기 때문이다. 헤아릴 수 없이 많은 원자가 결합한 금속은 궤도마다 두터운 에너지 띠를 형성한다. 전문적으로는 에너지 밴드라 명명한다. 일반적으로 금속 덩어리는 각각의 원자 궤도가 촘촘히 밀집한 상태이므로 비교적 전자의 이동이 자유로운 물질이다. 그리고 앞서 말한 대로 금속에 따라 에너지 밴드의 간격에 차이가 있어 외부 에너지를 흡수하고 다시 빛 에너지를 방출할 때 고유한 빛을 낸다.

그에 반해 크기를 점점 줄여 지름이 수 나노미터에 이르게 되면 불과 수십 개의 원자가 결합한 입자가 된다. 에너지 밴드는 금속 덩어리일 때보다 상대적으로 얇아지고 밴드와 밴드 사이가 점점 벌어진다. 그 틈을 밴드갭Bandgap이라 한다. 양자효과를 다루는 기사에서 흔히 나오는 단어다. 밴드갭이 너무 넓으면 전자가 자유롭게 이동하지 못하는 부도체이고 적당한 간격이면 반도체다. 수십 개에 지나지 않은 원자가 결합한 금속 입자는 반도체와 같이 불연속적인 에너지 상태를 지닌다. 그리고 입자가 작아질수록 원자 수가 줄어드니 밴드갭이 커진다. 입자 크기로 밴드갭을 조절하면 전자가 이동할 때 필요한 에너지를 선택하는 우위를 점한다. 그 의미는 빛의 파장을 입자 크기로 제어한다는 결론에 다다른다. 퀀텀도트로 빛을 선택할 수 있게 되었다.

퀀텀도트는 현재 가장 우수한 색을 구현한다는 발광다이오드Light Emitting Diode, LED보다 더 선명한 색 표현이 가능하다 알려져 있다. 그 이유는 입자의 크기를 미세하게 조절할 수 있는 만큼 선명한 빛을 내기 때문이다. 프리즘을 통과한 빛스펙트럼을 보면 녹색이라 하더라도 노란색에서 청록색에 걸쳐 넓은 영역의 녹색 빛이 보인다. 녹색 빛 파장을 수치로 나타내면 490~570나노미터다. 일렁이는 파도를 닮은 빛의 파동성을 떠올려보면 한 번 출렁이고 다시 고점에 이르는 사이가 파장이다. 그 거리를 측정한 파장의 단위는 길이의 단위이고 490나노미터인 녹색 빛도 있고 491나노미터의 녹색 빛, 492나노미터 (…) 570나노미터의 녹색 빛도 있다. 바웬디의 실험 결과를 보면 1.9나노미터 지름의 CdSe 퀀텀도트가 480나노미터 파장인 녹색을 띤다. 물론 2.3나노미터 지름인 입자는 510나노미터 파장의 녹색이다. 어중간한 녹색을 띠는 것이 아니라 원하는 파장에 해당하는 녹색 빛을 얻게 된다. 빈 자리는 물론 계속해서 개발하는 다른 종류의 퀀텀도트로 사이사이를 메꾸고 있다. 그야말로 원하는 대로 녹색 발광 입자를 합성하면 된다. 녹색뿐 아니라 우리 눈에 보이는 모든 빛의 영역을 만들 수 있다.

예키모프, 브루스, 바웬디는 나노 크기의 반도체 입자를 균일하게 만들어 이론으로만 다루던 입자의 양자효과를 증명하고 산업화에 이르는 합성법을 개발한 공로를 인정받았다. 퀀텀도트의 광학적 특성은 디스플레이에 가장 먼저 적용되었다. 이미 상업적으로 활용되고 있어 전자 제품에 관심 있는 사람들이라면 한번쯤 들어본 익숙한 단어다. 의료 분야에서는 자기공명영상 촬영에 필요한 조영제 또는 특정한 약물을 전달하는 물질로 연구하고 있다. 태양광 소자 개발에서도 퀀텀도트를 이용해 활발히 실험한다. 밴드갭을 조절할 수 있는 장점을 이용해 실리콘 태양전지보다 넓은 영역의 빛을 흡수하는 데 유용하다.

이번 노벨화학상은 양자효과를 나타내는 재료를 합성하고 증명한 성과를 인정받았고 양자역학을 바탕으로 한 과학적 발견이나 기술, 재료는 계속해서 노벨상 수상을 이어가고 있다. 2022년 양자얽힘을 비롯해 전자와 양성자 발견, 광전효과, 불확정성 원리, 파동방정식 등 수두룩하다. 그리고 아인슈타인, 슈뢰딩거, 하이젠베르크, 보어, 러더퍼드 등 수상자는 이름만 들어도 알 만한 과학자가 즐비하다. 그럼에도 아직 미시 세계에 대해 우리가 알지 못하는 사실이 많아서 노벨위원회가 사랑하는 분야라 할 만하다.

이제 100년이 훌쩍 넘어 현대물리학의 기본으로 자리 잡은 양자역학은 각종 미디어에서 끊임없이 콘텐츠를 생산하는 주제이고 어렵지 않게 듣게 되는 과학기술 분야가 되었다. 노벨상에 대한 관심만큼이나 양자역학에 관심을 갖게 되면 현대 과학에 시선이 닿는다. 그렇게 하나씩 관심을 가지면 알게 되고 즐거워지게 마련이다. 퀀텀도트가 그런 경로 중 하나였으면 한다.

코로나19의 게임체인저

김선자

2023 노벨생리의학상

국제 학술지 《네이처》에 따르면 노벨생리의학상은 의과학자들이 수십 년 검증을 거친 핵심 연구 성과에 주어지는데, 보통 그 기간이 평균 21년이라고 한다. 그런데 2023년 노벨생리의학상은 기존 관행을 깼다는 평가를 받고 있다. 인류를 위협하던 치명적 감염병 코로나19의 대유행 경로를 바꾼 게임체인저인 mRNA 백신이 수상했기 때문이다. mRNA 백신은 이번 코로나19 팬데믹에 처음 시도되었고 수십 년에 걸쳐 검증한 것이 아니기 때문에 당연한 평가다.

노벨생리의학상은 우리 일상생활과 가장 밀접하다. 더구나 2023년 노벨생리의학상은 실제로 우리가 경험한 일에 대한 것이기 때문에 더욱 그렇다. 수년이 걸리는 통상의 백신 개발 기간을 전례없이 단축해 우리는 1년도 채 되지 않아 백신을 접종받았다. 또한 국제 학술지 《란셋》에 따르면 코로나19 백신으로 1년간 1,980만 명의 생명을 구했다고 한다. 코로나19 팬데믹을 3년 이상 겪었으니 얼마나 많은 사람을 구했는지는 상상할 수 있겠다. 이 위대한 공에 상을 준 것이고 그 두 주인공이 바로 헝가리 세게드대학 교수이자 현 독일 화이자-바이오엔텍의 수석 부사장인 카탈린 카리코Katalin Karikó 박사와 미국 펜실베이니아대학의 드루 와이스먼Drew Weissman 교수다.

나는 사실 그들의 혁신적 연구 성과보다는 과학자로서 본인 연구에 대한 신념, 꿈과 목표를 위해 역경과 고난 속에서도 포기하지 않고 끝까지 도전해서 이뤄낸 위대한 발견이라는 점과 이를 보여준 과학자의 살아온 이야기에 더 매력을 느낀다. 인생을 살면서 수많은 만남의 순간 그리고 결심과 결정이 이루어지는데, 세상을 바꾼 두 수상자의 운명적 만남도 한몫한다. 노벨상 수상에는 늘 뒷이야기가 따르지만 이번 노벨생리의학상은 유독 흥미로운 화제가 많다.

길고 지루한 mRNA 백신의 60년 역사

바이러스를 인체에 주입해 기억시키고 이후 동일한 바이러스에 재차 노출되면 이를 기억하고 있던 면역 세포들이 바이러스를 방어하고 공격하는 것이 우리 몸의 면역 시스템이자 백신의 원리다. 이때 진짜 바이러스를 인체에 넣을 수 없으니 가짜 형태로 주입해 인체가 기억할 수 있도록 한다. 즉, 백신은 가짜 감염을 시키는 것이다. 이 가짜 감염을 위한 여러 기술이 다양한 백신 종류가 된다. 바이러스를 불활성화inactivation시킨 사백신, 약독화attenuation시킨 생백신이 옛날 방법이라면 1980년대부터는 생명공학 방식의 백신이 나왔다. 이들 백신은 주로 바이러스의 돌기 단백질을 타깃으로 하는데, 생명공학 기술로 이 돌기 단백질만을 만든 서브유닛subunit protein 백신, 속은 비어 있고 돌기와 겉모양만 만든 바이러스 유사 입자virue-like particle 백신이 있다. 이런 백신들 즉, 코로나19 이전의 백신들은 바이러스의 돌기를 단백질 형태로 넣어주는 방식이었다면 mRNA 백신을 포함한 코로나19 이후의 백신들은 돌기 단백질을 만들도록 지시하는 설계도, 즉 코딩 유전자를 넣어주는 방식이다.

돌기 단백질은 복잡해서 합성하기 어렵고 오래 걸리지만 돌기 단백질 유전자를 합성하는 건 유전정보만 안다면 실험실에서 어렵지 않게 빨리 만들 수 있다. 코로나19 mRNA 백신의 빠른 개발이 가능했던 이유가 바로 이것이다. 돌기 단백질을 만들어 세포에 넣는 것이 아니라 돌기 단백질 유전자만 넣어 세포에서 스스로 돌기가 만들어지도록 유도하는 것이다.

이 세상에 처음 나온 mRNA 백신의 연구 역사는 60년이 넘는다. mRNA는 1961년에 처음으로 발견되었다. 유전정보를 가진 DNA가 바로 단백질로 연결되는 것이 아니고, 단백질을 만들어내는 설계도 역할을 하는 mRNA가 중간 단계에 존재한다는 것을 규명한 것이다. mRNA가 세포핵에 있는 DNA의 정보를 받아 복사하고, 단백질 공장인 리보솜으로 옮기는 역할을 한다는 것을 알게 되었다. 이후 과학계는 mRNA를 다양한 질병을 치료할 의약품으로 활용할 방법을 연구하기 시작했다. 그러기 위해서는 내가 원하는 mRNA를 공장에서 찍어내듯 만들 수 있어야 했다.

1984년 드디어 mRNA를 합성(1984년 극소량의 DNA의 양을 늘리는 기법인 유전자 증폭 기술, PCR이 개발되었고, 일부 과학자들이 이 기술을 이용해 DNA 서열을 증폭하고, RNA 중합 효소를 이용해 DNA 서열에서 mRNA를 만들었다)할 수 있었다. 이제 인간이 합성한 mRNA를 세포 안에 넣으면 우리가 원하는 단백질이 만들어질까? 이 방식과 원리가 지금은 당연한 것처럼 보이지만 당시에는 확신할 수 없었다. 그러던 중 1990년 《사이언스》에 논문이 발표되었다. 쥐의 근육에 mRNA를 넣었더니 세포 안에서 원하는 단백질이 만들어졌다는 것이다. 이 연구는 바이러스나 세균 단백질이 인체에서 만들어지면 외부 물질로 인식해 면역반응을 유도할 수도 있겠다는 생각으로 이어졌다. 또한 실제로 T세포가 활성화되고 항체가 생성되었다는 연구 결과들이 나왔다. 여기까지가 1990년대 초반이었다. 이 당시 연구 결과만 보면 이미 mRNA 백신은 개발되었어야 했다. 그런데 아니었다. 순조롭게 흘러가던 연구에 장벽이 생겼다.

합성한 mRNA 전임상실험을 했는데 면역반응(선천면역반응)이 너무 과도해서 심각한 염증반응이 일어나 동물들이 살아남질 못했다. 면역반응이 지나치면 염증반응이 나타나고 원하던 단백질마저도 생성되지 않는다. 이 문제를 해결하지 않으면 인간에게 적용하지 못하기 때문에 반드시 극복해야 하는 것이었다. 사실 이때 DNA가 RNA보다 강하고 염증반응도 상대적으로 적기 때문에 mRNA 대신 DNA를 넣는 시도도 있었다. 그러나 DNA에서는 mRNA가 많이 생성되지 않았고 더불어 단백질 생성 또한 적을 수밖에 없다. 이는 이번 코로나19 백신 효율에서도 증명된다. mRNA 백신은 그대로 세포에 주입되기 때문에 빠르게 강한 면역을 얻을 수 있지만 DNA 백신은 DNA가 세포에 자리 잡은 후 mRNA를 생산하도록 하는 과정을 추가로 거쳐야 하다 보니 면역 효율이 mRNA 백신에 비해 떨어질 수밖에 없었다.

외부(합성) DNA나 RNA에 대해 선천면역반응으로 인터페론이 분비된다는 것은 1963년에 이미 발표되었고 이후 오랫동안 어떤 이유로 인터페론이 과하게 분비되는지는 몰랐다. 1990년대가 되어서야 톨 유사수용체Toll-Like Receptor(외부 DNA나 RNA를 인식해서 인터페론 같은 선천면역물질이 나오게 하는 단백질. 이 발견으로 2011년 노벨생리의학상을 수상했다)가 외부 DNA나 RNA를 인식해 과한 선천면역반응이 발생한다는 사실이 밝혀졌다.

mRNA 백신 개발을 견인한 혁신 기술

위의 결과들에 이어 합성 RNA에 대한 연구는 더 이상 진전이 없었다. 합성 mRNA의 인체 내 과도한 면역반응을 일으키는 물질(인터페론)과 그 기작(톨 유사수용체)을 밝히긴 했으나, 이를 해결할 방법을 찾는 데 난항을 겪었다. 2005년 카탈린 카리코와 드루 와이스먼의 혁신적 실험 결과가 나오기 전까지 과학계는 10여 년을 헤맸다. 그사이 대부분의 과학자가 mRNA 연구에 등을 돌렸다. 이런 어려운 상황에서도 카리코 박사는 연구를 이어나갔고 1997년, 면역학 분야의 석학인 드루 와이스먼 박사를 만나게 되면서 2005년, mRNA 분자를 일부 변형해 과도하게 선천면역반응을 일으키는 문제를 해결한 것이다.

노벨위원회에서 소개한 그들의 핵심 연구 결과를 보면 이 연구가 왜 획기적인 것인지 알 수 있다. 첫 번째 연구 논문은 2005년 《이뮤니티immunity》에 게재된 〈톨 유사수용체에 의해서 RNA가 인식되는 것을 억제: RNA의 구성 성분 변형을 통해〉다. RNA의 유전암호 염기(아데닌, 우라실, 구아닌, 시토신) 중 일부(우라실)를 변형했더니 톨 유사수용체가 인식하지 못했고 과도한 면역반응과 염증반응 또한 일어나지 않았다는 결과다. RNA의 우라실Uracil 기반 뉴클레오티드인 우리딘Uridine(RNA를 구성하는 4개의 뉴클레오티드인 아데노신, 구아노신, 사이티딘, 우리딘 중 우라실 염기를 갖는 유기 분자)을 슈도우리딘Pseudouridine으로 구조를 살짝 바꿨더니 염증반응이 없었고 단백질 생성 또한 증가시킬 수 있다는 사실을 증명했다.

2008년과 2010년에 발표된 추가 연구에서는 염기 변형을 통해 생성된 mRNA가 변형되지 않은 mRNA에 비해 단백질 생성을 현저히 증가시킨다는 것을 보여주었다. 이들 연구 결과의 핵심은 쉽게 말해 톨 유사수용체가 알아채지 못하도록 RNA 구조 일부를 살짝 변형했더니 과한 면역반응(염증반응)이 일어나지 않았고, 구조가 조금 변형되었음에도 불구하고 단백질을 생산하는 mRNA의 기능은 유지되었다는 것이다. 이는 mRNA가 어떻게 면역 체계와 상호작용하는지에 대한 이해를 근본적으로 바꾼 획기적인 발견이었다. mRNA를 치료법으로 사용하는 데 의미가 있다는 것을 시사한 중요한 결과였고 임상 적용에 있어 중요한 장애물을 제거한 결정적 순간인 것이다.

이번 노벨상 수상에 해당하는 기술은 아니지만 mRNA 백신의 또 다른 혁신 기술은 나노의학에서 나왔다. mRNA를 체내 세포 안으로 전달되는 과정에서 mRNA가 쉽게 변형 혹은 분해되는 문제를 해결한 것이다. 미국 매사추세츠 공과대학의 로버트 랭어 교수팀이 20년 이상 나노과학을 의학에 접목하는 연구를 진행하고 있었다. 머리카락 단면의 1,000분의 1인 100나노미터 크기의 나노 입자가 mRNA를 타깃 세포까지 안정적으로 전달할 수 있음을 발견한 덕에 지질나노입자Lipid nanoparticle, LNP를 mRNA 백신에 적용해 mRNA의 체내 세포로의 흡수율을 높였다.

경계를 뛰어넘는 학제 간 연구·협력

펜실베이니아 의과대학에서 시작된 카탈린 카리코와 와이스먼 이 둘의 협동 연구는 그 파급력뿐 아니라 대학에서 쫓겨날 뻔한 비전임 연구원이 노벨상 수상자가 된 성공 서사로도 큰 울림을 주고 있다.

코로나19 mRNA 백신은 유전암호 RNA에 대한 희망을 놓지 않았던 카리코 박사의 40년 연구의 결실이었다. 그녀는 23세에 세게드대학 생물학 연구소에서 박사과정을 시작해 27세에 생화학 박사 학위를 받았다. RNA에 처음 관심을 갖게 된 것도 바로 이때다. 이 대학 실험실은 자원이 부족했고 1985년 대학에서 해고되었다. 카리코는 미국으로 건너가기 위해 가족의 차를 판 돈을 두 살짜리 딸의 곰 인형에 숨겨 헝가리를 탈출했다. 미국에서의 연구 생활도 순조롭진 않았다. 앞서 이야기했듯, 1980년대 말 과학계는 치료제로 DNA에 집중했고 RNA를 치료제로 활용할 가능성이 매우 낮다고 여길 때였다.

이러한 상황에서도 카리코는 세포에 단백질을 만드는 방법을 알려주는 유전암호인 RNA에 집중했다. 그러나 체내로 주입된 RNA는 쉽게 분해되고 심각한 염증을 일으키는 문제를 안고 있어 RNA를 치료제로 개발하려는 카리코의 연구 계획서는 심사에서 계속 탈락했다. 펜실베이니아대학은 그녀를 조교수에서 연구원으로 강등시켰다. 카리코는 강등과 연봉 삭감을 받아들였다. 모두 멍청한 선택이라고 비웃었다. 자신의 실험실임에도 불구하고 연구 책임자가 누구냐는 질문으로 무시당하고 성차별도 겪었다고 한다.

그녀의 혹독한 상황은 이어졌다. 당시 암 선고를 받았으며 남편은 비자 문제로 헝가리에 갇혀 있었다. 이러한 난관에도 그녀는 연구를 이어갔다. 카리코에게 연구는 행복이며, 놀이였다고 한다. 이 같은 정신 승리를 해가던 중 우연히 만난 연구 파트너가 와이스먼이었다. 와이스먼은 보스턴대학에서 의사과학자로서, 미 국립보건원 연구실 박사후연구원을 거쳐 펜실베이니아대학의 조교수로 HIV 백신을 연구하던 면역학자였다. 이 학계의 주류인 셈이었다. 이 둘은 1997년, 복사기 앞에서 우연히 만났다.

지금 보면 결정적 순간이다. mRNA를 활용하여 백신을 만들고 싶었던 면역학자와 인체의 면역반응을 견뎌내는 RNA를 만들고 싶었던 생화학자는 '왜 실험실에서 합성한 RNA가 체내에서 이물질로 여겨져 분해되고 염증을 일으키는지'에 대한 답을 찾기 위한 유익한 협업 연구를 시작했다. 그 과정에서 드디어 2005년, 우라실 염기를 변형시키면 실험실에서 만든 mRNA가 인체에서 분해되지 않고 염증도 일으키지 않는다는 것을 발견했다. 그리고 15년 뒤인 2020년 발생한 코로나19 사태 종식의 주역인 mRNA 백신을 만들 수 있었다. 이들의 성공 스토리는 끈기 있게 호기심을 풀어가는 지난한 시간을 보내고 있을 과학자들에게 희망을 준다.

이번 mRNA 코로나19 백신을 통해 여러 교훈을 얻었다. 우선 생명현상의 근원을 밝히는 기초과학의 기반 지식이 없었다면 쉽게 개발하지 못했을 것이라는 점 그리고 생명과학, 나노과학, 의학 등 학문의 경계를 뛰어넘는 학제 간 연구와 협력, 팀사이언스를 통해 인류의 생명을 구했다는 점이다.

mRNA 백신의 잠재력

mRNA 백신은 이미 코로나19 팬데믹을 종식시킨 주역으로 인정받아 2023년 노벨상을 수상했으나 그보다 더 큰 확대 가능성에 의의가 있는 것 같다. 치료용이든 예방용이든, 원하는 단백질을 체내에서 안정적으로 만들어낼 수 있는 mRNA 기술은 생명공학과 여러 의료 분야에서 거의 무한대의 확장성을 가지며 적용되고 과학자들은 mRNA가 백신을 넘어 생명공학에 광범위한 영향을 미칠 것으로 보고 있다. 이미 인플루엔자 독감 바이러스, 지카 바이러스, 말라리아 등에 대한 mRNA 백신 임상시험이 이루어지고 인류 최대 난제인 암 백신의 가능성도 열리고 있다. 즉, 신종 감염병뿐 아니라 종양, 희귀 난치성 질환의 백신, 치료제 개발에 폭넓게 적용되며 미래 치료 기술을 주도할 것이라고 전문가들은 말한다. mRNA의 코로나19 백신급의 또 다른 활약이 기대된다.

세상에서 가장 빠른 움직임을 보는 방법

강성주 2023 노벨물리학상

인간이 눈으로 볼 수 있는 한계에 대한 논쟁

1872년 어느 날, 미국 캘리포니아주에서 경주마에 관심이 많은 사람들 사이에 논쟁이 벌어졌다. "말이 속보 또는 전속력으로 달릴 때, 네 발굽이 모두 땅에서 떨어지는가?"에 대한 것이었다. 일반적으로 말이 천천히 걸을 때는 네 발굽이 모두 떨어지는 경우가 없지만 매우 빠르게 걷는 속보와 전속력으로 달리는 경우에는 판단하기가 애매했다. 아무리 여러 사람이 눈을 부릅뜨고 확인하려고 해도 움직임이 매우 빠르고 미묘했다. 때문에 다들 서로 다른 의견을 내세웠고, 그 순간을 남긴 화가조차 말이 달리는 모습을 각기 다르게 묘사했다. 물론 당시에도 사진 촬영 기술이 있었지만, 세밀한 움직임을 포착할 정도로 발달하지 못해 사진으로도 확인할 수 없었다. 이때 이 논쟁을 해결하기 위해 한 인물이 등장한다. 바로 당시 캘리포니아 주지사를 역임했고, 후에 미국의 명문 대학으로 자리 잡은 스탠퍼드대학을 설립한 릴런드 스탠퍼드Leland Stanford다.

당시 스탠퍼드는 말이 빠르게 걷거나 달릴 때, 어느 순간엔가

네 발굽이 모두 땅에서 떨어질 것이라 했고, 다른 동료들은 네 발굽 중 한 발굽은 반드시 땅에 붙어 있을 것이라고 주장했다. 이렇게 스탠퍼드와 동료들 사이에 내기가 시작되었다. 스탠퍼드는 자신의 주장을 증명하기 위해서 개인 자금으로 연구비를 마련해 머이브리지Eadweard James Muybridge라는 사진가를 고용했다. 당시 머이브리지는 풍경과 건축물 사진으로 이미 명성을 얻은 상태였고, 1870년에는 최초로 샌프란시스코 조폐국을 짓는 장면을 일명 타임랩스Time Lapse 방법으로 촬영해 건축 상황을 기록하여 화제를 불러일으켰다. 현재 모든 사람이 스마트폰으로 손쉽게 이용하는 타임랩스는 일정한 시간 간격에 따라 간헐적으로 사진을 찍어 긴 시간을 짧은 시간 내에 보여주는 기법이다. 스탠퍼드가 머이브리지를 고용한 이유도 그가 가진 사진술에 대한 과학적인 접근 방식 때문이었다.

머이브리지는 오랜 기간 찰나의 순간을 촬영하기 위해 실패에 실패를 거듭하다가 마침내 1878년 새로운 촬영법을 개발했다. 경주 트랙을 따라 12대의 카메라를 일정한 간격으로 세워놓고 말이 지나가는 순간에 순차적으로 촬영하는 방식이었다. 그리고 더 정확한 순간의 포착을 위해서 셔터 속도를 개선하여 0.002초 내로 움직이는 촬영까지 가능하게 만들었다. 이렇게 머이브리지는 말이 달리는 구간에 얇은 전선을 설치하여 말이 달려가면서 전선을 끊으면 매우 빠른 셔터 속도를 가진 카메라가 자동으로 촬영하는 방식을 만들어 냈다.

스탠퍼드와 동료들의 이 유쾌하면서도 모두가 궁금해했던 내기는 전 세계 언론의 관심을 끌며 널리 보도되었다. 움직이는 사진에 대한 사람들의 관심이 본격화되기 시작한 것이다. 이 실험을 통해 얻은 12장의 사진은 말이 달리는 순간의 세부 모습이 완벽하게

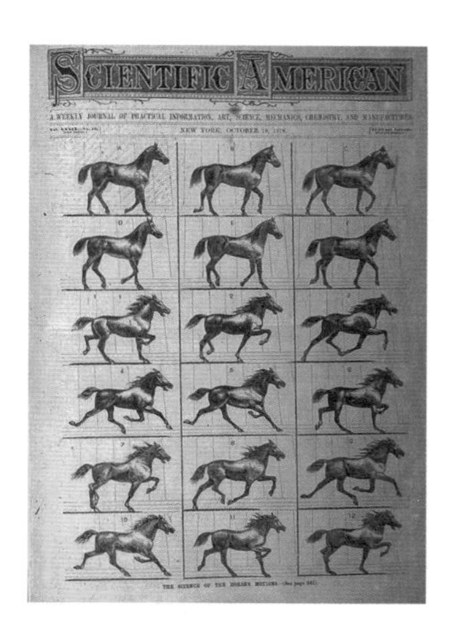
SCIENTIFIC AMERICAN

A WEEKLY JOURNAL OF PRACTICAL INFORMATION, ART, SCIENCE, MECHANICS, CHEMISTRY, AND MANUFACTURES

NEW YORK, OCTOBER 19, 1878.

⟵ 1878년 《사이언티픽 아메리칸》 10월 호의 표지. 머이브리지가 촬영한 이 사진으로 말발굽 논쟁이 종료되었다.

포착되었으며, 많은 논쟁에 대한 해답을 제시했다. 그리고 이 12장의 말 사진은 《사이언티픽 아메리칸Scientific American》 1878년 10월 호의 표지 사진으로 선정되면서 학술적으로도 인정을 받기 시작했다. 흔히 말하는 인류 최초의 '짤'은 이렇게 탄생했다.

2023 노벨물리학상, 미시 세계의 움직임에 주목하다

매년 10월 첫째 주 월요일, 전 세계의 이목이 노벨상으로 집중된다. 노벨생리의학상으로 시작해 물리학상, 화학상, 문학상, 평화상 그리고 경제학상을 마지막으로 노벨상 발표 주간이 마무리된다. 우리나라에서는 매년 기대가 아쉬움으로 바뀌는 순간이지만, 올해는 어떤 연구가 인류 발전에 공헌했는지, 중요한 연구 결과에 대한 공로를 인정받는 순간이기도 하다. 2023년 노벨물리학상은 실험을 통해 전자의 매우 빠른 움직임을 스냅샷으로 찍을 수 있을 만큼 짧은 빛의 섬광flash을 만들어낸 안 륄리에Anne L'Huillier, 피에르 아고스티니 Pierre Agostini 그리고 페렌츠 크러우스Ferenc Krausz 이렇게 3명의 물리학자에게 돌아갔다. 앞서 말한 스탠퍼드와 머이브리지의 말발굽 논쟁에서 우리가 말의 빠른 움직임을 알아보기 위해 새로운 기술을 개발했듯이, 원자보다 더 작은 세계에서 전자의 움직임을 확인할 가능성을 실험적으로 증명해낸 것이다.

인간의 감각으로는 빠른 동작은 흐릿하게 보이고, 매우 짧은 시간 동안 벌어지는 움직임은 관측이 불가능하다. 벌새의 경우 1분에 60번에서 80번 날갯짓을 하지만 우리는 그저 빠르게 움직일 때 들리는 소리와 눈에 남는 잔상만으로 그 속도를 어느 정도 감지할 수 있을 뿐이다. 앞서 언급한 말발굽 논쟁도 말의 빠른 움직임을 인간이 감지하기 어려운 한계 때문에 시작되었고 이를 해결하기 위해 머이브리지의 특별한 촬영 기술이 도입되었다. 이처럼 다큐멘터리 프로그램 등에 자주 등장하는 초고속 카메라를 통해 우리는 일상의 빠른 움직임을 대부분 확인할 수 있다. 이 초고속 카메라는 벌새의 날갯짓 한 번보다 더 짧은 시간을 갖는 셔터 속도에 따른 노출을 통해 벌새의 움직임을 자세히 관측할 수 있게 해주는데, 움직임이 빠르면 빠를수록 더 짧은 순간을 포착할 기술이 필요함은 자명하다.

일반적으로 눈으로 관측할 수 있는 현상은 초 단위이며, 순간을 포착할 수 있는 카메라의 경우 1,000분의 1초인 밀리초milli-second, 10^{-3}s의 움직임까지 확인할 수 있다. 그리고 초고속 카메라의 경우 100만 분의 1초인 마이크로초micro-second, 10^{-6}s 단위까지 확인할 수 있다. 컴퓨터나 반도체 등의 전기회로에서 신호가 전달되는 속도는 10억 분의 1초인 나노초nano-second, 10^{-9}s 단위다. 이렇게 나노초의 단위에서 일어나는 여러 현상은 오실로스코프라고 하는 측정 장비를 이용하면 관측 가능하다.

이제 과학자들은 일상생활을 넘어선 더 작은 세계, 미시의 세계에서 일어나는 움직임을 관측하고자 했다. 미시 세계의 여러 일은 거시 세계에서 발생하는 현상과 매우 다르게 작용하므로 미시 세계의 움직임이 거시 세계와 어떻게 다른지 과학자들은 매우 궁금했다. 하지만 미시 세계의 움직임은 매우 빠르기 때문에 모든 측정에 대해 대상이 변하는 시간보다 더 빠른 시간 안에 측정할 수 있어야 한다. 그렇지 않으면 결과가 매우 모호해지기 때문이다. 2023년 노벨물리학상을 수상한 과학자들은 원자와 분자 내부에서 일어나는 많은 과정을 이미지로 포착할 수 있을 만큼 짧은 빛의 펄스를 생성하는 방법을 만들어내는 실험에 성공했다.

분자 내부에서 발생하는 많은 현상이 일어나는 순간은 매우 짧다. 분자를 이루는 원자가 회전하고 진동하는 순간의 시간은 1조 분의 1을 나타내는 피코초pico-second, 10^{-12}s 단위에서 이루어지고 분자가 원자 단위로 해리되는, 예를 들면 전기분해로 인해 물 분자가 산소와 수소 원자로 분해되는 과정이 일어나는 순간은 1,000조 분의 1인 펨토초femto-second, 10^{-15}s 단위에서 일어난다. 이렇게 분자의 회전이나 해리 현상 같은 반응은 펨토초 레이저라는 특별한 장비를 이용해 관측이 가능하다.

하지만 원자 내부에서 일어나는 전자의 움직임, 원자 내의 전자 동역학을 보기 위해서는 펨토초 레이저로도 관측이 모호해진다. 원자 내부의 세계에서 움직이는 전자는 그 위치와 에너지가 아토초atto-second, 10^{-18}s의 단위에서 변화하는데, 아토초는 100경 분의 1초를 의미한다. 이 아토초가 얼마나 작은 단위인지 실감하기가 어려운데, 138억 년의 우주 나이를 초로 변환했을 때, 그 초의 양만큼 아토

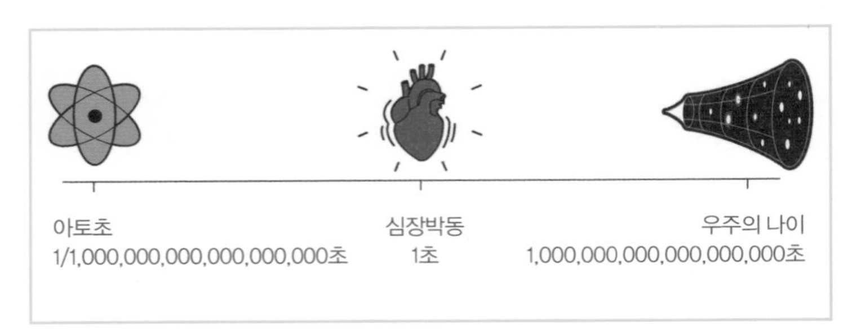

↑ 아토초의 크기. 원자와 분자 내에 존재하는 전자의 움직임은 매우 빨라서 아토초 단위에서만 측정 가능하다. 아토초가 1초가 되기 위해서는 우주의 나이를 초로 변환한 양만큼의 아토초가 필요하다.

초가 모여도 1초가 채 되지 못한다. 흔히 찰나의 시간이라고 부르는 그 순간이 바로 아토초를 의미하기도 한다.

사실 인공적으로 오랫동안 유지되는 매우 짧은 빛은 펨토초까지가 한계라 여겨졌다. 기존의 관측 한계는 조금씩 기술과 이론의 발전으로 넘어설 수 있었지만, 전자의 움직임을 관측하기 위해 필요했던 아토초의 한계는 당시의 기술과 이론으로는 한동안 극복할 수 없었기 때문이다. 따라서 당시 이를 해결하고자 했던 많은 연구자는 기존의 관측 방법이 아닌 완전히 새로운 기술이 필요하다는 것에 동의했고, 3명의 2023년 노벨물리학상 수상자는 아토초 물리학attosecond physics이라는 새로운 연구 분야를 실험적으로 개척했다.

더 짧게 그리고 더 짧은 빛을 향해

빛은 진공에서 그 어떤 존재보다 빠르게 움직이는 전자기파다. 특정 주파수로 진동하는 파동으로 구성된 빛은 특정한 파장을 갖고 이에 따라 특정한 색을 띤다. 예를 들어서 붉은빛의 파장은 대략 700나노미터인데, 이 길이는 머리카락 두께의 몇백 분의 1이며, 대략 1초에 429조 번의 진동수를 가지는 특성을 보인다. 우리가 흔히 레이저LASER라고 부르는 빛이 이렇게 짧은 펄스를 만들어내고, 이 레이저 시스템에 사용되는 파장의 주파수가 1펨토초 이하로 내려갈 수 없다. 따라서 1980년대 이후에는 이 레이저를 이용한 펨토초의 진동수를 가진 빛이 인류가 만들 수 있는 가장 짧은 파장으로 여겨졌던 것이다. 레이저는 'Light Amplification by Stimulated Emission of Radiation'의 준말로 복사 유도에 의한 빛의 증폭이라는 의미를 갖는 물리적 현상을 이른다. 일상적으로는 이 물리적 현상을 이용해 만들어진 강력하고 집적성, 고출력을 가진 단색광을 내는 장치를 간단히 레이저라고 부른다. 그렇다면 레이저는 어떻게 짧은 펄스의 빛을 만들어낼 수 있는 것일까?

레이저가 짧은 빛을 만들어내기 위해서는 먼저 3가지 조건이 필요하다. 먼저 결맞음성coherence이 있어야 하고, 넓은 스펙트럼을 가져야 하며, 파장의 위상을 제어하는 기술이 있어야 한다. 결맞음성이란 파동이 간섭현상을 일으켜서 가지런히 정렬되는 상태를 말하는데, 결맞음이 잘되어 있을수록 간섭현상이 잘 일어나 보강 간섭을 일으키며 레이저같이 강한 빛이 발생한다. 이 결맞음성은 위상의 제어와 관련이 있는데 결맞음성이 높을수록 위상이 고정되어 있다. 반면 백열등이라든지, 태양 빛 같은 경우는 내부에 수많은 원자가 요동치면서 각자의 개별 위상으로 빛을 방출하기 때문에 결맞음이 없다. 따라서 레이저처럼 강한 빛을 내는 광원은 일반적으로 간섭효과를 통해 위상이 고정되어 결맞음이 잘 일어나는 상태이고 이때 스펙트럼이 넓으면 넓을수록 불확정성의 원리에 따라 매우 짧은 순간에 일어나는 빛의 펄스를 만들 수 있다. 따라서 레이저를 잘 이용하면, 파장이 매우 짧은 빛을 생성할 수 있는 것이다.

수학적으로 봤을 때, 이론적으로는 광원이 움직일 수 있는 길이, 빛의 파장 그리고 진폭을 적절히 이용하면 어떠한 종류의 파형도 만들 수 있다. 이렇게 레이저를 사용하면 다양한 종류의 펄스를 생성할 수 있는데, 예를 들어 기타 줄의 한쪽 끝을 잡고 다른 쪽의 기타 줄을 튕기면, 기타 줄은 위아래로 흔들리면서 파장을 만든다. 이 파장은 기타 줄을 얼마나 강하게 튕겼는지, 얼마나 빠르게 튕겼는지에 따라 다르게 생긴다. 이렇게 다양한 주법으로 기타 줄의 다양한 파장을 조합하여 조화파overtone라는 것을 만들어내고, 이것이 기타 연주의 멜로디가 되는 것이다.

이제 이 기타 줄을 원자에 있는 전자에 비유하면 레이저는 원자의 전자를 강하게 튕겨서 움직이게 하고, 이렇게 움직인 전자가 원래 자리로 돌아오려고 할 때 매우 짧은 시간 동안의 빛, 다시 말해 펄스를 방출한다. 2023년에 노벨물리학상을 받은 과학자들은 이렇게 방출되는 펄스의 길이를 아토초 단위로 짧게 만들어낼 방법을 실험적으로 증명한 것이다. 레이저를 사용하는 이유는 원자의 전자를 매우 빠르고 강하게 튕겨낼 수 있기 때문이다. 다른 방법으로는 원자의 전자를 이렇게 강하게 튕겨낼 수 없기 때문에 아토초 단위의 매우 짧은 빛의 펄스를 생성하기 위해서는 레이저가 필요한 것이다.

원자 단위의 크기에서 전자의 움직임을 관측하기 위해서는 이렇게 아토초 단위의 펄스가 필요한데, 앞서 말한 여러 파장을 조합해서 매우 짧은 빛을 만들어내기 위해서는 레이저 이외에 다른 재료가 필요하다. 현재까지 연구된 여러 방법 중에서 가장 짧은 빛을 만드는 방법은 레이저를 기체에 통과시키는 것이다. 이렇게 레이저의 빛은 기체 속 원자와 상호작용을 하면서 여러 조화파를 발생시킨다.

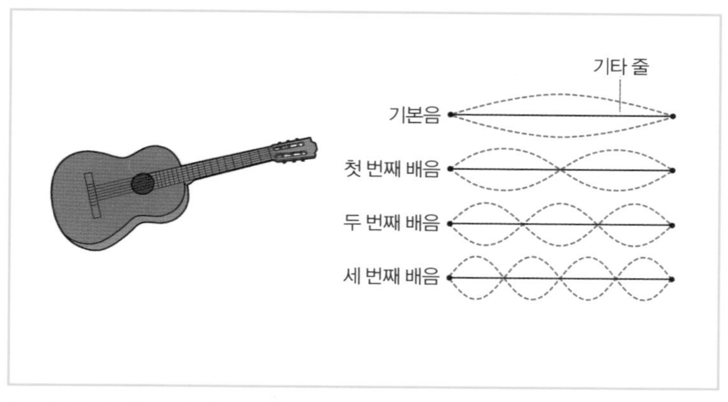

배음은 기본음보다 높은 정수 배의 진동수를 갖는 모든 음을 뜻한다. 빛의 파동에서 배음과 같은 원리로 만들어지는 파동을 조화파라고 부른다.

이 조화파는 악기에서 각기 다른 음정을 만드는 파동이라고 생각하면 이해에 도움이 될 것이다.

1987년, 안 륄리에 박사와 동료 연구진은 적외선 레이저를 비활성가스noble gas에 통과시켜 조화파를 만들어낼 수 있음을 증명했다. 앞서 짧은 파장의 빛을 발생시키기 위한 조건으로 넓은 스펙트럼이 필요하다고 언급했는데, 적외선 레이저는 일반 레이저, 즉 가시광선 레이저보다 파장이 길어서 더 강력하고 다양한 종류의 조화파를 만들어낼 수 있다. 계속된 연구를 통해, 안 륄뤼에 박사팀은 기존의 한계라고 느껴졌던 펨토초의 벽을 드디어 깰 수 있는 이론적 기반을 마련하게 되었다.

전자의 양자역학적 현상과 조화파

레이저가 비활성가스를 통과하는 동안 가스 원자에 레이저 빛이 닿으면 원자에 전자기적인 진동이 생긴다. 다시 말해 원자가 레이저 빛에 흔들린다는 것이다. 이 경우 원자핵의 전자기장에 구속되어 있던 전자는 전자를 구속하던 전자기장에 변형이 생기면서, 원자핵에서 탈출할 수 있게 된다. 이러한 현상을 양자적 현상으로 터널링 효과라고 부른다. 그러나 레이저는 계속 원자의 전자기장에 변형을 주게 되고 일시적으로 탈출했던 전자는 다시 원래의 속박된 상태로 돌아오게 된다(373쪽 그림 참고). 이렇게 전자가 잠시 탈출하는 동안 레이저 빛으로부터 에너지를 받은 전자는 핵에 다시 구속되면서 여분의 에너지를 방출한다. 이때 전자로부터 방출되는 에너지가 실험에서 증명된 조화파다.

빛의 에너지는 파장과 밀접한 연관이 있다. 전자가 조화파 형식으로 방출하는 에너지는 자외선 영역에 해당하며, 인간이 볼 수 있는 가시광선 영역보다 짧은 파장을 가진다. 이 에너지는 레이저로부터 얻은 에너지이기 때문에 조화파의 진동은 사용된 레이저의 파장에 비례하게 된다. 따라서 레이저와 반응하는 여러 종류의 원자에서 발생한 빛의 파장은 다양한 종류의 특정 파장을 가진 에너지를 보인다.

일단 이런 여러 종류의 조화파를 만들어낸 후 이 조화파를 서로 반응시키면 서로 간섭을 일으킨다. 따라서 상쇄 간섭이 일어나는 영역과 보강 간섭이 일어나는 영역이 발생하면서 상쇄 간섭이 일어나는 영역에서는 빛의 진폭이 없어지거나 작아지고 보강 간섭이 일어나는 영역에서는 진폭의 크기가 커지는 현상이 발생한다. 적절한 몇 개의 조화파를 사용한다면, 자외선 빛 영역만 나타나는 새로운 조화파를 만들 수 있는데, 이 조화파의 크기가 바로 아토초의 길이와 같게 된다. 물리학자들은 1990년대에 이렇게 아토초 영역의 파장을

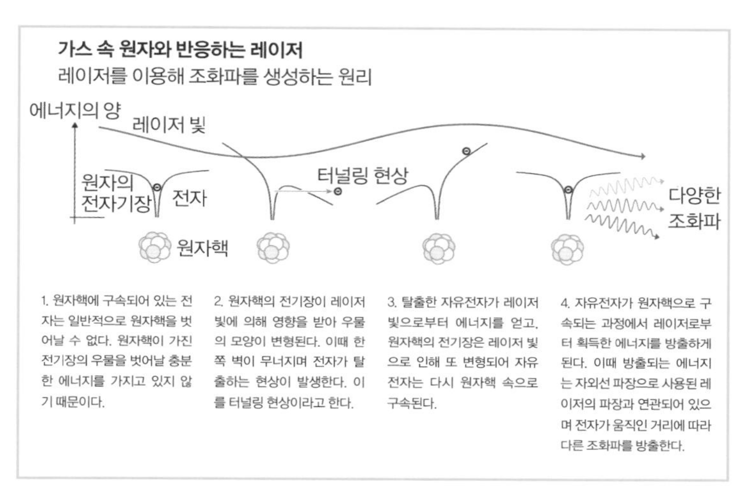

↑ 전자의 터널링 현상. 레이저의 빛이 원자에 구속된 전자가 탈출하도록 도와 다양한 조화파를 생성할 수 있다.

갖는 빛을 생성할 수 있다는 이론에 동의했지만 실제로 이 이론이 검증되고 증명이 된 것은 2001년이 되어서였다.

프랑스의 피에르 아고스티니 박사와 그의 동료들은 이 아토초 단위의 짧은 파장을 가진 빛의 펄스를 연속적으로 만들어내는 데 성공했다. 아고스티니 박사의 연구 그룹은 '펄스열'이라고 이름 붙여진 특별한 기술을 이용해서 생성된 조화파들의 위상을 확인하여 만들어진 아토초 펄스가 가능한 오래 지속될 수 있도록 연구했다. 그리고 250아토초 동안 유지될 수 있음을 확인했다. 동시에 오스트리아의 페렌츠 크러우스 박사와 그의 연구 그룹은 1개의 펄스를 분리해내는 실험을 진행하고 있었다. 마치 많은 화물칸으로 연결된 화물 기차의 한 량을 떼어서 다른 화물 기차에 연결하는 것과 같은 실험이었다. 크러우스 박사의 연구 그룹은 이 펄스를 분리하는 실험에 성

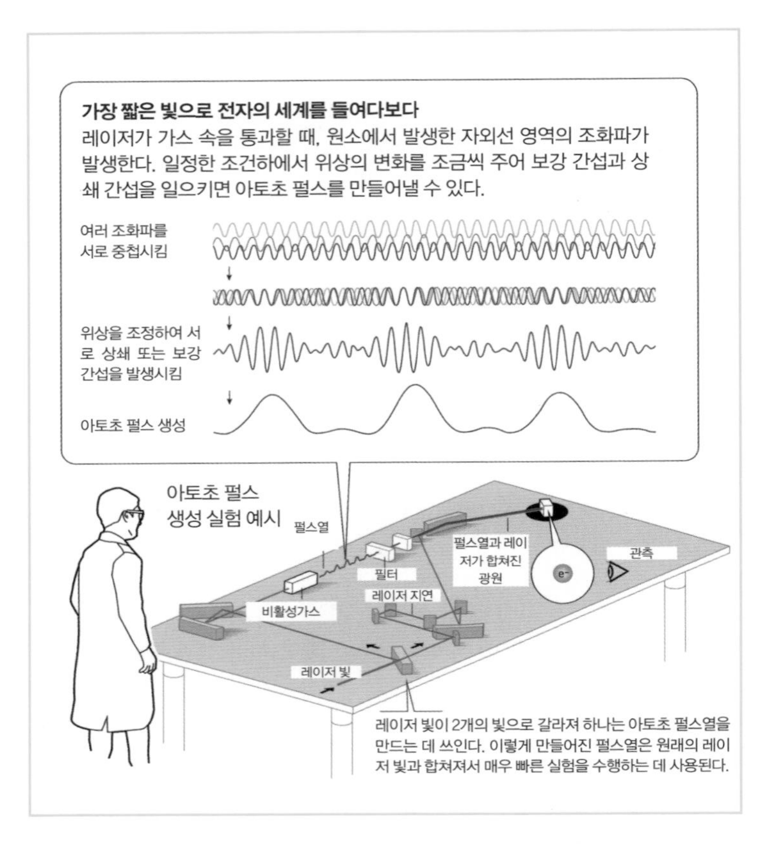

↑ 아토초를 생성하는 실험 장비의 예시. 레이저 빛을 둘로 나누어 펄스열을 생성한 후 펄스열과 레이저를 합쳐서 아토초 펄스를 만들어내 전자의 운동을 관측할 수 있다.

공해 650아토초 동안 펄스가 지속되도록 하는 데 성공했고, 이 펄스를 이용해 원자에서 전자가 분리되는 과정을 관찰할 수 있었다. 일련의 실험을 통해 아토초 펄스를 만들어내는 데 성공하면서, 새로운 관측 연구에 사용할 수 있다는 점을 증명했다.

이렇게 물리학에서는 새로이 펨토초를 넘는 아토초의 세계가 등장했다. 실험을 통해 관측된 매우 짧은 파장의 펄스를 이용해서 전자의 움직임을 관측하는 일이 가능하게 된 것이다. 현재까지는 수백 아토초 단위를 가진 파장을 만들어내는 데 그쳤지만, 이제는 수십 아토초 단위의 파장을 위해 지금도 많은 연구자가 노력하고 있다.

미시 세계의 관측 활용을 넓히다!

아토초 펄스를 만들어내는 데 성공하면서 드디어 원자에서 전자가 떨어져 나갈 때 걸리는 시간을 측정할 수 있게 되고, 원자핵의 종류에 따라 전자가 떨어지기까지 걸리는 시간이 얼마나 달라지는지도 확인할 수 있게 되었다. 이전까지는 단순히 평균값을 구하는 데 그쳐, 전자의 정확한 위치나 에너지값을 찾아내기는 힘들었다. 그러나 아토초 펄스를 이용해 분자 내에서 전자가 어떻게 진동하는지, 심지어는 어느 위치로 이동하는지도 재현할 수 있게 되었다.

아토초 펄스는 물질의 내부에서 일어나는 많은 과정을 확인할 수 있게 해줌으로써 원자와 분자 내에서 발생하는 세밀한 물리적 현상을 알 수 있게 했다. 그뿐 아니라 여러 전자 기기와 세포 내 현상을 분석하게 함으로써, 의학계에서도 매우 유용하게 활용 가능하다. 예를 들어 아토초 펄스를 이용해 분자들로부터 나오는 신호를 분석해, 그 분자의 특성과 구조를 확인할 수 있고 이를 이용해 의학적으로 진단, 치료할 수 있는 등 넓은 응용 분야에서 사용 가능한 것이다.

노벨상은 인류의 지식과 복지를 향상시킨 위대한 발견과 업적을 기리기 위해 수여된다. 그리고 단순히 개인의 성과를 인정하는 것을 넘어, 전 세계에 걸쳐 연구와 혁신의 불을 지피고 지속적으로 세상을 보는 눈을 새롭게 할 연구가 이어지도록 동기를 부여하기도 한다. 그동안 노벨상 수상자들은 그들의 탁월한 연구 성과로 인해 우리가 살아가는 세계를 발전시켰고, 그들의 유산은 후대에 이르기까지 계속해서 영향을 주고 또 후속 연구자들에게 영감을 주었다. 이번 아토초 펄스에 관한 연구 또한 그동안 알 수 없었던 미지의 세계를 실질적으로 탐구할 수 있는 가능성을 열었다는 점에서 노벨물리학상에 더없이 어울리는 성과라 할 수 있을 것이다. 과연 내년에는 또 어떤 연구가 인류의 세상을 밝힐지, 벌써 궁금해진다.

참고 자료 및 그림 출처

참고 자료

CHAPTER 1. 화학

| 탄소의 새로운 발견, 그래핀 |

김지원, 〈이그노벨상, 노벨상 둘다 받은 괴짜 과학자〉, 《경향신문》, 2021년 10월 23일 자

고석현, 〈에디슨을 넘본다… 21세기 황금 '그래핀' 혁명 일궈〉, 《중앙일보》, 2022년 12월 16일 자

'Graphene–the perfect atomic lattice.' THE NOBEL PRIZE Illustrated information, November 12, 2023, url: https://www.nobelprize.org/prizes/physics/2010/illustrated-information/

A. K. Geim. and K. S. Novoselov. (2007). "The rise of graphene". *Nature*, 6, pp.183~191

David H. Freedman. "With a simple twist, a 'Magic' material is now the big thing in physics". *Quanta Magazine*. April 30, 2019

Pradeep Mutalik. "When magic is seen in twisted graphene, That's a moiré". *Quanta Magazine*. June 20, 2019

정재일, 〈그래핀 무아레 무늬의 마법〉, 《HORIZON》, 2020년 2월 27일 자

| 리튬과 전고체 전지 |

'양극성 장애.' 서울아산병원 질환백과, 2023년 11월 12일, url: https://www.amc.seoul.kr/asan/healthinfo/disease/diseaseDetail.

do?contentId=31580

Edward Shorter. (2009). “The history of lithium therapy”. *Bipolar Disord*, 11(Suppl 2), pp.4~9

‘The Nobel Prize in Chemistry 2019; They developed the world’s most powerful battery.’ THE NOBEL PRIZE Popular information, November 12, 2023, url: https://www.nobelprize.org/prizes/chemistry/2019/popular-information/

김영식, 〈리튬이온전지의 원리와 탄생, 그리고 노벨상〉, 《HORIZON》, 2020년 3월 25일

‘만일의 화재를 예방하는 전기차 화재안전관리.’ 한국자동차환경협회, 2023년 11월 12일, url: https://blog.naver.com/kaea1221/222714468536

이강수, 박정원, 《기술동향 전고체 배터리》, KISTEP, 2022

김광만, 오지민, 신동옥, 김주영, 이영기, 〈차세대 리튬이차전지용 고체 전해질 기술〉, 《전자통신동향분석》 제36권 3호, 2021, pp.76~86

J.-M. Tarascon. and M. Armand. (2001). “Issues and challenges facing rechargeable lithium batteries”. *Nature*, 414, pp.359~367

Yong-Gun Lee, Satoshi Fujiki, Changhoon Jung, Naoki Suzuki, Nobuyoshi Yashiro, Ryo Omoda, Dong-Su Ko, Tomoyuki Shiratsuchi, Toshinori Sugimoto, Saebom Ryu, Jun Hwan Ku, Taku Watanabe, Youngsin Park, Yuichi Aihara, Dongmin Im & In Taek Han. (2020). “High-energy long-cycling all-solid-state lithium metal batteries enabled by silver-carbon composite anodes”, *Nature Energy*, 5, pp.299~308

최만수, 〈SK, 98세 노벨상 수상자와 차세대 배터리 개발〉, 《한국경제》, 2020년 7월 30일 자

황규락, 〈97세때 최고령 노벨상 받은 '리튬이온 배터리 아버지'〉, 《조선일보》, 2023년 6월 28일 자

| 보이지 않는 일꾼, 자석과 초전도체 |

정완상, 《길버트가 들려주는 자석이야기》, 자음과모음, 2010

F. 비터, 지창렬, 《자석 이야기》, 전파과학사, 2019

김갑진, 《마법에서 과학으로: 자석과 스핀트로닉스》, 이음, 2021

'Magnet.' Wikipedia, November 12, 2023, url: https://en.wikipedia.org/wiki/Magnet

이근우, 권해웅, 〈한국사 속의 자기 관련 기록에 대한 조사 연구〉, 《한국자기학회지》, vol. 23, no. 4, 2013, pp144~148

이정아, 〈"자석으로 통증 고친다?" 효능 의문 효도상품 건강 자석목걸이〉, 《동아사이언스》, 2019년 9월 16일 자

'초전도체(superconductor).' 네이버 지식백과: 화학백과, 2023년 11월 12일, url: https://terms.naver.com/entry.naver?docId=5827649&cid=62802&categoryId=62802

이석배, 김지훈, 임성연, 안수민, 권영완, 오근호, 〈상온상압 초전도체(LK-99) 개발을 위한 고찰〉, 《한국결정성장학회지》, vol. 33, no. 2, 2023, pp.61~70

'상온 초전도체 시대 열릴까.' 네이버 지식백과: 강석기의 과학카페, 2023년 11월 12일, url: https://terms.naver.com/entry.naver?docId=6480758&cid=67309&categoryId=67309

이준기, 〈MIT·초전도 연구 30년 한우물 "확고한 꿈 있어야 실패도 극복"〉, 《디지털타임스》, 2021년 9월 28일 자

이영완, 〈상온 초전도 이번은 진짜일까, 논문 철회됐던 연구진 또 발표〉, 《조선

비즈》, 2023년 3월 9일 자
김형자, 〈100년의 난제, 상온 초전도 시대 열리나?〉, 《주간조선》, 2750호, 2023년 3월 24일 자
이철호, 〈상온 초전도체의 꿈〉, 《문화일보》, 2023년 8월 7일 자
이영완, 〈한국 연구진의 상온 초전도체, 무엇이 문제일까〉, 《조선비즈》, 2023년 8월 8일 자
이덕환, 〈'LK-99 초전도체'… 한 여름밤의 꿈 되나〉, 《주간조선》, 2023년 8월 13일 자
권상집, 〈'21세기 연금술' 초전도체의 첫 문을 연 한국〉, 《시사저널》, 1766호, 2023년 8월 20일 자
'초전도이야기.' 한국초전도학회, 2023년 11월 12일, url: http://acoms.atit.co.kr/~kss1/7s_2.html
'High-Temperature Superconductor.' Wikipedia, November 12, 2023, url: https://en.wikipedia.org/wiki/High-temperature_superconductivity
O. Gingras. (2022). "La supraconductivité non-conventionnelle du ruthénate de strontium: corrélations électroniques et couplage spin-orbite". *Faculté des Arts et des Sciences*. Montréal, Canada

CHAPTER 2. 생명과학

| 줄기세포 연구의 진화 |

한국연구재단, 〈줄기세포 및 오가노이드〉, 《R&D Brief: 기초연구본부 선정

R&D 이슈 연구동향》, 2021-23호, 2021
국가생명공학정책연구센터, 〈ISSCR 2023을 통해 본 줄기세포 R&D 트렌드〉, 《BioINwatch》, 2023
조현수, 〈바이오리포트: 줄기세포 유래 오가노이드의 개발과 미래〉, 《바이오인》, 국가생명공학정책연구센터, 2021
오태광, 〈줄기세포 기술발전의 최근 동향과 시장전망〉, 《바이오인》, 국가생명공학정책연구센터, 2019
권혁진, 〈CAR-T 한계 극복 'CAR-NK'는 어디까지 왔나〉, 《약업신문》, 2023년 9월 26일 자
'미래의 유전자 치료약: 줄기세포의 미래.' 국가과학기술연구회, 2023년 11월 12일, url: https://blog.naver.com/nststory2014/223192265387
이승준, 〈오가노이드를 활용한 치료제 개발 동향〉, 《BRIC View 동향리포트》, BRIC, 2018
'유전자 편집기술 크리스퍼 시스템과 인간 유도만능줄기세포의 환상적인 만남.' 자연과학, 2023년 11월 12일, url: https://blog.naver.com/chayon_lab/222888102213

| 차세대 백신 |

김선형, 정희진, 〈차세대 백신기술 동향〉, 《BRIC View 동향리포트》, BRIC, 2023
국가생명공학정책연구센터, 〈기존 백신의 단점을 보완한 2세대 코로나19 백신 개발 가시화〉, 《BioINwatch》, 2021
이정아, 〈이정아의 미래병원: 감염질환부터 우울증·트라우마까지 잡는 백신〉, 《동아사이언스》, 2020년 1월 12일 자

황진중, 〈백신도 진화한다… 2세대 코로나19 백신 개발 박차〉, 《이코노믹 리뷰 바이오》, 2021년 4월 11일 자

Elie Dolgin. "How COVID unlocked the power of RNA vaccines". *Nature*, 12 January 2021

'키메라 백신 개발.' 네이버 지식백과, 2023년 11월 12일, url: https://terms.naver.com/entry.naver?docId=3581182&cid=58943&categoryId=58966

최인준, 〈"모든 바이러스 꼼짝 마"… 독감 '꿈의 백신' 나온다〉, 《조선비즈》, 2018년 1월 18일 자

정민준, 〈mRNA 백신 잇는 '차세대 백신'들의 효과는?〉, 《청년의사》, 2023년 1월 16일 자

| 유전자 편집 기술의 최전선에서 |

박도영, 〈브로드연구소, 새 유전자 편집기술 공개… "알려진 변이 89%까지 교정할 수 있다"〉, 《메디게이트뉴스》, 2019년 10월 24일 자

최지원, 〈3.5세대 유전자 가위 '베이스 에디터', 3D 지도로 정확도 높인다〉, 《한국경제》, 2020년 7월 31일 자

남궁석, 〈이달의 논문 리뷰: 크리스퍼 유전자가위의 현주소〉, 《한국경제》, 2020년 12월 24일 자

최지원, 〈과학에서 산업찾기: 희귀질환의 라이징 스타, 4세대 유전자 가위 '베이스 에디터'〉, 《한국경제》, 2021년 2월 23일 자

김진수, 〈김진수의 미래를 묻다: 유전자가위 든 인간, 진화의 설계자가 되다〉, 《중앙일보》, 2021년 6월 14일 자

유용하, 〈부작용 없이 모든 암세포 제거하는 만능치료법 나왔다〉, 《서울신문》,

2022년 2월 23일 자
조승한, 〈인간 유전체 풀리지 않던 '8% 빈칸' 모두 채웠다〉, 《동아사이언스》, 2022년 4월 4일 자
강영진, 〈10년전 처음 발표된 유전자편집 기술 어디까지 왔나〉, 《뉴시스》, 2022년 6월 28일 자
구효정, 〈크리스퍼 유전자 치료: 유전체를 손상할 수 있다〉, 《월간암》, 2022년 9월 20일 자
박정연, 〈국내 연구진, 세계 최고 수준 차세대 유전자가위 설계기술 개발〉, 《동아사이언스》, 2023년 4월 29일 자
김영훈, 〈유전자 조작으로 초능력자 낳고 싶은가?〉, 《코메디닷컴》, 2023년 6월 5일 자
황규락, 〈유전자 가위 적용한 첫 치료제… 올해 美서 허가될 듯〉, 《조선일보》, 2023년 8월 17일 자
박정연, 〈표지로 읽는 과학: 암세포의 생존 방식, 최신 염색체 분석법으로 확인〉, 《동아사이언스》, 2023년 8월 27일 자
박정연, 〈크리스퍼 유전자 가위보다 정밀한 기술로 백혈병 치료 도전〉, 《동아일보》, 2023년 9월 22일 자
김형범, 〈고성능 프라임 에디터(유전자가위)를 설계할 수 있는 인공지능(AI) 모델 개발〉, 《BioINwatch》, 국가생명공학정책연구센터, 2023년 8월 14일 자
윤고은, 〈중국, 인간·동물·AI 등 과학연구에 '윤리 심사' 도입〉, 《연합뉴스》, 2023년 10월 11일 자
정유경, 황규호, 배상수, 〈프라임 에디팅 유전자 교정기술 소개와 전망〉, 《바이오인프로》 78호, 2020
김무웅, 이현희, 〈크리스퍼(CRISPR) 유전자 편집기술, 유전적 예방 접종 시대

를 열까?〉,《BioINwatch》23-18, 2023
욜란다 리지, 이충호,《좋을지 나쁠지 어떨지 유전자가위 크리스퍼》, 서해문집, 2021
송기원,《송기원의 포스트 게놈 시대》, 사이언스북스, 2018
제니퍼 다우드나, 새뮤얼 스턴버그, 김보은,《크리스퍼가 온다》, 프시케의숲, 2018
'BioIN.' 2023년 11월 12일, url: https://www.bioin.or.kr/
'National Library of Medicine.' November 12, 2023, url: https://www.ncbi.nlm.nih.gov/pmc/articles/PMC6535181/

| 신경전달물질과 마약 |

애나 렘키, 김두완,《도파민네이션》, 흐름출판, 2022
오후,《우리는 마약을 모른다》, 동아시아, 2023
김소연,〈공부 잘 하는 약의 진실〉,《과학동아》2023년 5월 호, 동아사이언스
백지현,〈중독성 질환에서의 도파민 신호조절〉,《한국분자세포생물학회 웹진》2023년 10월, 한국분자·세포생물학회
정희영,〈과도한 도파민, 뇌에 그대로 남아… 마약 중독땐 신경 영구손실〉,《매일경제》, 2022년 11월 7일 자
'러너스 하이란?' 삼성서울병원 골관절센터 스포츠의학센터, 2023년 11월 12일, url: http://www.samsunghospital.com/dept/blogBoard/blogView.do?dist_cd=$%7Bdist_cd%7D&brd_seq=27477&cPage=1&catg_id=&DP_CODE=SCC
O. Loewi. (1921). "Über humorale übertragbarkeit der Herznervenwirkung". *Pflüger's Archiv für die gesamte Physiologie des Menschen und der*

Tiere, 189, pp.239~242
Seoyon Yang, Mathieu Boudier-Revéret, Yoo Jin Choo, Min Cheol Chang. (2020). "Association between Chronic Pain and Alterations in the Mesolimbic Dopaminergic System". *Brain Sci*, 10(10), 701
'Brain Scans Open Window to View Cocaine's Effects on the Brain.' DROnet, November 12, 2023, url: http://www.dronet.org/cookie_dronet.php

| 호르몬으로 읽는 당뇨와 비만 |

제이슨 펑, 제효영, 《비만코드》, 시그마북스, 2018
김소연, 〈약 한 알로 '갓생' 가능할까? 다이어트약부터 ADHD치료제까지〉, 《과학동아》 2023년 5월 호, 동아사이언스
박승준, 《비만의 사회학》, 청아출판사, 2021
정광성, 〈비만 치료제 시장, 게임 체인저 나오나〉, 《의학신문》, 2023년 7월 21일 자
'전 세계 평정할 비만약 나왔다.' 언더스탠딩: 세상의 모든 지식, 2023년 11월 13일, url: https://www.youtube.com/watch?v=uti3QkuEN48
서다솜, 〈비만 치료 약제의 최신 동향〉, 《팜리뷰》, 약학정보원, 2022

| 제로의 시대 |

심재원, 〈분자생물학 기반 맛의 평가〉, 《식품산업과 영양》 제21권 1호, 2016, pp.1~4
구은모, 〈안전성 우려에도… 제로슈거 열품은 현재진행형〉, 《아시아경제》,

2023년 7월 13일 자
Norah Park, 〈미, '제로 슈거' 음료 시장 성장세 지속〉, 《KOTRA》, 2023년 5월 9일 자
주달래, 〈비영양감미료의 효과와 안전성〉, 《J Korean Diabetes》, 16권 4호, 2015, pp.281~286
이창욱, 〈잠깐과학: 127년 전 9월 15일 첫 인공감미료 '사카린' 특허 등록〉, 《동아사이언스》, 2022년 9월 17일 자
이원종, 〈20년 만에 유해 누명 벗은 사카린〉, 《한겨레》, 2012년 2월 20일 자
장연주, 〈리얼푸드: 감미료 역사 안다면 당신은 '맛 박사'〉, 《생활경제》, 2015년 7월 21일 자
이화영, 〈KISTI 과학향기: 왜 음식은 기쁨을 줄까?〉, 《전자신문》, 2020년 6월 29일 자
Blass, E.M. (1987). "Opioids, sweets and a mechanism for positive affect: Broad motivational implications.", *Sweetness*(conference paper), chapter8, pp.115~124
Desor, J.A., Maller, O., Turner, R.E. (1973). "Taste acceptance of sugars by human infants". *Journal of Comparative and Physiological Psychology*, 84 (3) pp.496~501
Schiffman, Susan S. (1983). "Taste and smell in disease (Second of two parts)". *The New England Journal of Medicine*, 308 (22) pp.1337~1343
Allen A. Lee, Chung Owyang. (2017). "Sugars, Sweet Taste Receptors, and Brain Responses". *Nutrients*, 9 (7), p.653
Menizibeya O. Welcome, Nikos E. Mastorakis, Vladimir A. Pereverzev. (2015). "Sweet Taste Receptor Signaling Network: Possible

Implication for Cognitive Functioning”, *Neurology Research International*, vol. 2015
John E. Hayes. (2008). “Transdisciplinary Perspectives on Sweetness”, *Chemosensory Perception*, 1 (1), pp.48~57
J.R. Daniel, Roy L. Whistler. (1982). “Sweetness-Structure correlation in carbohydrates”, *Cereal Chem*, 59 (2), pp.92~95
Ning Tang. (2023). “Insights into Chemical Structure-Based Modeling for New Sweetener Discovery”, *Foods 2023*, 12 (13), 2563
Amold van der Heijden. (1997). “Historical overview on structure-activity relationships among sweeteners”, *Pure and Applied Chemistry*, 69 (4), pp.667~674
B. Meyers, M.S. Brewer. (2008). “Sweet Taste in Man: A Review”, *Journal of food science*, 73 (6), R81~90

| 색의 세계 |

박승옥, 김홍석, 《컬러사이언스》, 북스힐, 2011
가네코 히로히코, 《감각: 놀라운 메커니즘》, 아이뉴턴, 2016
일본 뉴턴프레스, 《빛과 색의 사이언스》, 아이뉴턴, 2017
‘색각이상(색맹).’ 질병관리청 국가건강정보포털, 2023년 11월 13일, url: https://health.kdca.go.kr/healthinfo/biz/health/gnrlzHealthInfo/gnrlzHealthInfo/gnrlzHealthInfoView.do
이영애, 〈‘더 글로리’ 전재준이 빨간 렌즈 끼는 이유는〉, 《동아사이언스》, 2023년 1월 14일 자
노준석, 〈홀로그램·초박막렌즈… 1억분의 1m가 여는 세상〉, 《중앙일보》,

2022년 6월 6일 자
이강봉, 〈색맹 고치는 '콘택트렌즈' 개발〉, 《사이언스타임즈》, 2020년 3월 13일 자
'색각 이상.' 나무위키, 2023년 11월 13일, url: https://namu.wiki/w/색각%20이상
유해강, 〈"한국남성 6% 색각이상" 신동엽이 어릴 적 미술 시간 꺼린 이유는 적록색약이다(손 없는 날)〉, 《HUFFPOST》, 2023년 2월 15일 자

CHAPTER 3. 우주과학

| 제임스웹우주망원경, 1년의 기록 |

'WEBB SPACE TELESCOPE.' November 13, 2023, url: https://webbtelescope.org/home
'New NASA Web Content.' NASA, November 13, 2023, url: https://www.nasa.gov/news/all-news/
'WEBB SPACE TELESCOPE Images.' WEBB SPACE TELESCOPE, November 13, 2023, url: https://webbtelescope.org/images?filterUUID=91dfa083-c258-4f9f-bef1-8f40c26f4c97&page=2&itemsPerPage=15
'Herbig-Haro object.' Wikipedia, November 13, 2023, url: https://en.wikipedia.org/wiki/Herbig%E2%80%93Haro_object
'HH 46/47.' Wikipedia, November 13, 2023, url: https://en.wikipedia.org/wiki/HH_46/47
'오리온 성운.' 위키백과, 2023년 11월 13일, url: https://ko.wikipedia.

org/wiki/%EC%98%A4%EB%A6%AC%EC%98%A8_%EC%84%B1%EC%9A%B4
‘유로파(위성).’ 위키백과, 2023년 11월 13일, url: https://ko.wikipedia.org/wiki/%EC%9C%A0%EB%A1%9C%ED%8C%8C_(%EC%9C%84%EC%84%B1)
‘제임스웹우주망원경.’ 안될과학, 2023년 11월 13일, url: https://www.youtube.com/watch?v=jLWWbgUYQ4I&list=PLFs8qkZ9PQlc4PdB53GG8O6kWNLdXYnWi

| 목성으로 가는 탐사선들 |

‘SCIENCE & EXPLORATION juice.’ esa, November 13, 2023, url: https://www.esa.int/Science_Exploration/Space_Science/Juice
‘JUICE.’ esa, November 13, 2023, url: https://sci.esa.int/web/juice
‘EUROPA CLIPPER.’ NASA, November 13, 2023, url: https://europa.nasa.gov/
‘Europa Lander.’ NASA, November 13, 2023, url: https://www.jpl.nasa.gov/missions/europa-lander
‘Jupiter Icy Moons Explorer.’ Wikipedia, November 13, 2023, url: https://en.wikipedia.org/wiki/Jupiter_Icy_Moons_Explorer
‘Europa Clipper.’ Wikipedia, November 13, 2023, url: https://en.wikipedia.org/wiki/Europa_Clipper

| 허블텐션 |

Hu and Wang. (2023). "Hubble Tension: The Evidence of New Physics". *Universe*, 9 (2), 94

L. Knox and M. Millea. (202enro0). "Hubble constant hunter's guide". *Physical Review D*, 101

Wendy L. Freedman. et al. (2020). "Calibration of the Tip of the Red Giant Branch". *The Astrophysical Journal*, vol. 891, no. 1

Fuyu Dong, Changbom Park, Sungwook E. Hong, Juhan Kim, Ho Seong Hwang, Hyunbae Park, Stephen Appleby. (2023). "Tomographic Alcock-Paczynski Test with Redshift-Space Correlation Function: Evidence for the Dark Energy Equation of State Parameter w>-1". *The Astrophysical Journal*, vol. 953, no. 1

| 목성과 토성의 위성 경쟁 |

B.J. Holler. et al. (2018). "Solar system science with the Wide-Field InfraRed Survey Telescope (WFIRST)". *Astrophysics*, Cornell University, p.24

Edward Ashton. et al. (2021). "Evidence for a Recent Collision in Saturn's Irregular Moon Population". *The Planetary Science Journal*, 2:158

David Jewitt. et al. (2007). "Irregular Satellites of the Planets: Products of Capture in the Early Solar System". *Annual Review of Astronomy & Astrophysics*, 45 (1) pp.261~295

R. Lynne Jones. el al. (2015). “Asteroid Discovery and Characterization with the Large Synoptic Survey Telescope”. *Asteroids: New Observations, New Models Proceedings IAU Symposium*, no. 318

Scott S. Sheppard. (2005). “Outer irregular satellites of the planets and their relationship with asteroids, comets and Kuiper Belt objects”. *Asteroids, Comets, Meteors Proceedings IAU Symposium*, no. 229

‘Asteroids with Satellites.’ November 13, 2023, url: http://www.johnstonsarchive.net/astro/asteroidmoons.html

‘Natural Satellites Ephemeris Service.’ Minor Planet Center, November 13, 2023, url: https://www.minorplanetcenter.net/iau/NatSats/NaturalSatellites.html

| 우주를 보는 더욱 강력한 눈 |

‘Karl Jansky and his Merry-go-Round.’ National Radio Astronomy Observatory, November 14, 2023, url: https://public.nrao.edu/gallery/karl-jansky-and-his-merrygoround/n

‘Early Radio Astronomy.’ Sloan Digital Sky Survey/ SkyServer, November 14, 2023, url: https://skyserver.sdss.org/dr1/en/proj/advanced/quasars/radioastronomy.asp

Oort, J. H. Kerr, F. J. Westerhout, G. (1958). “The galactic system as a spiral nebula”. Monthly Notices of the Royal Astronomical Society, vol. 118, p.379

Paul Tiede. etc. (2022). “Measuring Photon Rings with the ngEHT”.

Galaxies 2022, 10 (6), 111
'SKA OBSERVATORY.' November 14, 2023, url: https://www.skao.int/

| 멈출 수 없는 소행성 탐사 |

Dante S. Lauretta, Brian May, Carina A. Bennett, Kenneth S. Coles, Claudia Manzoni, Catherine W. V. Wolner. (2023). Bennu 3-D: Anatomy of an Asteroid. University of Arizona Press
'The OSIRIS-REx Sample Canister Lid is Removed.' OSIRIS-Rex, November 14, 2023, url: https://www.asteroidmission.org/
'OSIRIS-Rex.' NASA, November 14, 2023, url: https://science.nasa.gov/mission/osiris-rex/
'NASA's OSIRIS-REx Achieves Sample Mass Milestone.' NASA OSIRIS-Rex Mission, November 14, 2023, url: https://blogs.nasa.gov/osiris-rex/
'Institute of Space and Astronautical Science.' JAXA, November 14, 2023, url: https://www.isas.jaxa.jp/en/missions/spacecraft/current/hayabusa2.html
'Psyche.' NASA, November 14, 2023, url: https://science.nasa.gov/mission/psyche/

| 조선의 천문 기기 혼천의 복원 |

이용삼, 《조선시대 천문의기》, 민속원, 2016

노대환, 〈19세기 중반 남병철의 학문과 현실 인식〉, 《이화사학연구》, vol. 40, 2010, pp.163~199

김상혁, 〈의기집설의 혼천의 연구〉, 충북대학교 석사 학위 논문, 2002

이용삼, 김상혁, 남문현, 〈남병철의 혼천의 연구 1〉, 《한국천문학회》, 제34권 1호, 2001, pp.47~58

문중양, 〈19세기의 사대부 과학자 남병철〉, 《과학사상》, 제33권, 2000년 5월, pp.99~117

김상혁, 이용삼, 남문현, 〈남병철의 혼천의 연구: 의기집설을 중심으로〉, 《한국우주과학회보》, 제8권 2호, 1999, pp.19~20

CHAPTER 4. 수학

| 이산수학계 난제, 칸-칼라이 추측 증명 |

Jordana Cepelewicz. “Elegant Six-Page Proof Reveals the Emergence of Random Structure.” *Quantamagazine*. April 25, 2022

박진영, 〈무작위 이산 구조의 문지방 현상〉, 《HORIZON》, 2023년 9월 18일 자

‘한국 수학자, 이산수학계 난제 ‘칸칼라이 법칙’ 증명하다!’ 안될과학, 2023년 11월 13일, url: https://www.youtube.com/watch?v=yGO_8mshhik

Jinyoung Park, Huy Tuan Pham. (2022). “A Proof of the Kahn-Kalai Conjecture”. *arXiv*, 2203.17207v2

| 조합 대수기하학, 수학을 개척하다 |

‘International Mathematical Union.’ November 14, 2023, url: https://www.mathunion.org/imu-awards/fields-medal/fields-medals-2022

Kevin Hartnett. “A Path Less Taken to the Peak of the Math World”. *Quanta Magazine*. June 27, 2017

Jordana Cepelewicz, “He Dropped Out to Become a Poet. Now He’s Won a Fields Medal.” *Quanta Magazine*. July 5, 2022

‘허준이 교수 은사에게 직접 듣는 2022 필즈상 해설 강연.’ 한국과학기술한림원, 2023년 11월 14일, url: https://www.youtube.com/watch?v=y4bYlHoAxkc

김영훈, 〈2022 필즈상 수상자 허준이〉, 《HORIZON》, 2022년 7월 5일 자

CHAPTER 5. 과학기술

| 세계 최대 반도체 메가 클러스터 |

Porter, Michael E. (1998). “Clusters and the New Economics of Competition.” *Harvard Business Review*, 76, no. 6, pp.77~90

김준현, 〈국내 산업클러스터 조성사업에 대한 분석: 집적경제에 대한 실증연구 중심으로〉, 《지방행정연구》 제24권 2호, 2010, pp.157~179

문익준, 〈대만의 신주과학단지 혁신요인분석 및 중국의 영향〉, 《중국지식네트워크》, 제11권 11호, 2018, pp.39~86

권오혁, 〈산업클러스터의 개념과 범위〉, 《대한지리학회지》, 제52권 1호, 2017, pp.55~71
이종호, 이철우, 〈집적과 클러스터: 개념과 유형 그리고 관련 이론에 대한 비판적 검토〉, 《한국경제지리학회지》, 제11권 3호, 2008, pp.302~318
이은택, 〈TSMC 키운 대만… "국가 지켜주는 건 美무기 아닌 반도체"〉, 《동아일보》, 2022년 10월 11일 자
이혁재, 〈반도체 클러스터의 성공 조건〉, 《서울경제》, 2023년 3월 17일 자
산업통상자원부, 〈대규모 전력 필요한 용인 반도체 클러스터, 송전망 보강 등 추진〉, 《대한민국 정책브리핑》, 2023년 7월 7일 자
국무조정실, 〈용인·평택 등 7곳 첨단전략산업특화단지 지정… 614조원 민간투자 촉진〉, 《대한민국 정책브리핑》, 2023년 7월 20일 자
김용석, 〈시스템반도체 클러스터 성공하려면〉, 《중앙일보》, 2023년 5월 3일 자
김민성, 〈美, 반도체 클러스터 3개나 육성… 일본·대만 등도 "뭉쳐야 산다"〉, 《뉴스1》, 2023년 3월 16일 자
김아람, 〈미·중·대만도 반도체 팹 한곳에 '밀집'… 생태계 하나로 움직여〉, 《연합뉴스》, 2023년 3월 15일 자
신창환, 김영우, 《Digital Insight 2022》, 한국지능정보사회진흥원, 2022
김도현, 〈대만의 반도체 산업 생태계 발전 양상과 시사점〉, 《TTA저널》 207호, 2023

| 4차 산업 혁명의 숨은 일꾼, 전지의 미래 |

이상민, 〈K-배터리의 미래를 좌우할 요인들〉, 《이달의 신기술》, vol.117, 2023, pp.48~51
이상영, 〈이차전지 기술 현황 및 도전 과제〉, 《기술과 혁신》, vol.450, 2021,

pp.10~12
정경윤, 이상민, 이영기, 정훈기, 《이차전지 승자의 조건》, 길벗, 2023
루카스 베르나르스키, 안혜림, 《배터리 전쟁》, 위즈덤하우스, 2023
KAIST 문술미래전략대학원 미래전략연구센터, 《카이스트 미래전략 2023》, 김영사, 2022
'History of the Battery.' Wikipedia, November 13, 2023, url: en.wikipedia.org/wiki/History_of_the_battery
백승은, 〈세계 최초 배터리, '바그다드 전지'는 어떻게 등장했을까?〉, 《디지털데일리》, 2023년 3월 5일 자
박철완, 〈한국의 저속 전기차 사업, GM EV1 실패에서 배웠어야 했다〉, 《조선일보》, 2016년 7월 16일 자
모토야, 〈세계 최초의 전기차는 언제 만들어졌을까?〉, 《MOTOYA》, 2021년 7월 15일 자
The Invention Lab, 〈전기차는 파괴적 혁신이다〉, 《Vertical Platform》, 2017년 1월 30일 자
전승민, 〈리튬이 만든 세상을 보라〉, 《동아사이언스》, 2018년 1월 18일 자
박관규, 〈리튬이온 전지, 용량 크지만 추우면 화학반응 속도 저하… 방전 빨라져〉, 《한국일보》, 2019년 1월 4일 자
이병철, 〈이차전지 말고 일차·삼차전지는 없나요〉, 《조선일보》, 2023년 4월 6일 자

| 시선을 측정하다 |

'Eye tracking.' Wikipedia, November 13, 2023, url: https://en.wikipedia.org/wiki/Eye_tracking

송지수, 신서경, 〈시선추적 데이터를 활용한 국내 교육 연구 동향 분석: 인지과정 프레임워크를 바탕으로〉, 《교육공학회지》 38 (1), 2022, pp.109~148
이소라, 서혁, 〈시선추적장치를 활용한 읽기 과정 연구의 현황과 가능성 탐색〉, 《국어교육학회》 46, 2013, pp.479~503
정연훈, 〈안구운동 생리 및 기록방법〉, 《대한평형의학회지》 3 (2), 2004, pp.245~253,
Yarbus, Alfred L. (1967), *Eye movements and vision*. Springer
EB Huey, Edmund. (1908), *The Psychology and Pedagogy of Reading*. The MIT Press
'The EyeWriter.' November 13, 2023, url: https://eyewriter.org/

| 오늘의 자율주행 |

下山哲平, 〈自動運転はどこまで進んでいる？(2023年最新版)〉, 《自動運転LAB》, 2023年 4月 19日
〈자동차/로봇 자율주행차 레벨(단계)별 최신 동향〉, 《IRS Global》, 2023년 5월 18일 자
〈자율주행 레벨 4+ 상용화 앞당긴다!〉, 《산업통상자원부》, 2021년 3월 23일 자
Dorothy Choi, 〈자율주행 시계 앞당긴 바이두… 도심서 무인택시 운행 허가 성공〉, 《로봇신문》, 2023년 3월 29일 자
'자율주행(autonomous driving, self-driving).' 두산백과, 2023년 11월 13일, url: https://www.doopedia.co.kr/doopedia/master/master.do?_method=view&MAS_IDX=211021001729664
〈진짜 자율주행이 시작된다, 국내 출격 앞둔 레벨3 자율주행 자동차〉, 《현대트랜시스》, 2023년3월14일 자

‘자율주행자동차와 자율주행시스템.’ 찾기 쉬운 생활 법령 정보, 2023년 11월 13일, url: https://www.easylaw.go.kr/CSP/CnpClsMain.laf?popMenu=ov&csmSeq=1593&ccfNo=1&cciNo=1&cnpClsNo=1&search_put=%EC%9E%90%EC%9C%A8%EC%A3%BC%ED%96%89

NIPA 정보통신산업진흥원, 《품목별 ICT 시장동향: 자율주행차》, 2023년 4월 7일

석민수, 〈현대차그룹, 완성차 ‘빅3’ 등극… 글로벌 판매 ‘3위’〉, 《KBS뉴스》, 2023년 3월 15일 자

AI리포터, 〈모빌아이, 속도 제한 시스템 ‘ISA’ 공개… “완전 자율주행 목표”〉, 《디지털투데이》, 2023년 7월 19일 자

고성민, 〈오토노머스에이투지, 글로벌 자율주행 기술 순위 13위… 테슬라보다 높아〉, 《조선비즈》, 2023년 3월 2일 자

곽노필, 〈자율주행차 돌파구, 결국 전용차로에서 찾는다〉, 《한겨레》, 2022년 4월 1일 자

김보라, 〈美 자율주행車 첫 사망사고 운전자에 유죄판결〉, 《동아일보》, 2023년 7월 31일 자

김산민 외, 〈자율주행 기술 동향 및 발전 방향: AI를 중심으로〉, 《한국자동차공학회논문집》 30 (10), 2022, pp.819~830

나은빈 외, 〈자율주행 미래차와 LiDAR〉, 《대한전자공학회지》 50 (1), 2023, pp.44~49

민서연, 〈美 샌프란시스코, 구글 웨이모·GM 크루즈에 무인택시 영업 허가〉, 《조선비즈》, 2023년 8월 11일 자

박상현, 〈자율주행차 글로벌 산업 동향〉, 《산은조사월보》 제801호, 2022

박종록, 김한해, 〈자율주행기술〉, 《KISTEP 기술동향브리프》 2019-16호

방수혁 외, 〈자율주행차 시범운행지구의 모빌리티 서비스 사례 분석〉, 《한국교

통연구원》, 2022
서동민, 〈자율주행차 레벨3 속도제한 완화… 속도 경쟁 불붙는다〉, 《CAR GUY》, 2023년 6월 5일 자
성경복 외, 〈자율주행자동차 기술동향 및 핵심기술〉, 《한국통신학회》 35 (1), 2018
안재형, 〈레벨3에서 레벨4로 진입, 옥석 가리기 시작된 자율주행차〉, 《매일경제》, 2023년 2월 1일 자
우훈식, 〈우버, 완전자율주행 로보택시 도입〉, 《LA중앙일보》, 2022년 10월 7일 자
이상원, 〈'아찔한 무인 자율주행차', GM 크루즈 로보택시 10대 주행 중 갑자기 멈춰 일대 교통마비〉, 《M투데이》, 2023년 8월 14일 자
최동훈, 〈기아, EV9 GT라인에 '자율주행 레벨3' 연말 적용… 내년엔 G90〉, 《매일일보》, 2023년 6월29일 자

| 생체 모방 로봇 탐구 |

박현준, 임상혁, 김병규, 〈다리를 이용한 클램핑 방식의 자벌레 이동방식 대장내시경로봇〉, 《대한기계학회논문집 A권》, 제34권 제6호, 2010, pp.789~795
이준석 외, 〈생체 모방형 로봇 기술 동향 및 발전 방향〉, 《KEIT PD 이슈리포트》, 2022
심영일, 〈KISTI의 과학향기: 후쿠시마 원전사고 1년, 극한작업로봇의 역할〉, 《한겨레》, 2012년 4월 16일 자
박종익, 〈韓로봇도 '출동'…세계 최강 재난 구조 로봇 대회 시작〉, 《서울신문》, 2015년 6월 5일 자

'Exobiology Extant Life Surveyor(EELS).' NASA Jet Propulsion Laboratory, November 13, 2023, url: https://www-robotics.jpl.nasa.gov/how-we-do-it/systems/exobiology-extant-life-surveyor-eels/

'지하자원을 탐사하는 두더지 로봇 몰봇.' 과학기술정보통신부 블로그, 2023년 11월 13일, url: https://blog.naver.com/with_msip/222019722648

| 인공일반지능의 실제 |

Sebastien Bubeck. etc. (2023). "Sparks of Artificial General Intelligence: Early experiments with GPT-4". *arXiv*, 2303.12712v5

Ben Goertzel. (2014). "Articial general intelligence: concept, state of the art, and future prospects". *Journal of Articial General Intelligence*, 5 (1):1

Will Douglas Heaven. "Artificial general intelligence: Are we close, and does it even make sense to try?". *MIT Technology Review*. October 15, 2020

David Silver. etc. (2021). "Reward is enough, Artificial Intelligence". *Artificial Intelligence*, vol. 299

CHAPTER 6. 지구과학

| 인류를 구원할 C4 식물 |

안진흥 외, 〈C4 광합성 대사과정을 이용하는 벼 개발〉, 농촌진흥청, 2012

정승환, 〈기후변화에 대처하는 식물연구의 대반격〉, 《사이언스타임즈》, 2021년 8월 4일 자

케빈 블리스, 〈MIT선정 혁신적 기술 C4 광합성〉, 《머니투데이》, 2015년 4월 25일 자

박준호, 〈Sigma factors에 의한 Single Cell C4 식물의 이형 엽록체 내 유전자 발현 조절 기작 연구〉, 과학기술정보통신부, 2020

Edwards, E.J. (2019). "Evolutionary trajectories, accessibility and other metaphors: the case of C4 and CAM photosynthesis". *New Phytologist*, 223 (4), 1742~1755

'Bill & Melinda Gates Foundation.' November 14, 2023, url: www.gatesfoundation.org

| 지구의 거대한 시소, 엘니뇨남방진동 |

'국토지리정보원.' 2023년 11월 13일, url: https://www.ngii.go.kr

국종성·안순일·예상욱·함유근, 《2016 엘니뇨백서》, 기상청, 2017

도널드 아렌스, 민경덕, 민기홍, 《대기환경과학》, 시그마프레스, 2001

| 기후정의 |

기상청, 《탄소중립을 위한 기후변화과학의 이해》, 기상청 기후변화감시과, 2023
기상청, 《기후변화 2021 과학적 근거: 정책결정자를 위한 요약본》, 2021
'United Nations Climate Change.' November 13, 2023, url: https://unfccc.int/cop27
'Our world in Data.' November 13, 2023, url: https://ourworldindata.org

CHAPTER 7. 과학문화

| 국경 없는 과학과 돌아온 과학자들 |

과학기술정보통신부, 〈2021년 연구개발활동조사 결과〉, 2022
'루이 파스퇴르.' 네이버 지식백과, 2023년 11월 13일, url: https://m.terms.naver.com/entry.naver?docId=3567204&cid=59014&categoryId=59014
최형섭, 《불이 꺼지지 않는 연구소》, 조선일보사, 1996
전대호, 〈파스퇴르의 애국심과 플랑크의 두 번째 업적〉, 《사이언스타임즈》, 2020년 2월 26일 자
사이언스타임스, 〈헌법과 과학… "'경제발전에 종속되는 과학기술' 바꾸자"〉, 《연합뉴스》 2023년7월 22일 자
〈과학기술 50년사〉, 과학기술정보통신부, 2017

박종인, 〈박종인의 땅의 歷史: 과학기술을 통해 부국강병의 발을 내딛다〉, 《조선일보》, 2023년 6월 21일 자
박종인, 〈박종인의 땅의 歷史: 공화국 대한민국 ⑤ 한국과학기술연구소와 초대 소장 최형섭〉, 《조선일보》, 2023년 6월 21일 자
'대한민국과학기술유공자.' 2023년 11월 13일, url: https://www.koreascientists.kr/scientists/
박종인, 〈박종인의 땅의 歷史: "대한민국 기초과학을 가능케 해준 선배들께 감사드립니다"〉, 《조선일보》, 2023년 8월 11일 자
박종인, 〈박종인의 땅의 歷史: 공화국 대한민국 ⑩ 50주년을 맞은 대덕연구특구와 중이온가속기 라온(RAON)〉, 《조선일보》, 2023년 8월 9일 자
'스토리 뉴스.' 대한민국 과학기술유공자, 2023년 11월 13일, url: https://www.koreascientists.kr/scientists/)
홍찬영 외, 〈정부 R&D투자의 전략성 제고를 위한 경제적 효과 예측모형 구축 연구(Ⅰ)〉, 한국과학기술기획평가원, 2020

| 전시 디자인과 과학관 |

Gary Edson, David Dean. (1994). *The handbook for museums*. Routlege
김원길, 〈박물관 전시디자인 연출유형 및 연출기법에 관한 연구〉, 《한국공간디자인학회논문집》 제16권 4호 통권 73호, 2021
인터파크, 〈2022년 전시 관람 트렌드 발표 "엔데믹에 급증"〉, 인터파크트리플, 2023년 2월 22일 자
'한국미술신문.' 2023년 11월 13일, url: https://www.kmisul.com
류인혜, 〈미술관으로 몰리는 까닭은〉, 한국디자인진흥원, 2023년 5월 18일 자

김난도 외, 〈공간력〉, 《2023 트렌드 코리아》, 미래의창, 2022
조숙현, 〈한국 NFT아트의 현주소〉, 《싱글즈플러스》, 2022년 9월 28일 자
김지영, 〈갤러리스트 아카데미 "변화하는 전시 트렌드"〉, 《한국미술신문》, 2022년 12월 18일 자
최호랑, 〈전시디자인이 놓치지 말아야 할 것〉, 《브런치스토리》, 2020년 2월 14일
Erminia Pedretti, Ana Maria Navas Iannini. (2021). "Towards Fourth-Generation Science Museums: Changing Goals, Changing Roles". *Canadian Journal of Science Mathematics and Technology Education*, 20 (2)
이상미, 〈이상미의 미디어아트: NFT와 미디어아트의 만남, 가치를 더욱 빛내 주다〉, 《이데일리》, 2022년 11월 9일 자
정효림, 〈한국경제 디지털지갑 밖으로 나온 NFT… 소장 너머 '전시'에 주목〉, 《한국경제》, 2023년 1월 20일 자
'ART&TECH.' 2023월 11월 13일, url: https://artntech.arko.or.kr/artntech
정연호, 〈IT강의실: 드디어 시작된 웹 3.0의 시대… "근데 웹 3.0이 뭐지?"〉, 《동아닷컴》, 2022년 1월 21일 자
이동근, 〈웹3.0포럼: 웹3.0 대중화 시대가 온다… 생성AI로 웹3.0 UI·UX도 'UP'〉, 《전자신문》, 2023년 3월 16일 자

부록_ 2023 노벨상 특강

| 퀀텀도트_노벨화학상 |

Nobel Committee for Chemistry. (2023). "QUANTUM DOTS: SEED OF NANOSCIENCE". *Scientific Background to the Nobel Prize in Chemistry 2023*

B. Murray, D. J. Norris, and M. G. Bawendi. (1993). "Synthesis and Charaterization of Nearly Monodisperse CdE(E = S, Se, Te) Semiconductor Nanocrystallites". *J. Am. Chem. Soc.*, 115, 8706~8715

O. Anikeeva, Jonathan E. Halpert, Moungi G. Bawendi, and Vladimir Bulović. (2009). "Quantum Dot Light-Emitting Devices with Electroluminescence Tunable over the Entire Visible Spectrum". *Nano lett.*, 9 (7) 2532~2536

| 코로나19의 게임체인저_노벨생리의학상 |

국가생명공학정책연구센터, 〈mRNA 코로나 백신 개발에 기여한 2명의 과학자, 2023년 노벨 생리의학상 수상〉, 《BioINwatch》, 2023

'The Nobel Prize.' November 13, 2023, url: http://www.nobelprize.org

노정혜, 〈외면받던 비전임 연구자의 연구가 인류의 희망이 되다〉, 《한겨레》, 2023년 11월 3일 자

천진우, 〈2023 노벨상: mRNA 백신 개발, 팀사이언스의 힘〉, 《조선일보》,

2023년 10월 2일 자
김명지, 〈2023 노벨상: mRNA 끝없이 확장 중… 말라리아, 에이즈, 피부암 치료제까지〉, 《조선일보》, 2023년 10월 2일 자
유한주, 〈수십년 검증관행 깼다…'팬데믹 게임체인저'에 급행 노벨상〉, 《연합뉴스》, 2023년 10월 2일 자

| 세상에서 가장 빠른 움직임을 보는 방법_노벨물리학상 |

'The Nobel Prize'. November 13, 2023, url: http://www.nobelprize.org
'극한의 빛, 아토초 펄스?! 초고속 현상 연구를 위한 빛!' 안될과학, 2023년 11월 14일, url: https://youtu.be/EHLn7bvJqU4?si=y8wx1SuGfjC5WJGK
Charlie Wood. "Physicsists Who Explored Tiny Glimpses of Time Win Nobel Prize". *Quanta magazine*. October 3, 2023
Malcolm W. Browne. "Nobels for Fast Camera and Tying 2 Forces of Nature". *The New York Times*. Oct. 13, 1999
Ferray, M. et al. (1988). "Multiple-harmonic conversion of 1064 nm radiation in rare gases." *Journal of Physics B: Atomic, Molecular and Optical Physics*, 21.3, L31
Paul, Pierre-Marie, et al. (2001). "Observation of a train of attosecond pulses from high harmonic generation." *Science*, 292.5522, 1689~1692.
Zigman, M., et al. (2022). "90P Infrared molecular fingerprinting: A new in vitro diagnostic platform technology for cancer detection in blood-based liquid biopsies." *Annals of Oncology*, 33, S580

Jordan, Inga, et al. (2020). "Attosecond spectroscopy of liquid water." *Science*, 369. 6506, 974~979

그림 출처

47쪽 Nobelprize.org

51쪽 O. Gingras, PhD thesis: "La supraconductivité non-conventionnelle du ruthénate de strontium: corrélations électroniques et couplage spin-orbite". *Faculté des Arts et des Sciences*. Montréal, Canada, 2022

60쪽 shutterstock

73쪽 Elie Dolgin. "How COVID unlocked the power of RNA vaccines". *Nature*. 12 January 2021

82쪽 Goosang Yu. etc. (2023). "Prediction of efficiencies for diverse prime editing systems in multiple cell types". *Cell*, vol. 186 (10), pp.2256~2272.e23

87쪽 shutterstock

90쪽 shutterstock

91쪽 shutterstock

99쪽 shutterstock

109쪽 R.S. Shallenberger. (1996). *Food Chemistry*, vol. 56 (3), pp.209~214

115쪽 shutterstock

127쪽 NASA, ESA, CSA

128쪽 (위) NASA (아래) ESA/Webb, NASA, CSA, M. Zamani (ESA/Webb), PDRs4ALL ERS Team

130쪽 (위) NASA, ESA/ ESA, Hubble & NASA, B. Nisini (아래) NASA, ESA, CSA

132쪽 NASA, ESA, CSA, STScI, Webb ERO Production Team

133쪽 NASA, ESA, CSA, Ralf Crawford (STScI), Joseph Olmsted (STScI)

134쪽 (위) NASA, ESA, CSA, Gerónimo Villanueva (NASA-GSFC), Samantha K Trumbo (Cornell University)(아래) NASA, JPL, University of Arizona

136쪽 (왼쪽) ESA, ATG medialab. Jupiter: NASA, ESA, J. Nichols(University of Leicester). Ganymede: NASA, JPL. Io: NASA, JPL, University of Arizona. Callisto and Europa: NASA, JPL, DLR (오른쪽) NASA, Jet Propulsion Laboratory-Caltech

138쪽 ESA(acknowledgement: work performed by ATG under contract to ESA)

140쪽 (위) NASA/JPL-Caltech (아래) NASA/JPL-Caltech

143쪽 NASA

153쪽 ESA(acknowledgement: work performed by ATG under contract to ESA)

156쪽 History of Science Collections, University of Oklahoma Libraries

162쪽 Carnegie Institution for Science Roberto Molar Candanosa

165쪽 Carnegie Institution for Science

171쪽 (위) NRAO, AUI (아래) NRAO

172쪽 ROYAL ASTRONOMICAL SOCIETY

173쪽 NASA

178쪽 Paul Tiede. etc. (2022). "Measuring Photon Rings with the ngEHT". *Galaxies 2022*, 10 (6), 111

179쪽 The Square Kilometre Array Telescope

182쪽 NASA, Keegan Barber

183쪽 (위) NASA, Robert Markowitz (아래) NASA, Goddard, University of Arizona

189쪽 University of Arizona

190쪽 NASA, JPL-Caltech, ASU

196쪽 (왼쪽, 가운데) 한국민족문화대백과사전 (오른쪽) 국사편찬위원회

197쪽 고려대학교

199쪽 한국민족문화대백과사전

200쪽 한국천문연구원, 충북대학교, 국립과천과학관

202쪽 한국천문연구원, 충북대학교, 국립과천과학관

243쪽 shutterstock

282쪽 OpenAI GPT-4 Technical Report(2023)

285쪽 Bing Image Creator

293쪽 shutterstock

298쪽 shutterstock

299쪽 shutterstock

300쪽 shutterstock

301쪽 NOAA

306쪽 Our World in Data

365쪽 *SCIENTIFIC AMERICAN* vol. 39, Issue 16

368쪽 The Nobel Commitee

371쪽 The Nobel Commitee

373쪽 The Nobel Commitee

374쪽 The Nobel Commitee

• 이 책에 실린 자료 중 일부는 저작권자를 찾기 위해 노력하였으나, 확인받지 못했습니다. 향후 저작권자와 연락이 닿는 대로 절차를 밟겠습니다.

2024 미래 과학 트렌드

초판 1쇄 인쇄 2023년 12월 1일
초판 1쇄 발행 2023년 12월 10일

지은이 국립과천과학관
펴낸이 이승현

출판2 본부장 박태근
지적인 독자 팀장 송두나
편집 김예지
디자인 함지현

펴낸곳 ㈜위즈덤하우스 **출판등록** 2000년 5월 23일 제13-1071호
주소 서울특별시 마포구 양화로 19 합정오피스빌딩 17층
전화 02) 2179-5600 **홈페이지** www.wisdomhouse.co.kr

ISBN 979-11-7171-065-2 03400